How to Make
Crazy Contraptions
Using Everyday Stuff

超酷奇妙装置
制作指南

[美] 保罗 · 隆 著
(Paul Long)

王冬昱 译

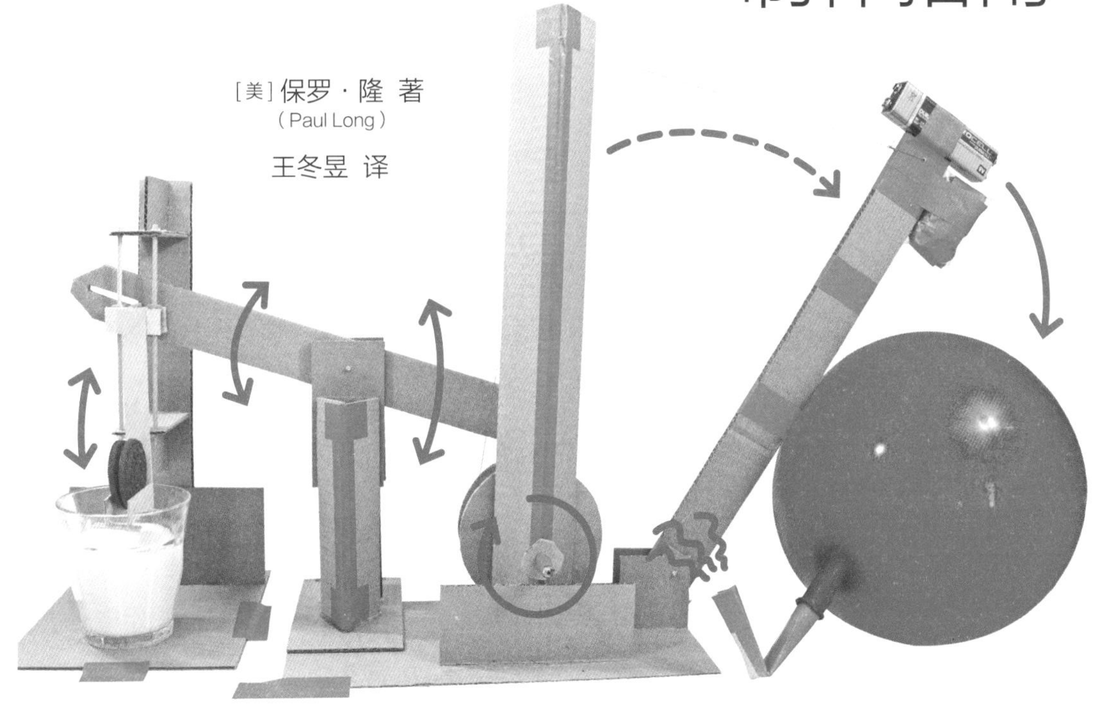

人 民 邮 电 出 版 社
北 京

图书在版编目（CIP）数据

疯狂制作 : 超酷奇妙装置制作指南 / （美）保罗·隆（Paul Long）著 ; 王冬昱译. -- 北京 : 人民邮电出版社, 2024.1
ISBN 978-7-115-60778-2

Ⅰ. ①疯… Ⅱ. ①保… ②王… Ⅲ. ①工程机械－手工－青少年读物 Ⅳ. ①TH2-49

中国国家版本馆CIP数据核字(2023)第002521号

内 容 提 要

这是一本超有趣的讲解链式机械装置制作的书。本书主要介绍了如何利用厚纸板及其他简单材料来制作一些有意思的链式机械装置。制作这些小装置，能够充分培养你的观察能力和动手能力，制作的难度也是循序渐进的，且内容非常贴近生活。

全书主要包含 5 部分内容：首先介绍了制作这些小装置所需的必要工具和基本技能；然后从室内小物件、家居日用品、娱乐小装置和零食相关品这 4 个主题展开，详细介绍了 13 个制作项目，包括敲门器、开灯器、开门器、植物浇水器、牙膏挤出器、皂液器、升旗装置、弹球发射器、发音器、扎气球器、自动售卖机、糖果分发器、饼干投掷器等有趣有料的发明制作。

本书适合广大的 DY 爱好者，尤其适合青少年读者阅读。

◆ 著　　　　[美]保罗·隆（Paul Long）
　译　　　　王冬昱
　责任编辑　王朝辉
　责任印制　陈　犇

◆ 人民邮电出版社出版发行　　北京市丰台区成寿寺路 11 号
　邮编　100164　　电子邮件　315@ptpress.com.cn
　网址　https://www.ptpress.com.cn
　北京富诚彩色印刷有限公司印刷

◆ 开本：787×1092　1/20
　印张：7.8　　　　2024 年 1 月第 1 版
　字数：184 千字　　2024 年 1 月北京第 1 次印刷

著作权合同登记号　图字：01-2018-8506 号

定价：59.80 元

读者服务热线：(010)81055410　印装质量热线：(010)81055316
反盗版热线：(010)81055315
广告经营许可证：京东市监广登字 20170147 号

关于本书作者

保罗・隆是一位工程师和教师。他在美国路易斯维尔大学获得了机械工程硕士学位。他通过一家网站为孩子们讲授一门手工制作课程，业余时间则摆弄纸板，缝制背包。保罗鼓励人们通过使用生活中常见的物品来制作可运转的装置。他对所有运动的东西都很着迷，尤其是齿轮和鸟类的翅膀。他从自然元素与机械和人造物品的结合中获得了很多乐趣。

引　言

我是个书迷，喜欢小说、DIY（Do It Yourself，自己动手制作）教程一类的书。在孩提时代，我就对做手工很感兴趣，并经常在图书馆的书架上搜寻相关书籍，希望能找到一本介绍新颖且神奇的手工制作书。现如今，你可以在网上找到几乎关于任何主题的任何资料，尤其是 DIY 教程类的视频。事实上，本书就是这样产生的：我在网上开设了一门课程，教孩子们如何用纸板、衣架和铅笔等他们能够在身边找到的东西来自己动手制作（通过热熔胶和胶带黏合）一些小物件。虽然在网上找到的资料很棒（因为它们很容易获取，而且主题很广泛），但是一本你可以拿在手里并且可以随时翻看的实体书也总有一些特别之处。

本书适合所有拥有好奇心的人阅读，尤其是那些对事物如何运转感到好奇的人。这本书的确是我小时候就希望拥有的。这不是一本讲解如何制作弹弓的儿童读物，而是对一些小物件制作方法的细致介绍。当然，这些小物件是一步一步被制作出来的，这个过程很奇妙。

有些小物件需要很长时间才能被制作出来。虽然制作材料很简单，但其机理相当复杂，材料之间的相互作用必须恰到好处，才能使一切顺利地结合在一起。这个过程需要耐心（这是幼年的我十分缺乏的）和勇气。你可能会发现你制作的东西在第 1 次、第 2 次甚至第 10 次尝试时都无法正常工作。这种情况很正常，甚至很好！因为这将使成功的果实更加甜蜜。如果本书中的文字缺乏说服力，请参看图片。如果你像我一样是一个视觉型学习者，图片可能会比文字更能对你有所帮助。

虽然本书制作的小物件所需要的材料都是简单的日常用品，但请不要认为你必须使用书中所列的材料。如果书中要求用衣架，而你只有从抽屉里找到的一些铁丝，那就请尝试使用它们。本书中的一切内容都只是建议。如果你的铅笔不够长，不能用作轴，那就请发挥你的创造力吧！本书的真正目的是在教授你一些基本知识的同时启发你。虽然本书能引导你成功地制作出把饼干泡在牛奶里的装置，但我希望它能让你学到新的知识并将其应用到其他更有创造性及更适合你的事情上。

鲁布·戈德堡机械

链式反应机也称鲁布·戈德堡机械。鲁布·戈德堡（1883—1970）是一位漫画家和发明家，他在漫画中描绘了不同于日常工作模式的机械。于是，人们开始制作这些机械的实体版本，甚至还举办了鲁布·戈德堡机械竞赛。希望有一天你也能参加这个竞赛。

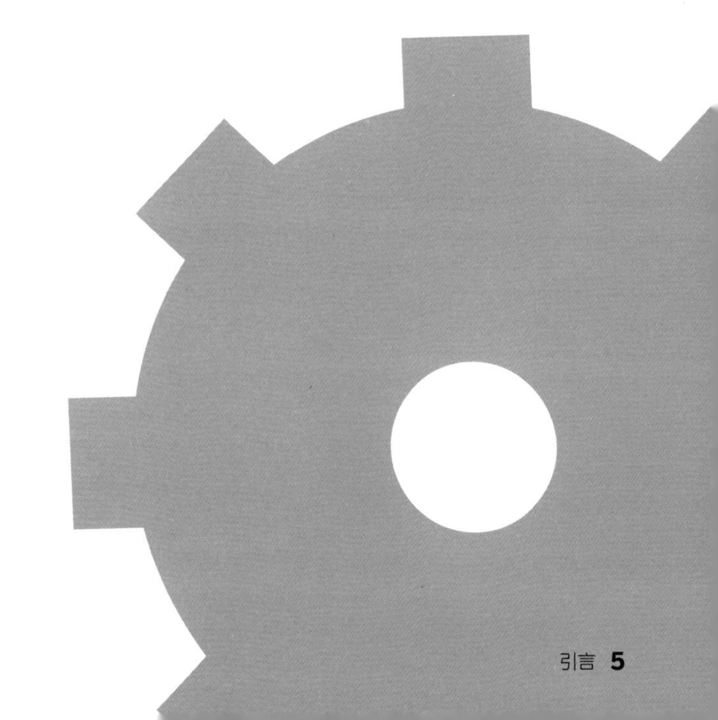

目 录

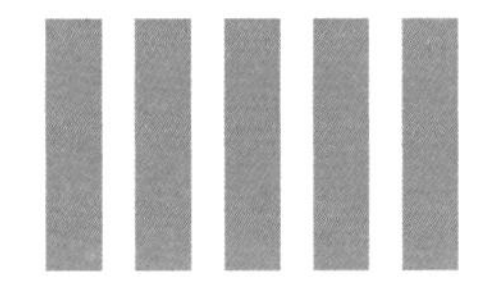

第 1 章

必要的工具、技术和机理

就像建造房屋需要先打地基一样，在开始学习制作本书中介绍的小物件之前你需要有一个良好的基础。在本章，你将了解要使用的工具，以及一些简单但非常有用的技术和机理，它们能帮助你快速制作出成品。

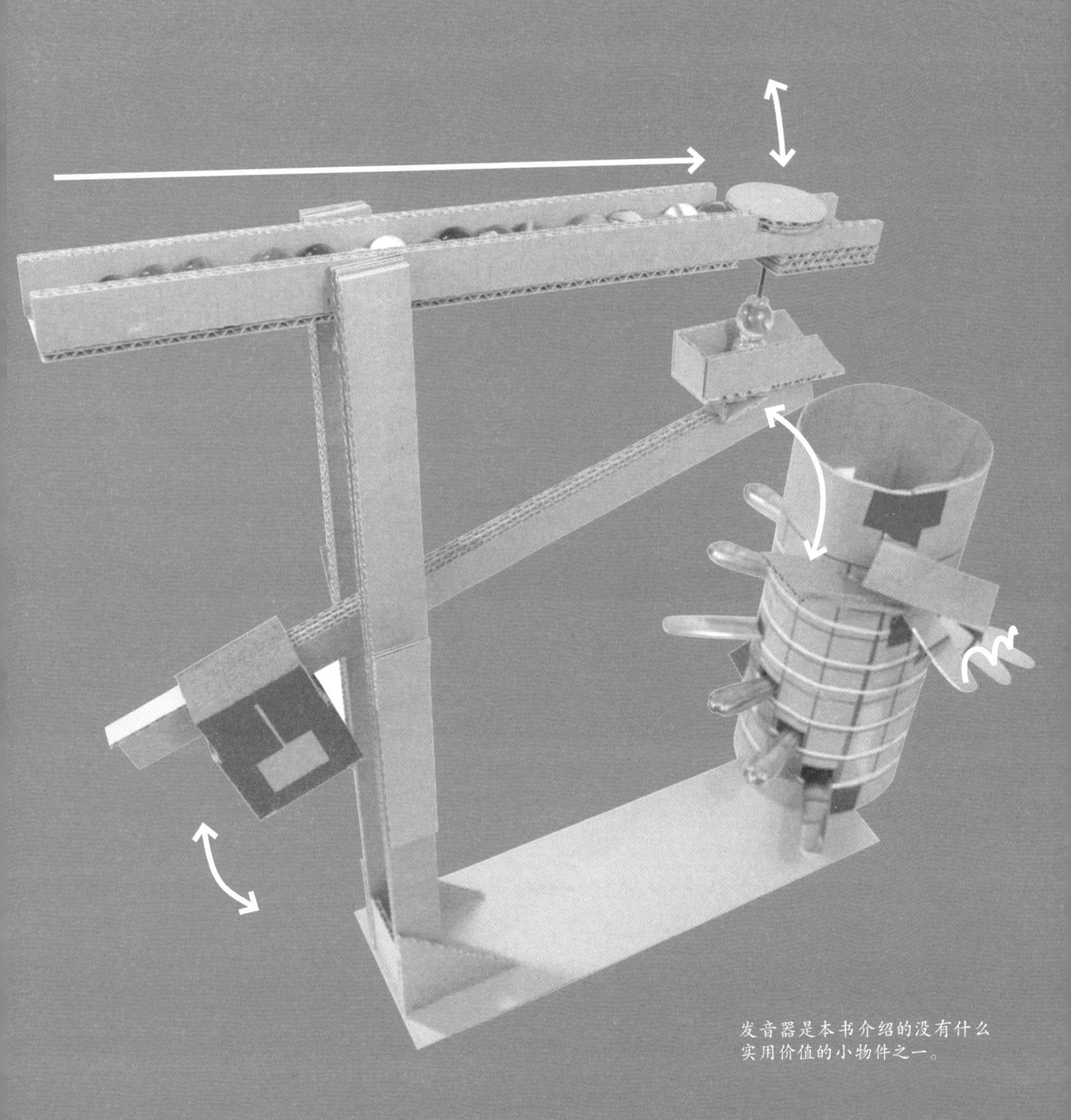

发音器是本书介绍的没有什么实用价值的小物件之一。

基本工具

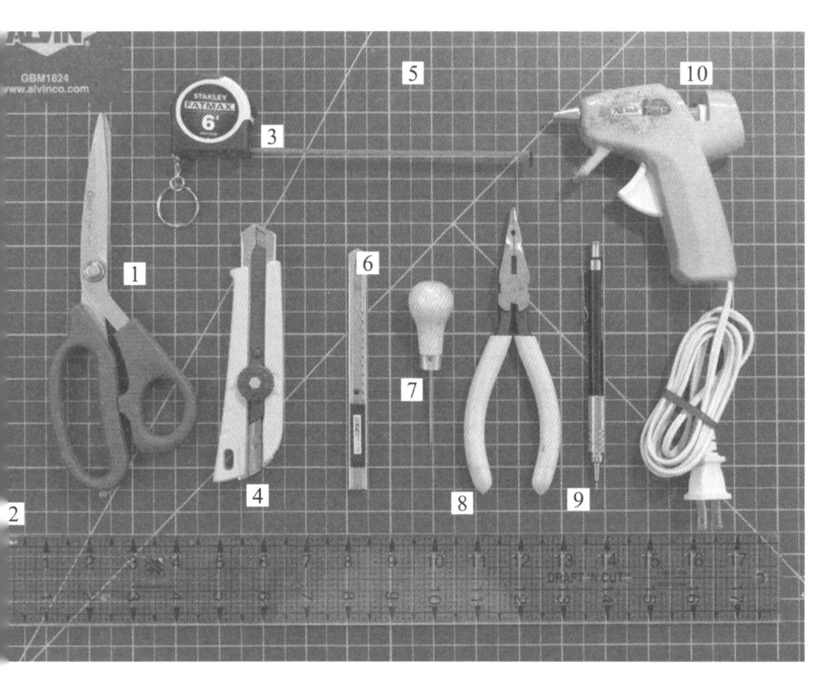

只需要一些简单的工具和材料，你就可以制作很多东西。以下是我最常使用的工具。

1. 剪刀。我通常不用剪刀剪纸板，但它几乎可以剪其他任何东西——麦片盒、卡片盒、打印纸、绳子、布，以及任何你能想到的东西。

2. 直尺。我的这把直尺很好用，因为它的刻度很清楚，而且有一些厚度。在用小刀切割时，这把直尺可提供完美的引导，因为它是透明的，我可以很容易地把东西切割成指定的宽度。

3. 卷尺。它当然是用来测量的。如果你有一把卷尺，你不一定会用到它，但是有它也不错。

4. 美工刀。我用的是一把 Olfa 美工刀，刀刃非常锋利。美工刀适用于进行长而直的切割。

5. 切割垫。切割垫可以避免损坏桌面。切割垫不是越大越好，一个尺寸为 30 厘米 ×45 厘米的切割垫就足够了。

6. 精密美工刀。你可以用 X-acto 刀，但我更喜欢带有可折断式美工刀片的 Olfa 9 毫米刀。其外形与 X-acto 刀一样，但是你可以在刀变钝的时候折断变钝部分的刀片。这种刀适合用于精细的工作，比如进行圆形和其他曲线形的切割。

7. 锥子。锥子基本上就是一个锋利的钉子。当你想把牙签或衣架穿过一个纸板时，用锥子在纸板上钻孔是非常方便的。我使用的是便宜的皮革加工锥。

8. 剪钳。剪钳可用于弯曲和切割电线，你也可以用它切割牙签和小块的木头。

9. 铅笔。很明显，你需要一些东西来做记号。我喜欢笔芯能一直保持小且尖的自动铅笔。

10. 热熔胶枪。它可能是我最离不开的工具之一。（接下页）

DIY 工具

打孔垫

依照本书制作小物件时，很多时候你需要在纸板上戳孔。如果你将纸板放在切割垫上，戳孔工具就难以穿透纸板。你可以用手拿着纸板来戳孔，这样能确保穿透纸板，但这样又存在戳到手的风险。这时打孔垫就可以派上用场，它可以让你在平面上用工具穿透纸板。

1. 切割出一批宽 1.3 厘米、长 5 厘米的纸板条（见图 a）。

2. 将上述纸板条粘起来，制作成打孔垫（见图 b）。

3. 这样你就可以在不戳到手的前提下，在纸板上轻松戳出整齐的孔（见图 c）。

图 a

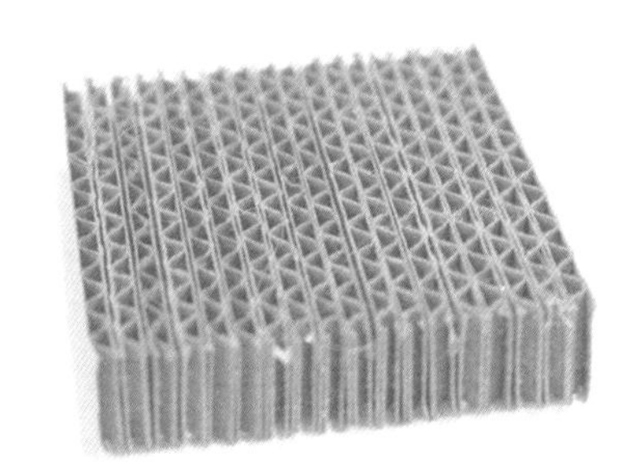
图 b

（接上页）热熔胶虽然不是最好用的胶水，但它凝固得超级快，这意味着你可以连续制作。我最喜欢这种小且便宜的热熔胶枪。它的加热速度很快，且更容易控制，自身也不会过热，所以即使你不小心烫到了自己，也不会产生太严重的后果。

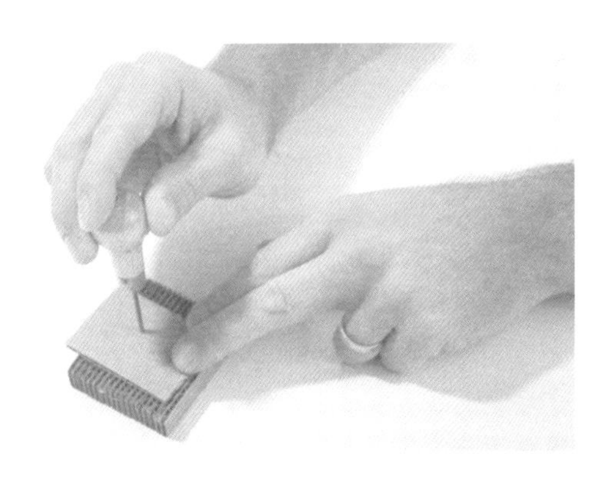
图 c

圆心定位仪

制作材料及工具
两个纸板：2.5 厘米 ×15.2 厘米
10.2 厘米 ×10.2 厘米
尺子
铅笔
美工刀
热熔胶枪
工艺棒（可选）

一般来说，我们要自己制作圆形物品的话，就需要确定圆心的位置。但是有时候，如果你需要一个完美的圆形，往往生活中已制作好的圆形物品会更易满足你的要求。在可以找到的圆形物品中，盖子和光盘是非常不错的选择。唯一的问题是你并不总是知道确切的圆心位置。这个用纸板做的圆心定位仪，将帮助你每次都能准确定位圆心。

1. 切割出一个 10.2 厘米 ×10.2 厘米的正方形纸板。A4 纸的角为标准的直角，你可以将它作为所切割正方形的 4 个角是否为直角的判断标准。这点很重要。如果你在开始的时候就没有切割出正方形，那么圆心定位仪就会定位不准。同时切割出一个 2.5 厘米 ×15.2 厘米的长方形纸板，确保长边的边缘是直的。在正方形纸板上做出标记：你需要画一条 L 形的线和一条对角线（见图 a）。

2. 尽可能小心且准确地从正方形中剪下 L 形纸板，保留剩下的小正方形纸板作为标准（见图 b）。

图 a

图 b

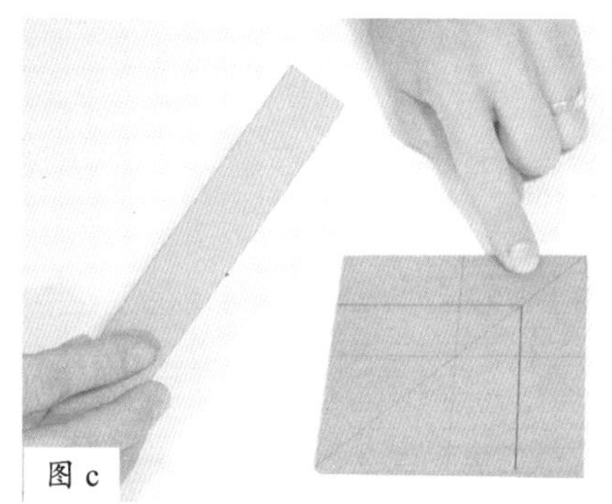
图 c

图 d

3. 将 L 形纸板与小正方形纸板复位，使其看起来像从未被切割过一样（见图 c）。在 L 形纸板的直角处涂上一些热熔胶，将长方形纸板的长边沿着大正方形的对角线与 L 形纸板粘在一起（见图 d）。

4. 裁剪一下，得到一个箭形工具（见图 e）。

5. 选一个圆形物品，使其放置在 L 形纸板下方时，刚好与 L 形纸板的两边接触。沿着长方形纸板的长边在圆上画一条线（见图 f）。

6. 将圆旋转约 90 度，按第 5 步操作再画一条线（见图 g）。

7. 上述两条线的交点即圆心（见图 h）。如果你想要检查一下圆心位置是否准确，可以随机旋转圆形物品，以此方法画更多的线。如果圆心位置准确，这些线都将相交于同一点。如果不相交于同一点，就说明圆心定位仪不够精确。

图 e

图 f

图 g

图 h

基本技术

获取割痕纸板

割痕指轻微的切割痕迹，而割痕纸板是只切开纸板薄薄的第一层得到的纸板。垂直于瓦楞方向切割，效果最好。如果你垂直于瓦楞方向切割，当你沿着割痕折叠纸板的时候，折叠后的边缘会很整洁。你也可以平行于瓦楞方向进行切割，但这可能会使边缘参差不齐。

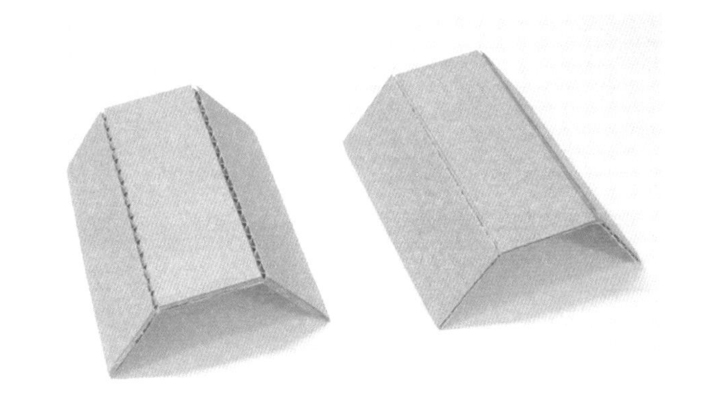

切割复杂形状

当你想切出一个又长又直的纸板时，最好使用切割垫和直尺，但当你想要切割圆形或具有很多曲线的形状时，这种方法就不适用了。我发现最简单的方法是，把纸板放在盖子或罐子的顶部，这个盖子或罐子要有一定的高度，中间是空的，然后你可以用一把小刀沿着画好的线下锯，这样你就可以把整个纸板锯开。

制作完美的圆

要制作一个圆，首先需要确定圆的尺寸。经过圆心且两个端点都在圆周上的线段称为圆的直径。画圆最简单的方法就是自己制作一个圆规。在这里，我们用厚纸板来制作圆规。

1. 把厚纸板切成一个 2 厘米宽的长条。如果你想要制作一个直径为 5 厘米的圆，就在长条上戳两个相距 2.5 厘米的孔（见图 a）。

2. 把尖利的物体，如锥子或钉子插入一个孔中。这个孔就是中心点（即圆心），不可移动。把铅笔的笔尖放在另一个孔里，绕着中心点旋转长条。这样，你就获得了一个直径为 5 厘米的圆（见图 b）。

3. 只要改变从支点到你放铅笔笔尖的孔的距离，你就可以制作出任何尺寸的圆（见图 c）。

图 a

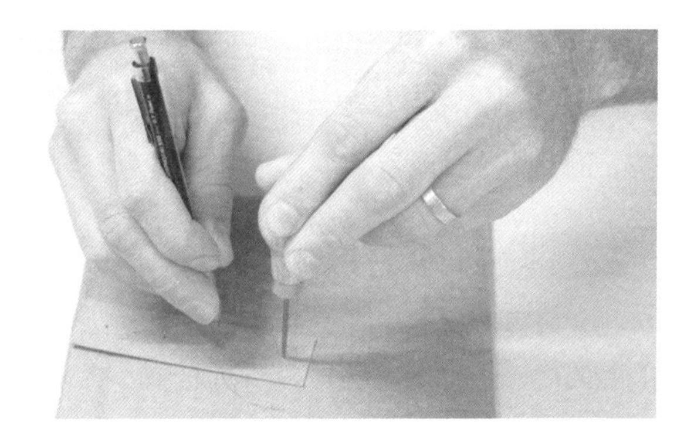

图 b

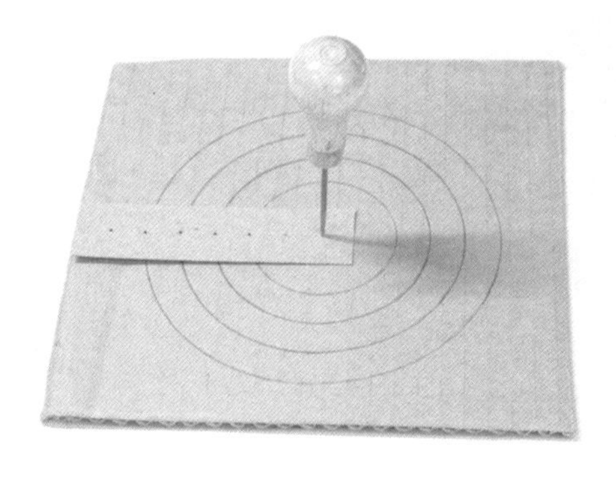

图 c

分割圆

画好圆后，你可以用同样的纸圆规将其分成几等份（用这种方法你可以将圆分成3份、6份、12份等）。

1. 画好圆后，在圆边缘的任何地方戳一个孔。这是第一个新的中心点（见图a）。

2. 将铅笔插在之前戳的孔里再画一个圆（所以两个圆的大小相同）（见图b）。这个圆与原来的圆相交。在两个交点上各戳一个孔，用它们作为中心点画另外的圆。

3. 持续这样画，直到画出一共5个外侧的圆（见图c）。将中心点与这些交点两两连起来，就能将圆分割成6等份。如果你想将圆分成12等份，那么需要再将外面的圆之间的交点与中间圆的圆心（即中心点）两两连接起来。

图 a

图 b

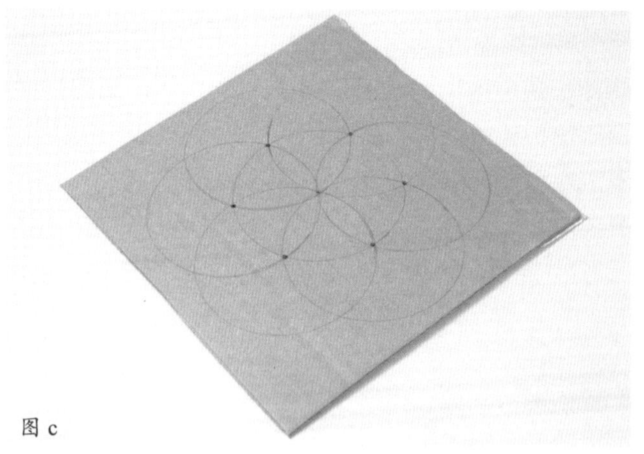

图 c

制作圆筒

圆筒是用薄薄的平板把两个圆片包裹起来形成的物体。

1. 我倾向于使用薄纸板作为包裹用的平板（见图 a）。

2. 两个圆片制作完毕后，用牙签或竹签穿过两个圆片的圆心，把它们放在薄纸板上。在薄纸板上涂一点热熔胶，固定住圆片，确保两个圆片平行且不歪斜（见图 b）。如果两个圆片歪斜或者不稳，你就得不到一个完美的圆筒。

3. 待热熔胶变干后，在薄纸板的边缘涂上几滴热熔胶，小心地滚动两个圆片，使其边缘与薄纸板的边缘粘在一起（见图 c）。

4. 热熔胶变干后圆筒就制作完成了（见图 d）。如果要制作大尺寸圆筒，你需要将热熔胶涂抹得更密，以确保圆片与薄纸板能完美地粘在一起。

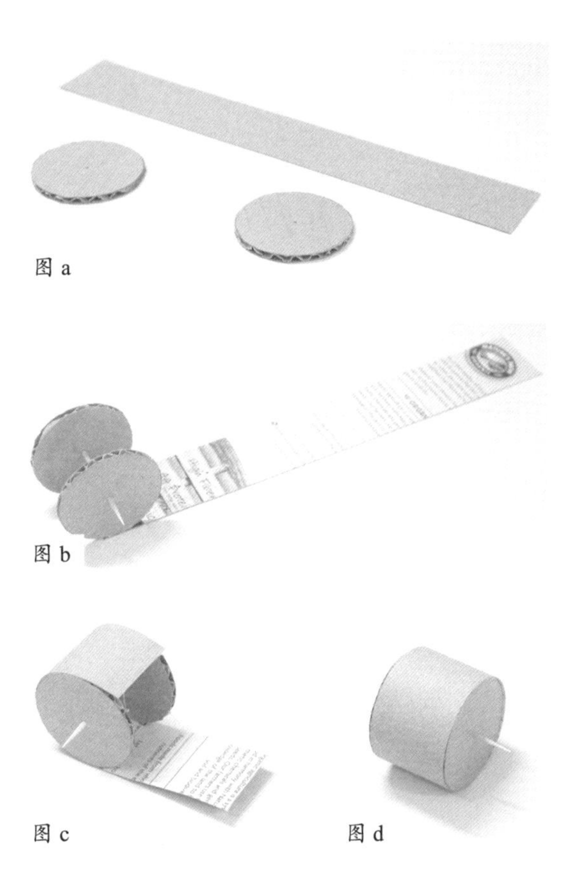

图 a

图 b

图 c

图 d

制作垫圈

垫圈可以用作两个可以活动的物体间的隔垫物，也可以密封与轴相连的部件的末端。如在密封与牙签相连的圆筒时，垫圈可以将圆筒固定在适当的位置，同时圆筒仍然可以旋转。最简单的垫圈是一个有孔的正方形纸板，但如果你想增加一点新意，可以把它做成圆形，但要确保热熔胶涂在了轴（牙签）和垫圈上，而不是在应该可以自由旋转的部位（也就是圆筒）上。

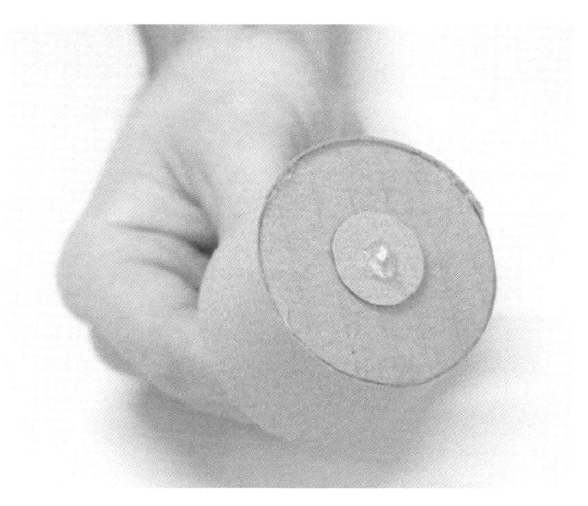

制作齿轮

齿轮就是一个周围有齿的圆筒。

1. 制作齿轮最简单的方法之一是将瓦楞纸的外层与瓦楞处分离（见图 a）。通常一面比另一面更容易分离且分离面整洁。可以用瓦楞纸碎片测试，看看哪一面更容易分离且分离面整洁。

2. 分离出一定长度的瓦楞段后，将其环绕在圆筒周围，看它是否与圆筒匹配（见图 b）。

3. 你可以在圆筒外裹上一层薄薄的材料使圆筒变大一点，从而使得齿轮能匹配圆筒。薄薄的材料可以是刚刚从瓦楞纸上分离下的薄纸片（见图 c）。

4. 当在圆筒外裹好材料后（本质上是制作一个更大的圆筒）（见图 d），再将瓦楞段环绕在圆筒上并确认齿轮的位置是否合适。如果合适，就标记好切割处再剪断瓦楞段（见图 e）。

5. 我发现先将瓦楞段首尾粘接成一个大小合适的圆环（见图 f），再将其套到圆筒上更为容易（见图 g）。

6. 当瓦楞圆环套到圆筒上一半的位置时，在裸露圆筒周围涂抹胶水，再将瓦楞圆环完全套在圆筒上（见图 h）。

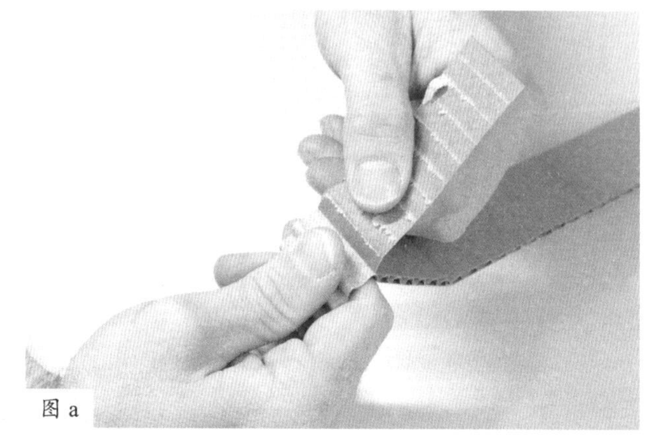

图 a

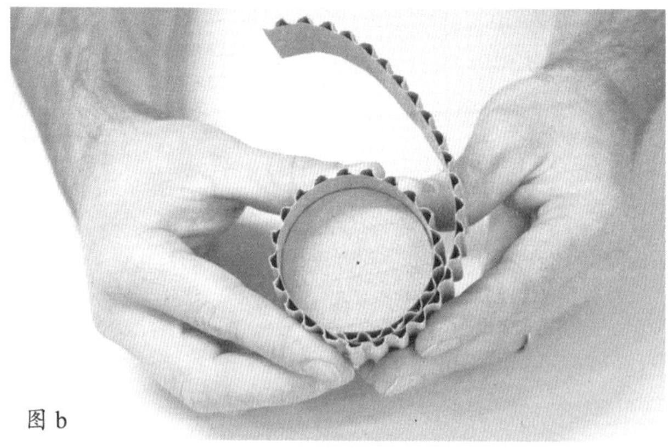

图 b

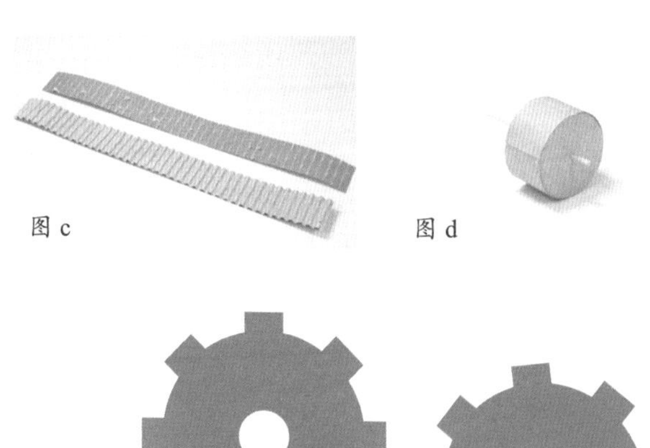

图 c

图 d

图 e

图 f

图 g

图 h

第2章

房间内的小物件

这些小物件的使用为你在房间里做一些日常的事情增加了趣味。要注意的是，制作它们的方法不是唯一的。

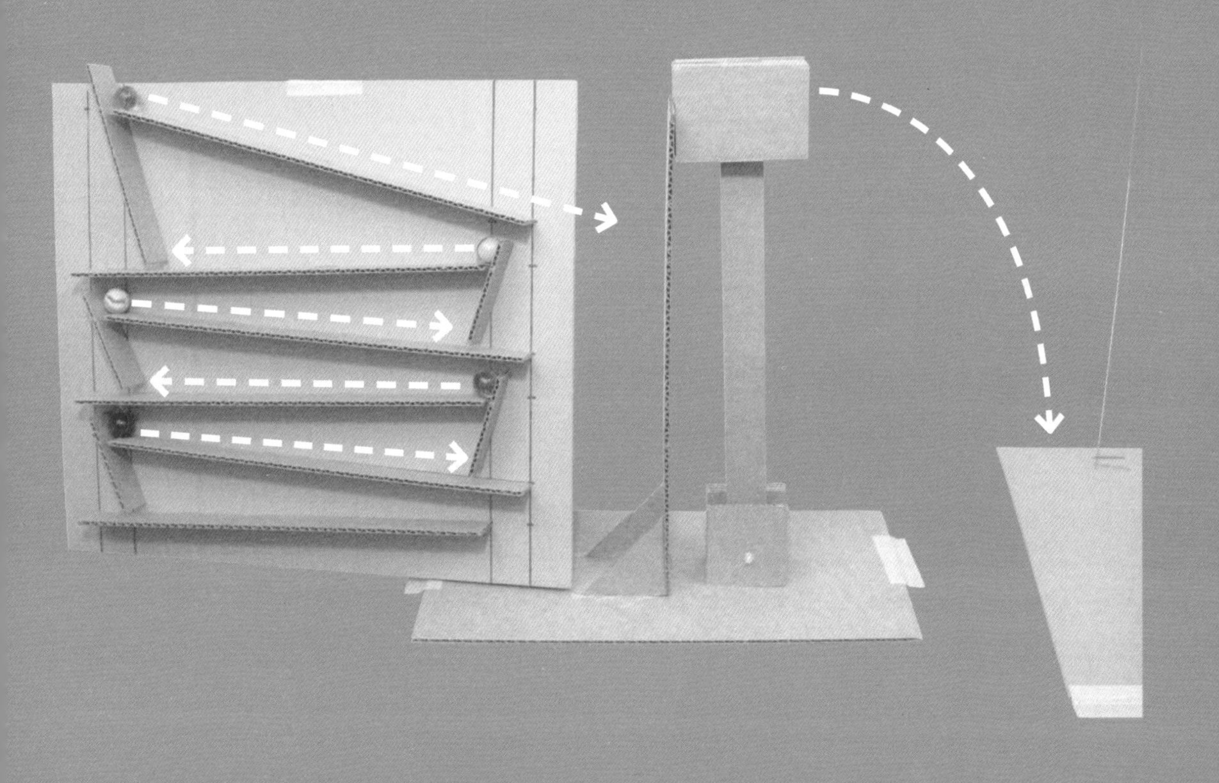

这个弹球坡道的运转是你打开电灯开关的第 1 步。

敲门器

这个敲门器发出的声音听起来就像是一只有着橡胶鼻子的啄木鸟在啄门。

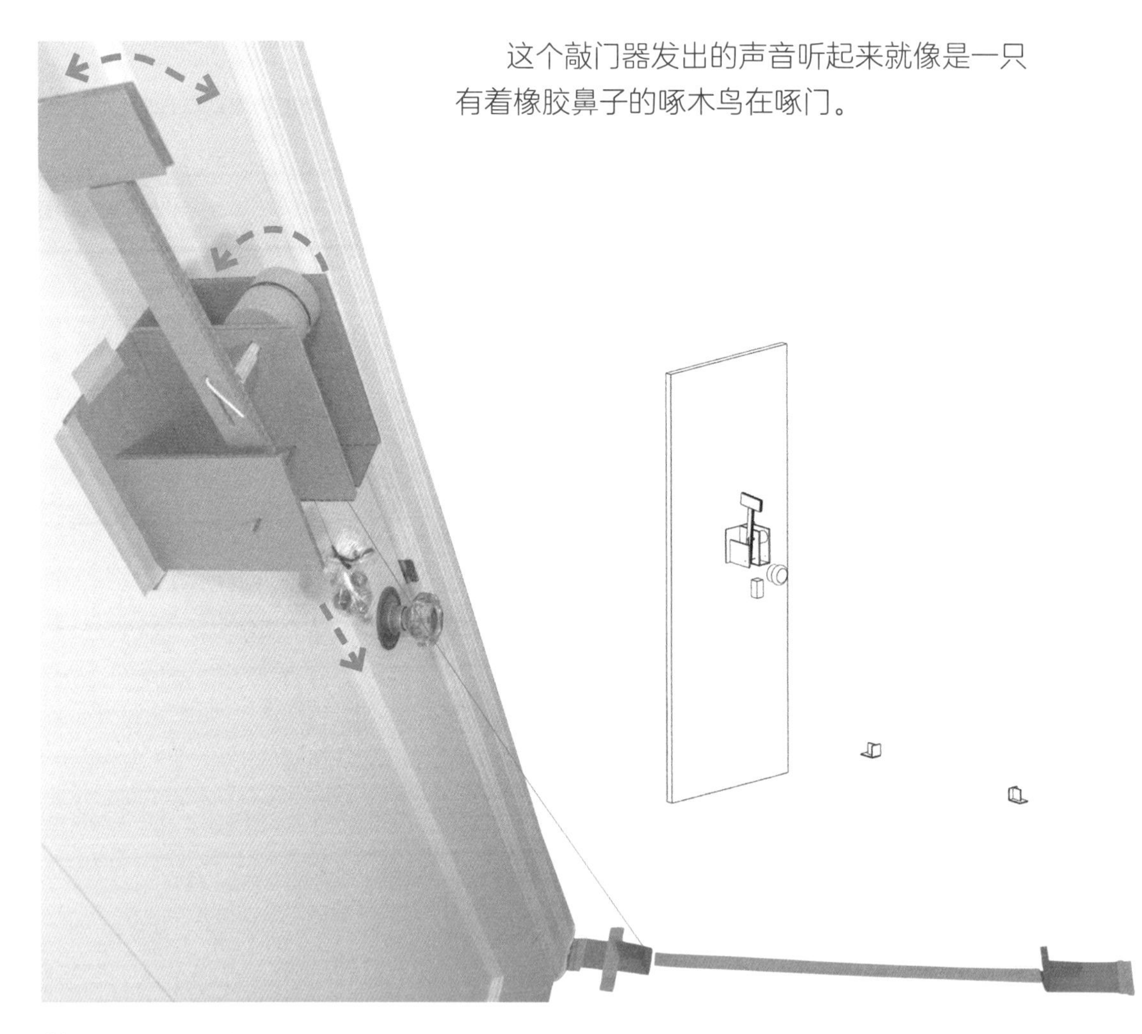

制作材料及工具

主结构

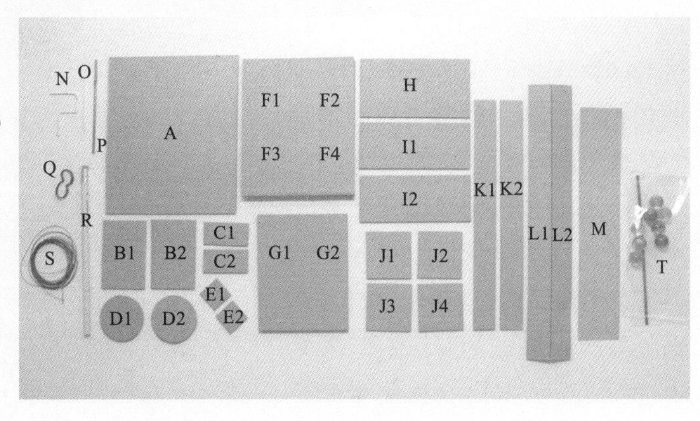

纸板：

1 个，15.2 厘米 × 17.8 厘米（A）

2 个，5 厘米 × 7.6 厘米（B1、B2）

2 个，2.5 厘米 × 5 厘米（C1、C2）

2 个，直径为 5 厘米的圆（D1、D2）

2 个，2.5 厘米 × 2.5 厘米（E1、E2）

4 个，12.5 厘米 × 15.2 厘米（F1、F2、F3、F4）

2 个，12.7 厘米 × 10.2 厘米（G1、G2）

1 个，6.4 厘米 × 10.2 厘米（H）

2 个，5 厘米 × 10.2 厘米（I1、I2）

4 个，5 厘米 × 5 厘米（J1、J2、J3、J4）

2 个，2.5 厘米 × 25.4 厘米（K1、K2）

2 个，2.5 厘米 × 30.5 厘米（L1、L2）

1 个，5 厘米 × 25.4 厘米的薄纸板（M）

其他：

1 根 10.2 厘米长的衣架线，分别在其 3.8 厘米、5.6 厘米和 7.6 厘米处做 90 度弯折（N）

1 根牙签（O）

1 根 10 厘米长的衣架线（P）

1 个小橡皮线圈（Q）

1 支新铅笔或木销钉（R）

3 米长的线（S）

1 包用于承重的弹球（T）

主要工具

热熔胶枪和热熔胶

胶带

尖头铅笔

美工刀

剪刀

扁嘴钳（可选）

锥子

尺子

制作敲门器

制作主结构

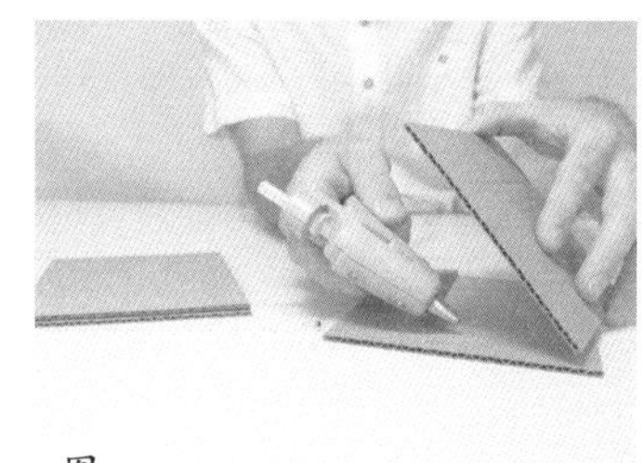

图 a

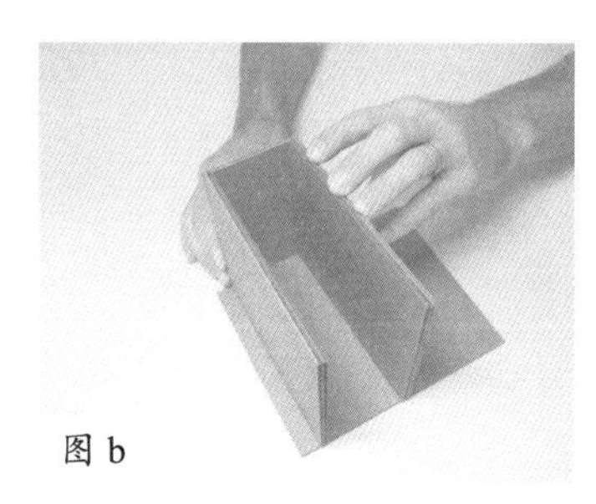
图 b

1. 将 F1 和 F2 配对，再将 F3 和 F4 配对。将它们两两用热熔胶粘在一起，制作成两个双层厚度的纸板（见图 a）。

2. 将上述两个厚纸板垂直于 A 粘起来，厚纸板长边与 A 短边平行，两个厚纸板的间距为 6.5 厘米。靠近 A 短边的厚纸板距 A 短边边缘 1.3 厘米。把 H 粘到两个厚纸板的一端上，把上端修齐平，形成一个盒子的 3 面（见图 b）。

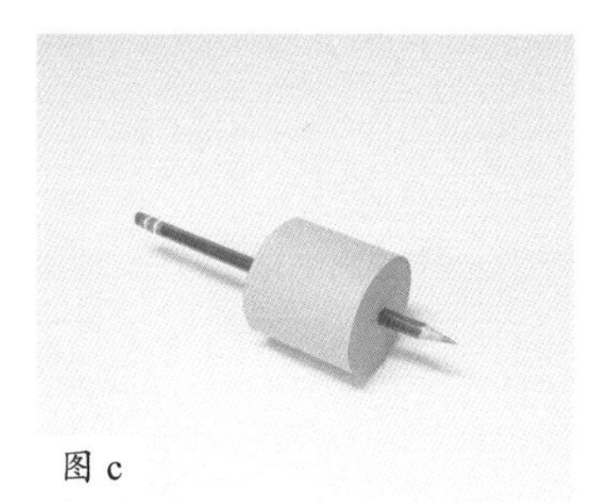
图 c

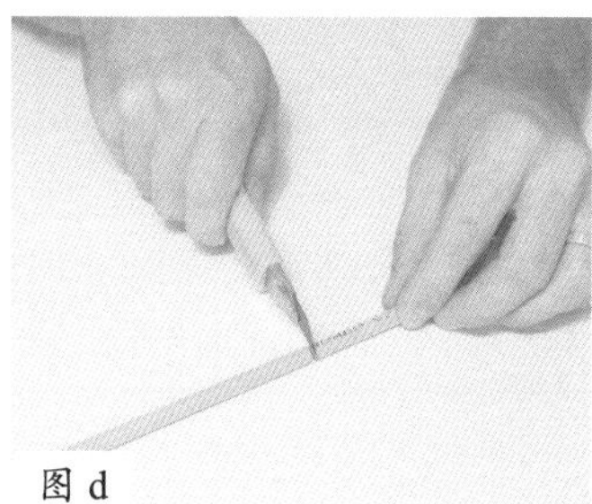
图 d

3. 使用 M、D1 和 D2 制作一个圆筒（见第 17 页），该圆筒的直径为 5 厘米，高为 5 厘米。将尖头铅笔穿过两端圆的圆心以戳孔（见图 c）。

4. 用美工刀将新铅笔或木销钉切割成 12.5 厘米（见图 d）。

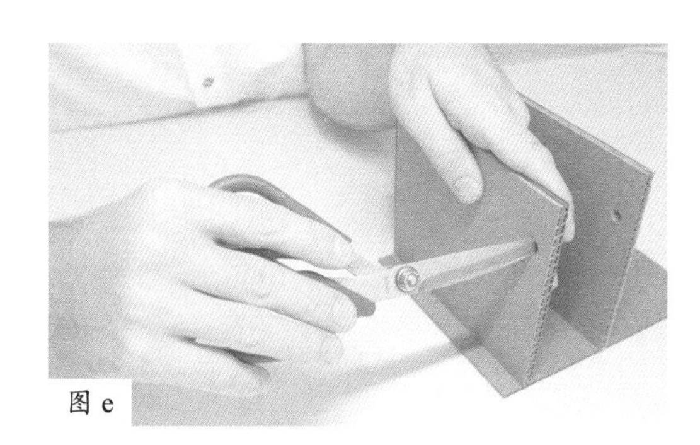
图 e

5. 在两个厚纸板远离 H 的一边戳两个孔，两个孔距厚纸板上方长边 3.1 厘米，距邻近侧厚纸板短边 1.3 厘米。用尖头铅笔扩大孔径，使铅笔可在孔中自由旋转。本书中，我用剪刀完成该步骤（见图 e）。

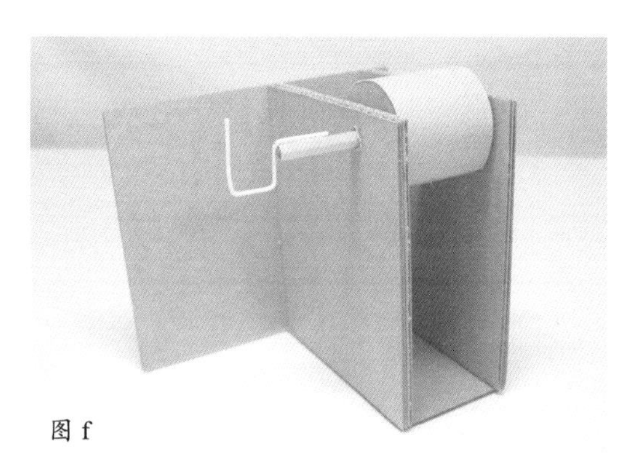
图 f

6. 将切割好的铅笔或木销钉先穿过圆筒，然后插在厚纸板的孔中，铅笔或木销钉一端露出 3.8 厘米的长度。取衣架线（N）并确保衣架线的形态与图 f 中一致。给衣架线的末端涂抹热熔胶，将其粘在铅笔或木销钉露出端的边缘。用胶带缠绕衣架线与铅笔或木销钉的黏合处以增强牢固性。

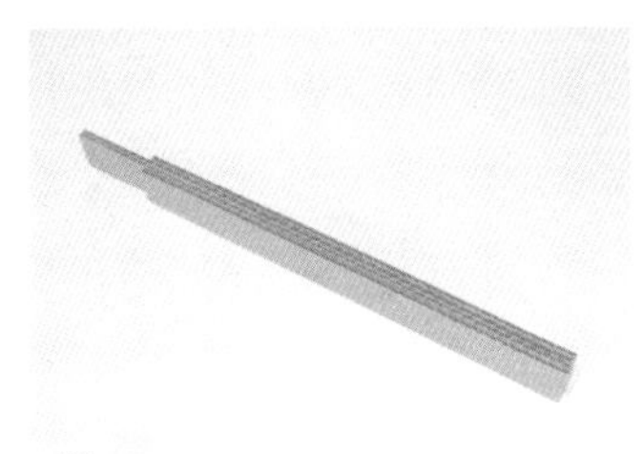

图 g

图 h

7. 将 L1 与 L2 粘在一起形成双层板。将 K1 与 K2 分别粘在双层板的两侧，形成一个三明治结构，双层板一端突出（见图 g）。这将用作锤柄。

8. 用锥子在距锤柄较厚一侧底端 1.3 厘米处打一个孔。利用美工刀，在距锤柄较厚一侧底端 7.6 厘米处切一个长约 5 厘米的切口（见图 h）。这就是 N 插入的地方，是锤子可前后运动的空间。

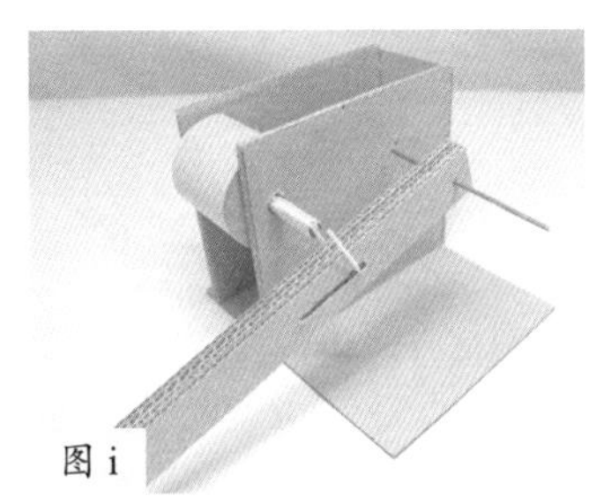

图 i

图 j

9. 将 N 穿过锤柄上的切口。将 P 穿过锤柄较厚一侧底端打好的孔，并在纸盒一侧距底端 5 厘米处和距纸盒侧边 3.1 厘米处打一个孔，将 P 同时插入此孔（见图 i）。

10. 将 G1 和 G2 粘在一起。在距其长边 5 厘米处和距短边 3.1 厘米处打一个孔（见图 j）。

11. 将 P 的另一端插入此孔，并将纸板粘到厚纸板上。在厚纸板侧边预留 1.3 厘米的距离（见图 k）。

图 k

12. 将 N 置于长切口偏下的位置，这样锤柄就能够下降到最低的位置。将 B1 粘贴到锤柄较薄的一端，使 B1 边缘超出锤柄边缘约 3 毫米（见图 *l*）。使用同样的方法在锤柄另一侧粘贴 B2。

图 *l*

13. 将 C1 和 C2 填充在 B1 和 B2 之间的上端，在下端留一段小的空隙。将切掉的铅笔的一部分置于 C1 和 C2 的下端，让它能刚好从纸板中伸出来（见图 m）。笔帽处的橡皮就是敲在门上的物体。

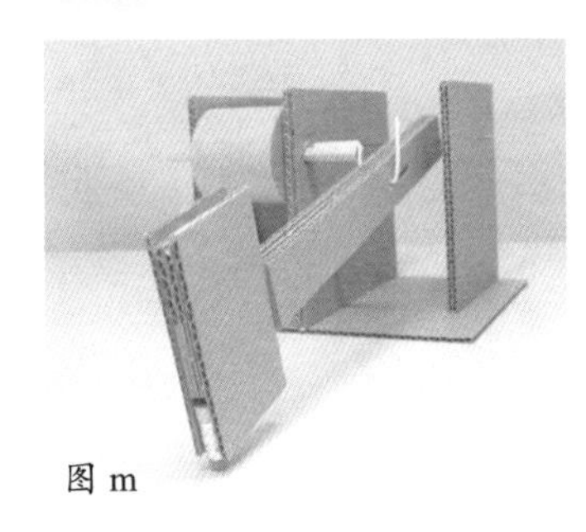

图 m

连线

1. 在圆筒上打一个孔，剪一根长约 122 厘米的线穿过这个孔并在穿过的一头打结。你可以用胶带粘住线头，使其更加牢固（见图 n）。

2. 在纸盒底部打一个孔，让线可以穿过这个孔（见图 o）。

3. 取一小段牙签，将其粘在圆筒的边缘（见图 p）。将 E1 和 E2 粘在一起并直接粘在圆筒旁边，确保它不会碰到牙签。确保 E1 和 E2 粘在一起形成的厚纸板与锤子平行。我们要在这里插入一个可滑动的销子（实为剩余的牙签）。

4. 将剩余的线系在牙签销子露出纸板的一端。这根线应该很长，它的长度将取决于你想让线离门多远。这就制成了你需要的销子，它会确保自身在被拉动前圆筒不旋转。剪掉多余的线（见图 q）。

5. 分别粘好 J1、J2、I1 和 J3、J4、I2（见图 r）。用锥子在其中一个粘接好的物体上打一个孔，再在另一个上添加一个小线圈。这就是固定架，用来引导线的走向。

6. 旋转圆筒（见图 s），如果铅笔轴在圆筒内旋转，就将 I1 和 I2 沿粘接处轻轻拉开一些，然后在原本的粘接处加入少许热熔胶。一定要等胶干了再放手，否则它会粘住其他纸板。

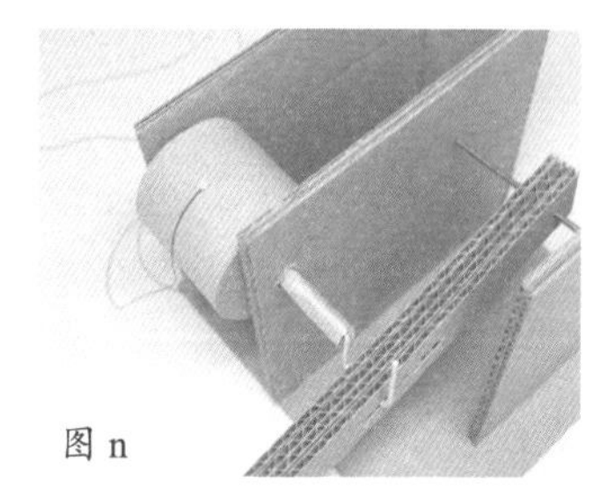

图 n

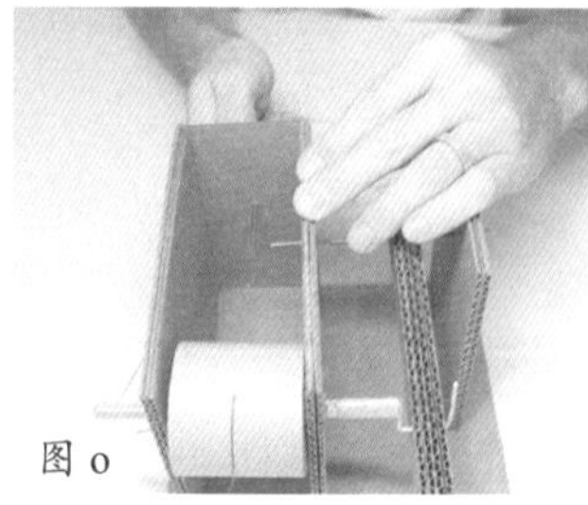

图 o

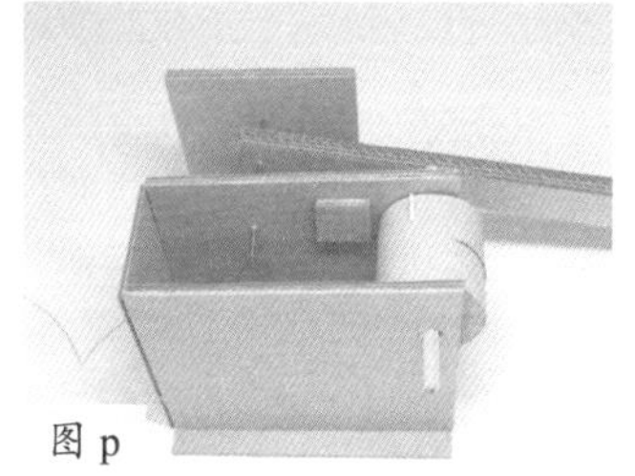

图 p

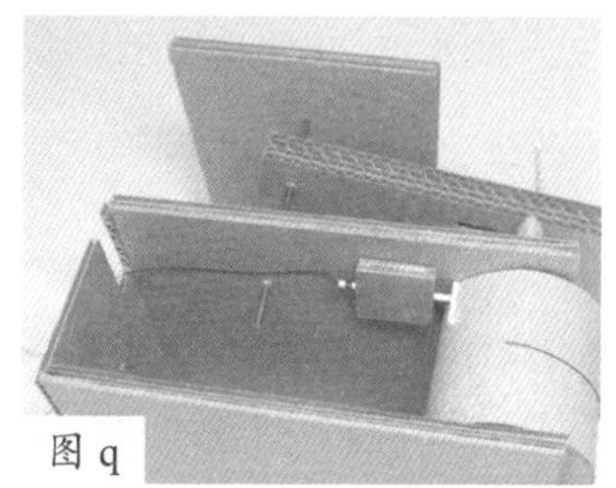

图 q

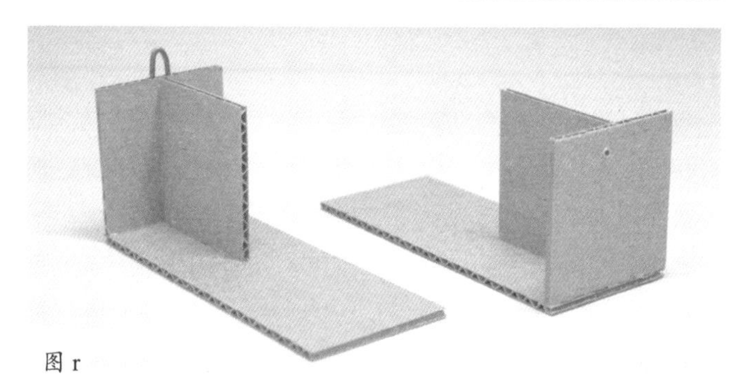

图 r

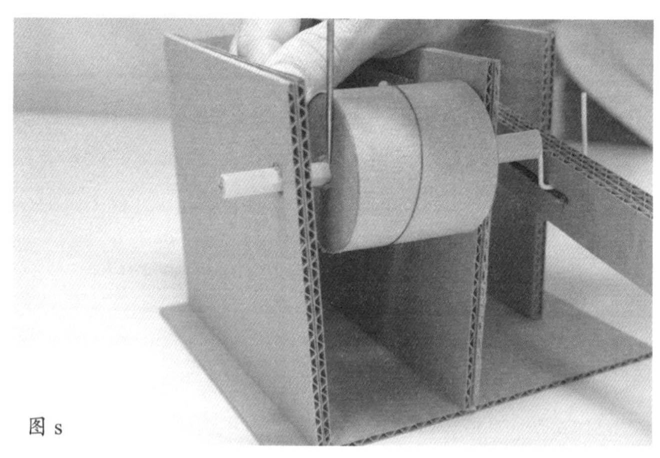

图 s

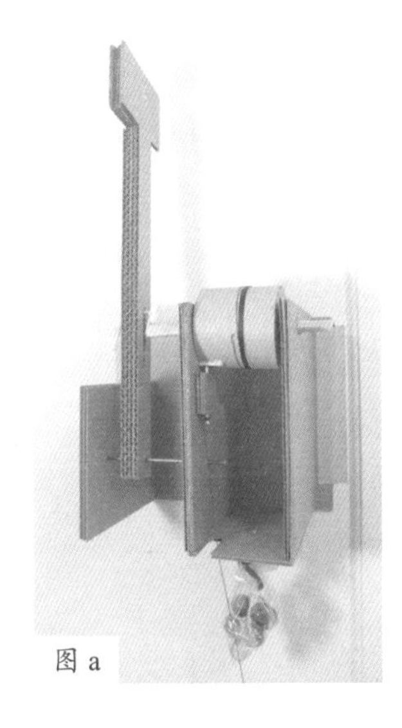
图 a

图 b

图 c

开始链式反应

安装

1. 现在进入有趣的部分。在连着圆筒的线上挂上重物（本书中，我用的是一包弹球），然后将线缠在圆筒上。把销子向上推，使其紧贴在牙签后面，用胶带将敲门器粘在门上（见图 a）。

2. 用胶带将固定架粘在地板上，最好靠近门（见图 b）。靠近敲门器的固定架上应该有一个环，将线穿过这个环，然后把它绑在另一个固定架上。

3. 连好走线（见图 c）。

开始运行

当有人经过时，他们的脚会触碰到线，线被拉动后会将销子拔出。这使得重物下降，圆筒旋转。圆筒的旋转带动弯曲的衣架线旋转，使锤子不断敲击门。

故障排除

如果锤子卡住了，那可能是因为橡皮伸出的长度太长。将它稍微剪短一点，再试一次。如果还是如此，你可能得把锤子柄修短一些了。如果它仍然不能正常工作，可能需要将锤柄上的切口扩大。

工程诀窍

锤子可以往复运动，是轴上弯曲的部位所致。这个弯曲的部位就像一个凸轮，是旋转的轴上的一种凸起。凸轮可以作为定时装置，以恒定的速度推或拉某物（假设旋转速度是恒定的）。

开灯器

虽然以按开关的方式来开关灯可能更方便，但没有那么有趣。下面就介绍一种与众不同的开灯器。

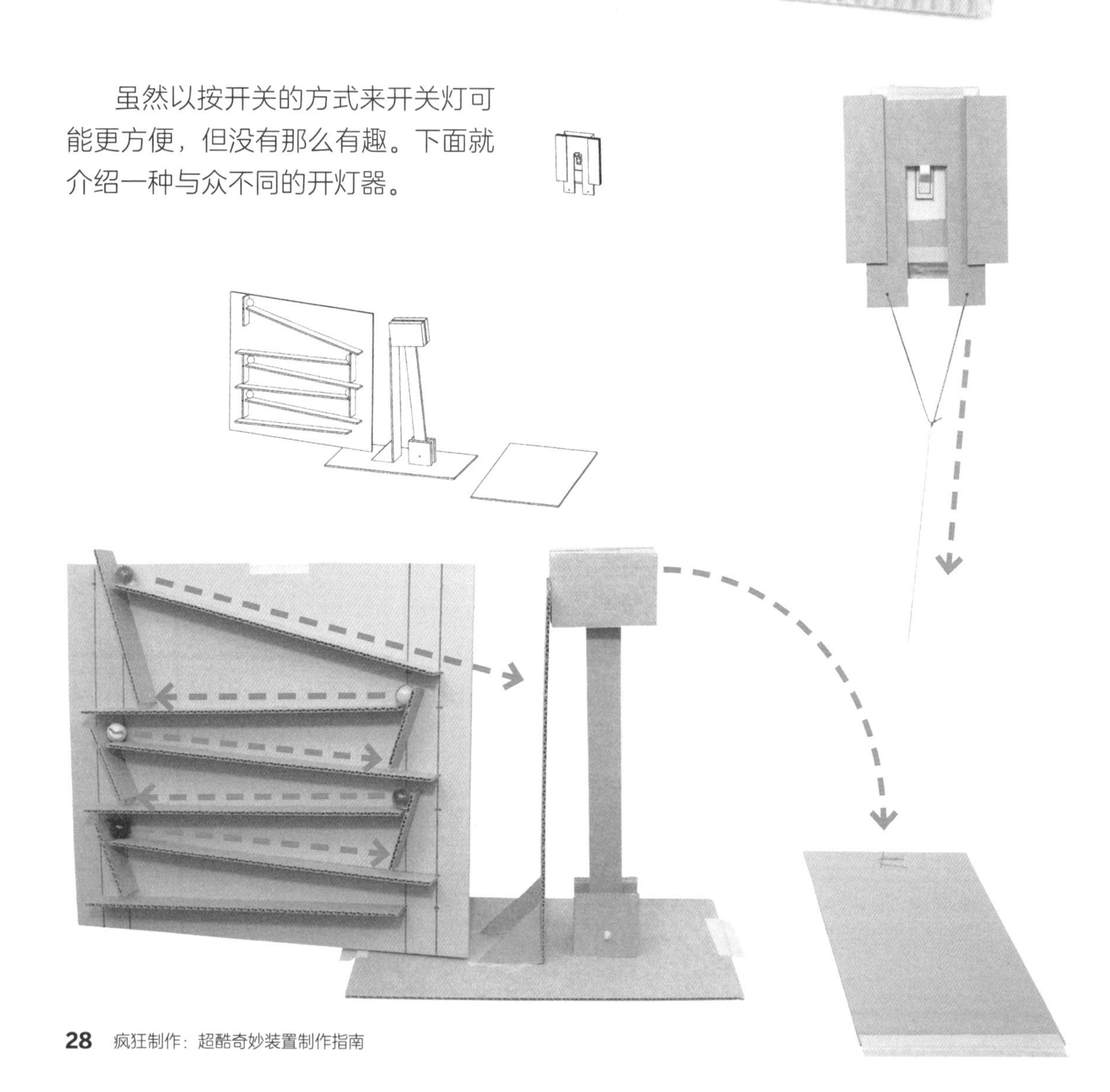

制作材料及工具

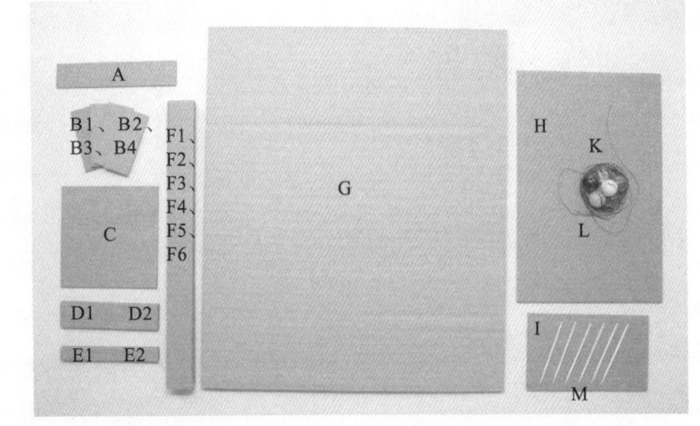

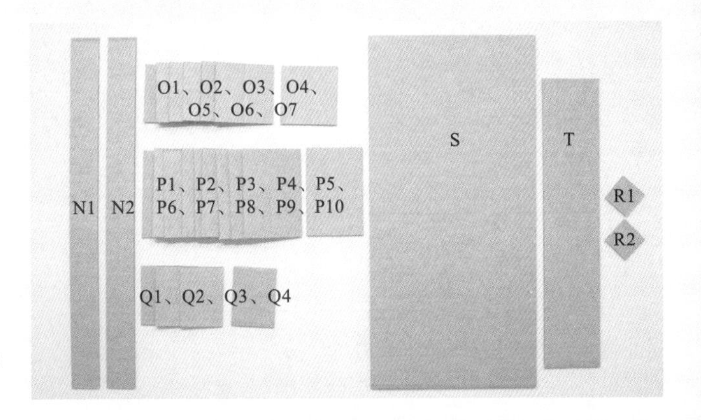

之字形斜坡及电灯开关触动器

纸板：

1 个，2.5 厘米 ×12.7 厘米（A）

4 个，2.5 厘米 ×6.4 厘米（B1、B2、B3、B4）

1 个，10.2 厘米 ×10.2 厘米（C）

2 个，2.5 厘米 ×10.2 厘米（D1、D2）

2 个，1.3 厘米 ×10.2 厘米（E1、E2）

6 个，2.5 厘米 ×28 厘米（F1、F2、F3、F4、F5、F6）

1 个，30.5 厘米 ×35.6 厘米（G）

1 个，15.2 厘米 ×25.4 厘米（H）

1 个，7.6 厘米 ×12.7 厘米（I）

1 个，5 厘米 ×30.5 厘米（J）（未展示）

其他：

6 颗弹球（K）

2 米长的线（L）

6 根牙签（M）

锤子

纸板：

2 个，2.5 厘米 ×30.5 厘米（N1、N2）

7 个，5 厘米 ×5 厘米（O1、O2、O3、O4、O5、O6、O7）

10 个，5 厘米 ×7.6 厘米（P1、P2、P3、P4、P5、P6、P7、P8、P9、P10）

4 个，2.5 厘米 ×5 厘米（Q1、Q2、Q3、Q4）

2 个，2.5 厘米 ×2.5 厘米（R1、R2）

1 个，15.2 厘米 ×30.5 厘米（S）

1 个，5 厘米 ×28 厘米（T）

主要工具

马克笔	尺子
热熔胶枪和热熔胶	锥子
剪刀或剪线钳	胶带
美工刀	胶水

制作开灯器

制作之字形斜坡

1. 在G上，沿着两侧较短的边画出平行于短边且分别距短边2.5厘米和5厘米的直线。左侧按距下侧长边2.5厘米、7.6厘米、10.2厘米、15.2厘米和17.8厘米的间隔做标记，右侧按距下侧长边3.8厘米、6.4厘米、11.4厘米、14厘米、19厘米和21.6厘米的间隔做标记。按图a所示将标记两两连接。这些线将被用作粘贴弹球斜坡时的引导线。

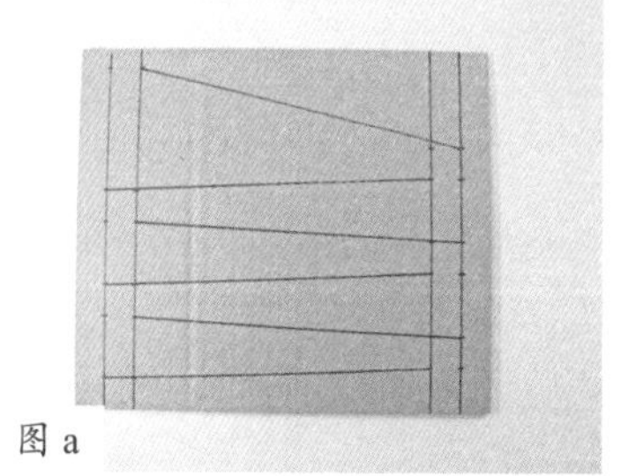
图 a

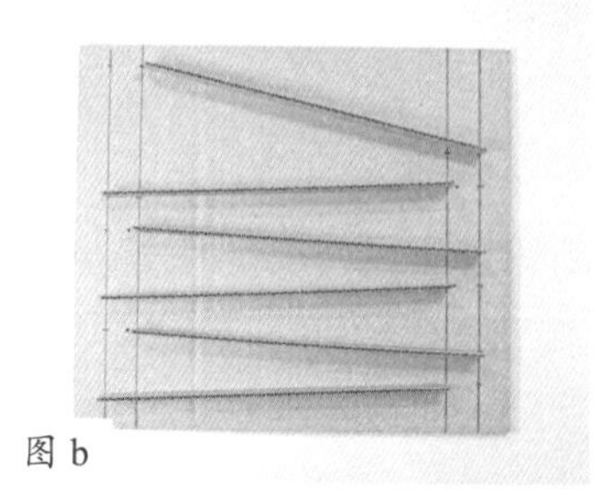
图 b

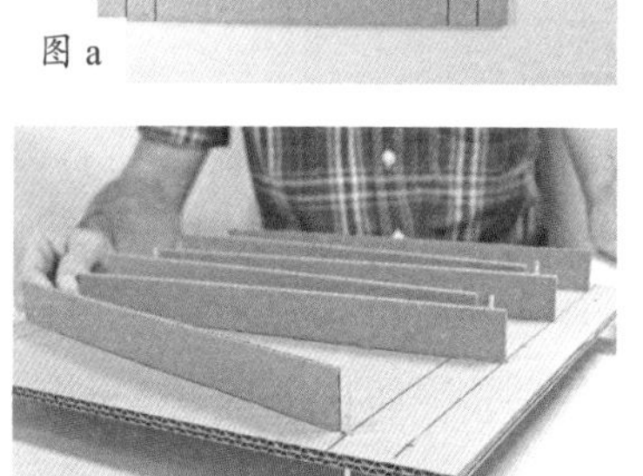
图 c

图 d

2. 将F1、F2、F3、F4、F5和F6按所画的引导线粘好，与底座垂直。用锥子在各个斜坡较高一侧的底座上打孔，孔距斜坡边缘大约3毫米，每侧一共有3个孔（见图b）。

3. 将牙签分别插入刚打的孔中（见图c）。

4. 用剪刀或剪线钳剪掉背面的牙签（见图d），让牙签稍微伸出来一点，然后涂上胶水固定住牙签。

5. 顺着瓦楞的方向将B1、B2、B3、B4、A插在牙签上，确保它们能够绕着牙签自由旋转（见图e）。

6. 用胶带把J粘贴在底座背面顶端的中心位置。它将像一个画框的支架一样，使底座可以站立起来（见图f）。

图 e

图 f

制作锤子

1. 接下来我们制作锤子，用它来关闭电灯。用胶水将N1、N2、Q1、Q2、Q3、Q4、P1、P2、P3、P4、P4、P5、P6、P7、P8、P9、P10粘起来（见图g和图h），用作锤柄。

2. 用胶水将R1和R2分别粘在锤柄底部的两侧。用锥子在距底端约1.3厘米处打一个通孔（见图i）。

3. 沿对角线切开O1。将O2、O3、O4粘在一起，然后将O5、O6、O7粘在一起，这样就得到了两组3层的纸板（见图j）。

4. 分别在两组3层的纸板上距离底端约2.5厘米处打孔。用牙签为锤子创建一个轴。修剪牙签，在牙签末端涂上热熔胶，将两组3层的纸板分别插在牙签两端并粘牢（见图k）。

5. 以S为底座，在距S短边7.6厘米左右的地方竖着粘贴锤子。用胶带把T粘在S上，形成一个铰链杠杆。T应该在锤子后方2.5厘米处。将由O1切成的两个三角形纸板直接粘在这个铰链杠杆后面固定T（见图*l*）。只在与底座接触的部位涂胶。不要把三角形纸板的边粘在铰链杠杆上。

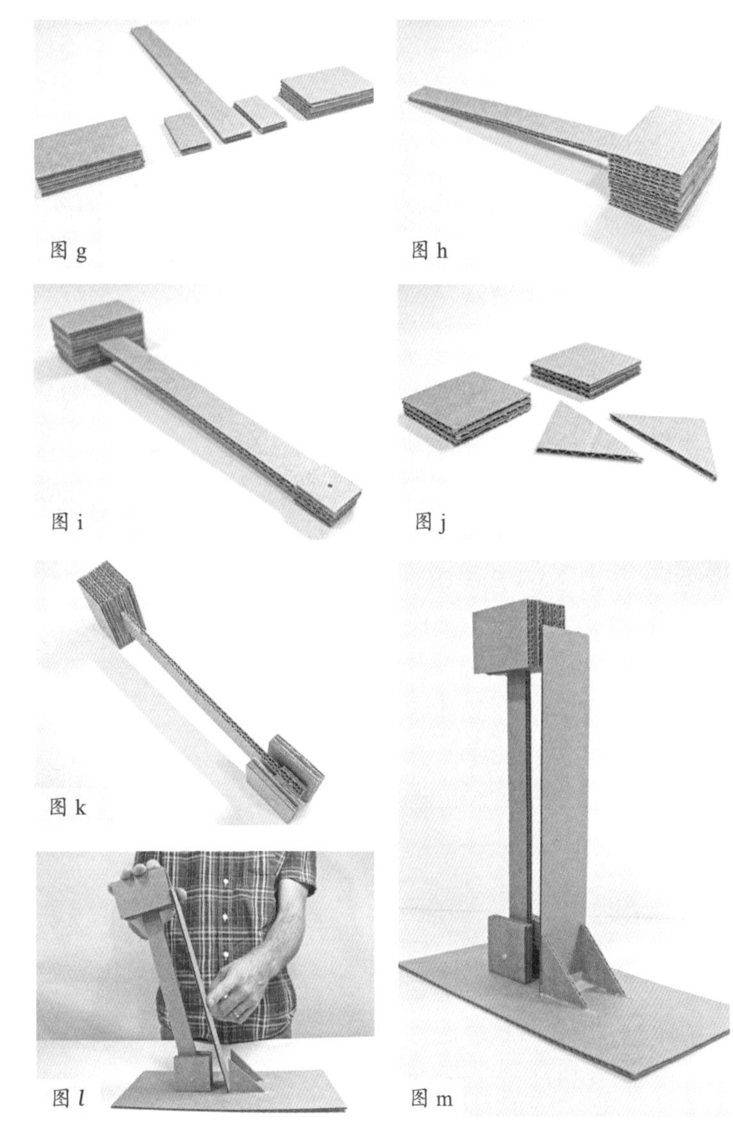

图g 图h 图i 图j 图k 图*l* 图m

6. 等胶干了后试试这个装置。其中一颗弹球会撞击铰链杠杆（见图m），铰链杠杆会碰上锤子，导致锤子向前倒下。如果没有达到此效果，你可以在铰链杠杆的顶部添加垫片，这样能将锤子更用力地向前推。

制作电灯开关触动器

1. 下面我们要做的是能触动开关的装置。将C、D1、D2、E1、E2粘在一起，这样就形成了一个轨道，可以让另一个纸板在其中上下滑动（见图n）。

2. 用一把美工刀在上述纸板中心切除一个2.5厘米 × 5厘米的长方形纸板。确保电灯开关可以在纸板中自由滑动。在纸板I上切除一个2.5厘米 ×7.6厘米的长方形纸板，并在余下的U形纸板底端打两个孔。把线从两个孔中穿过并绑好（见图o）。

3. 锤子不会直接砸落在线上，所以我们需要一个中间装置，一块像H这样的纸板就行了。在H的末端打两个孔并切缝（见图p），用于调整线，以便我们可以拨动电灯开关。

4. 使用胶带将电灯开关触动器的组件粘贴到电灯开关上（见图q）。

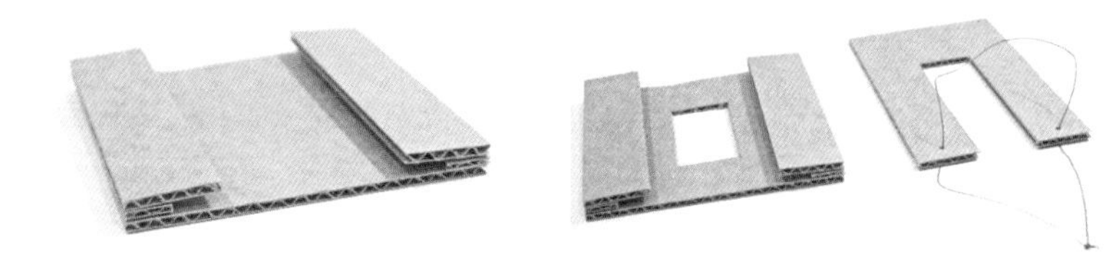

图n　　图o

图p

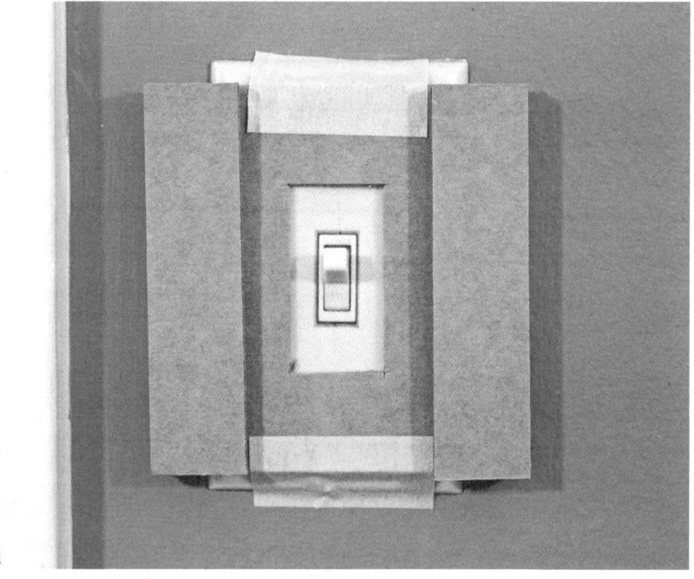

图q

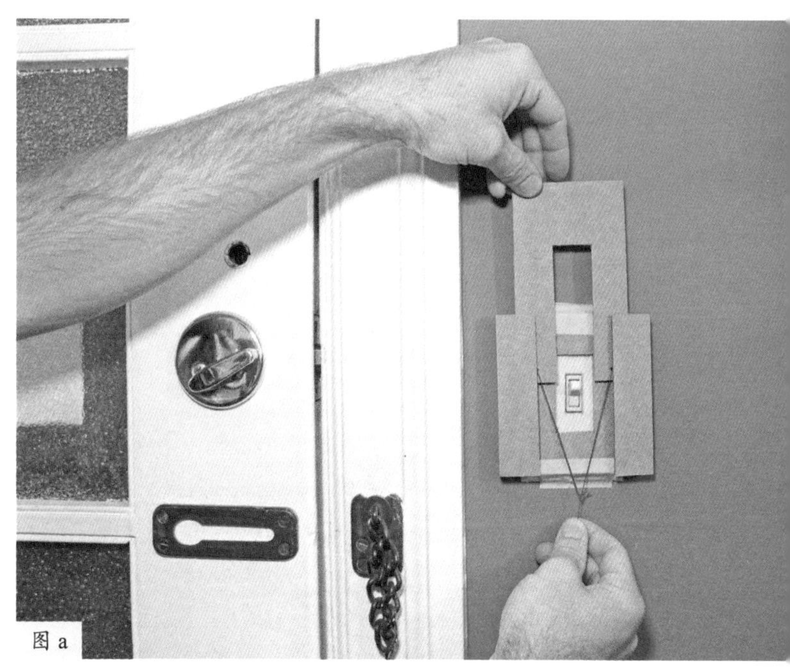
图 a

开始链式反应

安装

1. 将 U 形纸板按图 a 所示滑进导轨。它将置于开关顶部（见图 b）。将一根线系在打结的线上。它应该足够长，能够触及地板并多出一截，以用于调整。

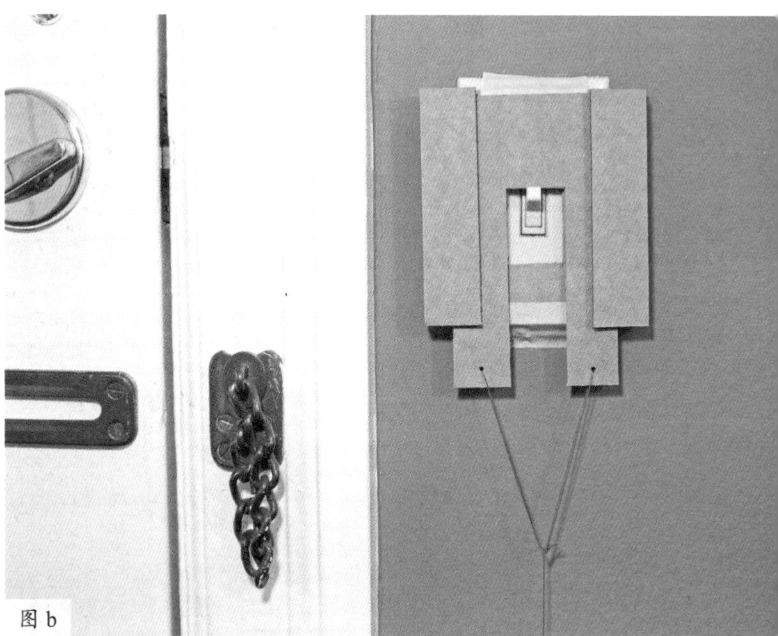
图 b

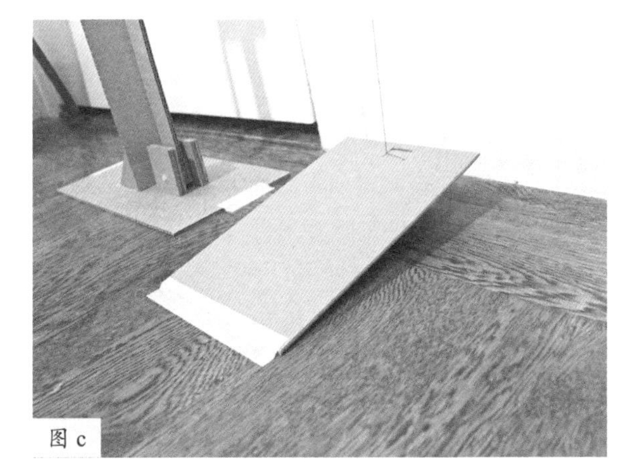

图 c

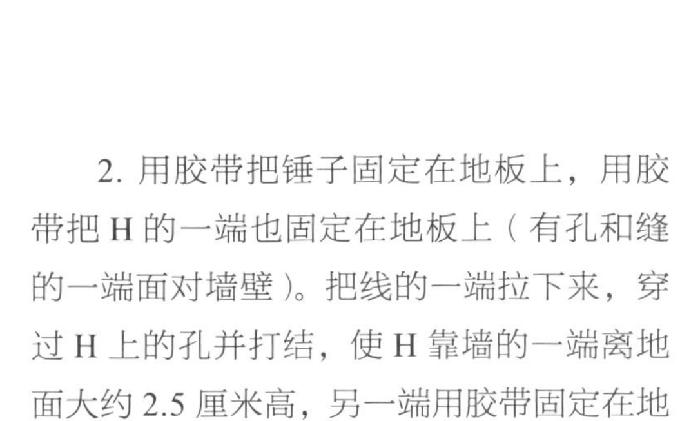

2. 用胶带把锤子固定在地板上，用胶带把 H 的一端也固定在地板上（有孔和缝的一端面对墙壁）。把线的一端拉下来，穿过 H 上的孔并打结，使 H 靠墙的一端离地面大约 2.5 厘米高，另一端用胶带固定在地板上（见图 c）。

3. 锤子和 H 的固定位置要适当，确保锤子在敲下时可击中 H 上靠近线的部位（见图 d）。

4. 添加之字形斜坡，小心地将其与铰链杠杆对齐。滚下来的弹球会撞击铰链杠杆，使得锤子下落。按图 e 所示添加弹球。

图 d

图 e

开始运行

要引发链式反应，你只需要在右下角的斜坡上放一颗弹球。弹球滚下来，撞击小杠杆，释放上面的弹球。接着上面的弹球会沿所在的斜坡滚下，撞击右边的杠杆。最后一颗被释放的是最上方的弹球。这样弹球能获得更快的速度和更大的动能，这将有助于它撞击铰链杠杆，推动锤子，拉动线绳，关闭开关。

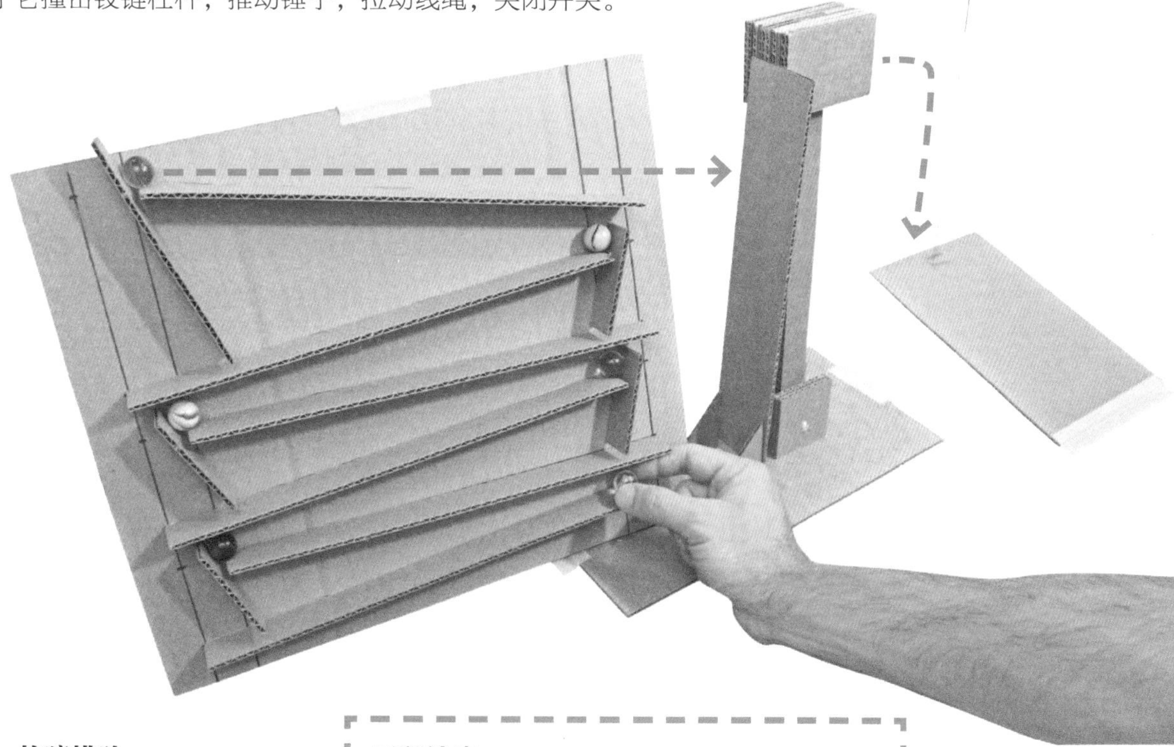

故障排除

如果弹球在角落处放不稳，你可以向下压一压纸板，甚至可以剪掉一小部分放置弹球的纸板。但要确保不要剪得太多，否则可能会导致弹球被卡住。

工程诀窍

之字形斜坡是产生微型链式反应的完美装置。一旦第一颗弹球开始运动，它就会触发下一颗弹球。因为每颗弹球在坡道的顶部都处于静态平衡状态，所以只要受到一点点碰撞，它们就会滚下坡道。每一颗弹球从斜坡上滚下来所获得的动能为其提供了足够的力来撞击下一颗弹球，即便它们的质量是相同的。

开门器

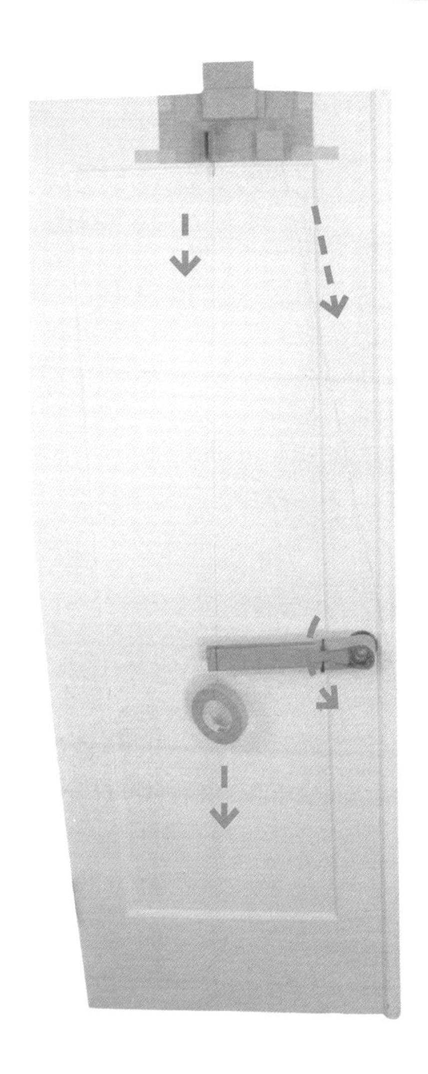

你忙着玩电子游戏而没有空闲的手开门，或者忘了口袋里装着强力胶水致使手被粘住了而无法顺利开门，这时该怎么办呢？别烦恼！只需确定你在遇到这些窘境之前制作了开门器。

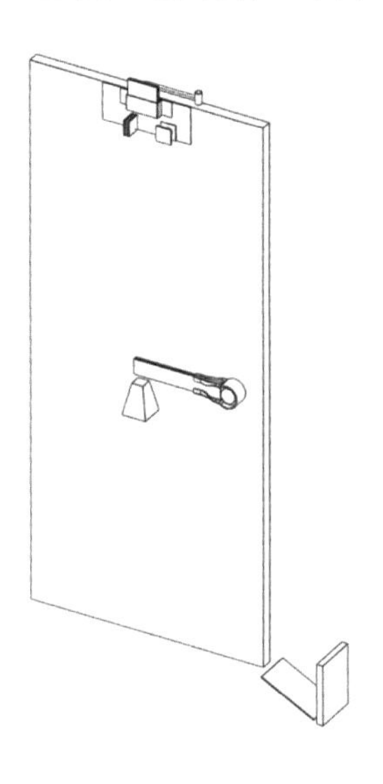

制作材料及工具

开门部分

纸板：

6 个，2.5 厘米 ×30.5 厘米（A1、A2、A3、A4、A5、A6）

6 个，5 厘米 ×5 厘米（B1、B2、B3、B4、B5、B6）

6 个，5 厘米 ×10.2 厘米（C1、C2、C3、C4、C5、C6）

1 个，2.5 厘米 ×5 厘米（D）

1 个，2.5 厘米 ×7.6 厘米（E）

2 个，10.2 厘米 ×10.2 厘米（F1、F2）

1 个，10.2 厘米 ×25.4 厘米（G）

1 个，12.7 厘米 ×30.5 厘米（H）

其他：

老式有金属片的捕鼠夹（I）

扎带或铁丝（J）

1 支铅笔（K）

5.5 米长的结实的线绳或钓鱼线（L）

1 个软木塞（如果没有，可以用硬纸板）（M）

橡皮筋或保鲜膜，可选（N）

书（未展示）

捕鼠夹车

纸板：

2 个，5 厘米 ×20.2 厘米（O1、O2）

4 个，2.5 厘米 ×2.5 厘米（P1、P2、P3、P4）

2 个，2.5 厘米 ×25.4 厘米（Q1、Q2）

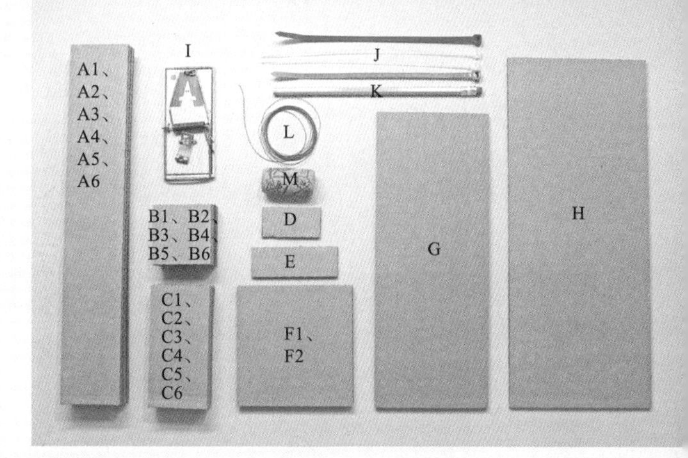

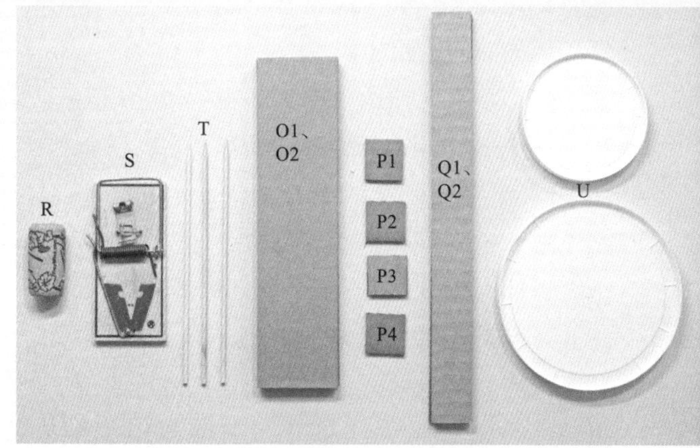

其他：

软木塞（R）

老式有金属片的捕鼠夹（S）

3 根竹签（T）

4 个塑料盖子用作车轮，后轮用 2 个大盖子，前轮用 2 个小盖子（U）

同 L 一样的线绳或钓鱼线（未展示）

主要工具

热熔胶枪和热熔胶　钳子　剪线钳

锥子　胶带　美工刀

铅笔或尖嘴钳　剪刀

制作开门器

制作开门部分

1. 用热熔胶将 C1、C2、C3、C4、C5、C6 粘在一起。把 F1 和 F2 粘在一起。将粘叠起来的 C 纸板粘在粘叠起来的 F 纸板上（见图 a）。

图 a

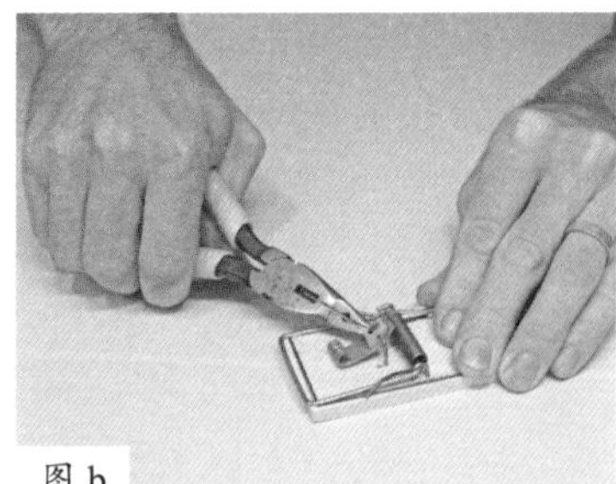

图 b

2. 用钳子从捕鼠夹上取下压杆和释放销（见图 b）。

展开并压平抓钩，用剪线钳剪断压杆一端的弯曲部分（见图 c）。

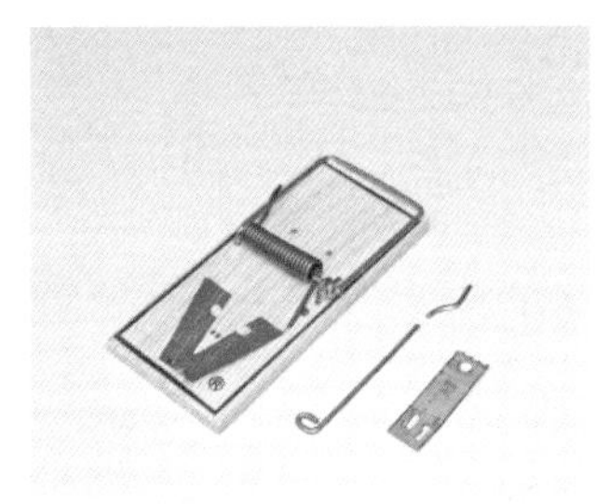

图 c

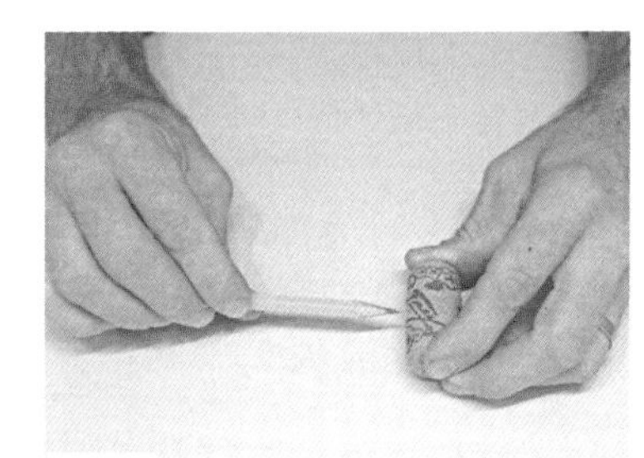

图 d

3. 用锥子在软木塞侧面打一个孔，插入一支削尖的铅笔（见图 d），用热熔胶把铅笔固定住。

4. 用扎带或铁丝把铅笔固定在捕鼠夹上。将捕鼠夹粘在粘叠起来的 F 纸板上（见图 e）。这是将门推开的部分。

5. 将开门部分粘在 H 上（见图 f）。

6. 为了增强牢固性，用 A1 裹住堆叠的纸板并将 A1 两端粘在 H 上（见图 g）。

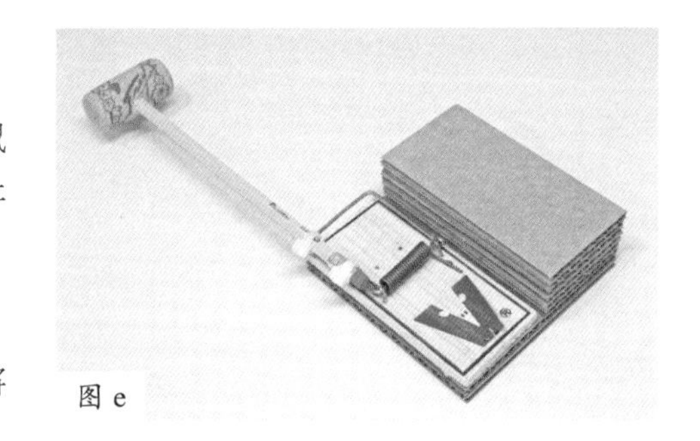

图 e

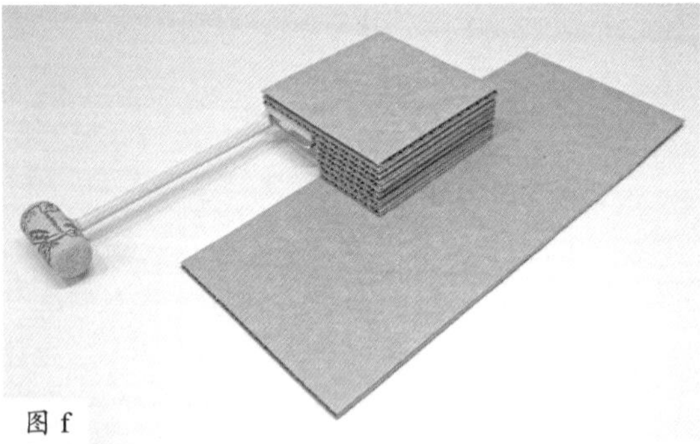

图 f

图 g

7. 将 B1、B2、B3、B4 分成两组，每一组粘在一起，将 D 的两端分别粘在两组粘叠体的边缘上，两组粘叠体的中间要留一定的空隙（见图 h），这是固定释放销的地方。

8. 用 E 做一个环，用胶带固定，再将它粘在 B5 和 B6 之间。这是引线器（见图 i）。

9. 将固定释放销的装置和引线器粘在 H 上。不需要精确定位，差不多靠近底座边缘即可。使用一个锥子，在固定释放销装置底端（即粘叠体底端）打一个孔，该孔距离粘叠体的侧边和底边大约 1.3 厘米，穿透两组粘叠体（见图 j）。

10. 用热熔胶将 A2、A3、A4、A5 粘叠在一起（见图 k），这制成的是附在门把手上的手柄。

11. 在 G 的底端打 3 个孔，切 3 条缝（见图 l），这样你就可以在不打结和切断线的情况下缠绕和调整线的长度。这是最终拉动释放销的平台。

图 h

图 i

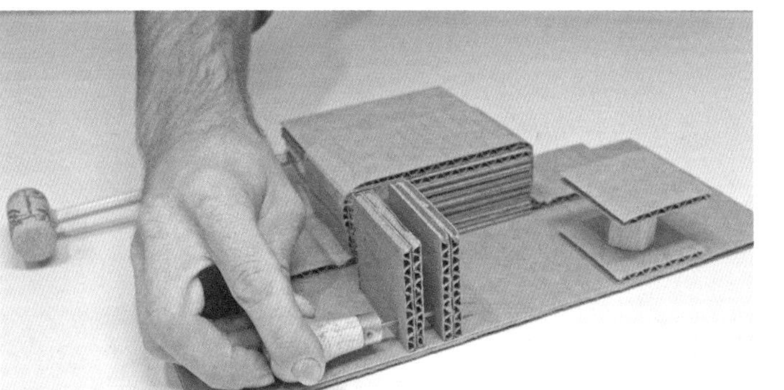

图 j

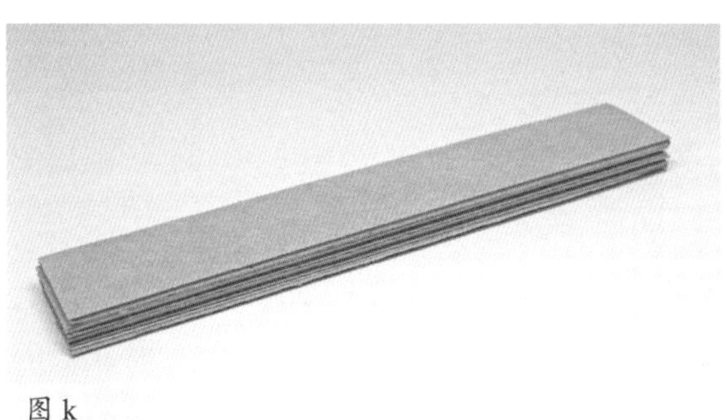

图 k

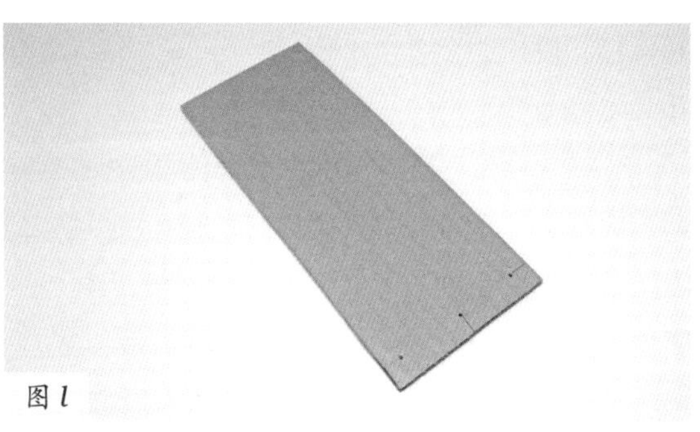

图 *l*

制作门把手杆

1. 把A6包在门把手上(见图m)，用扎带将其与粘在一起的A纸板固定在一起(见图n)。确保松紧度尽可能合适，如果太松，它会绕着门把手旋转，而不会真正地转动门把手。

2. 如果仍较松，可以用橡皮筋或保鲜膜把门把手包起来。

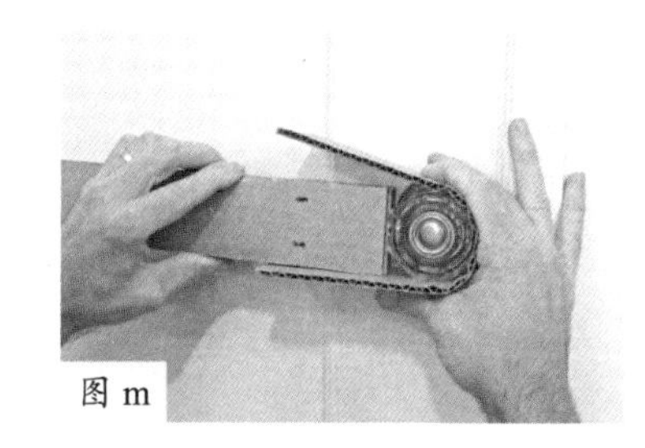
图 m

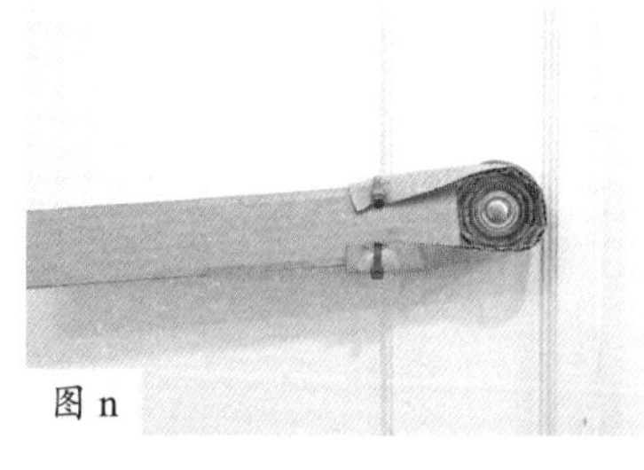
图 n

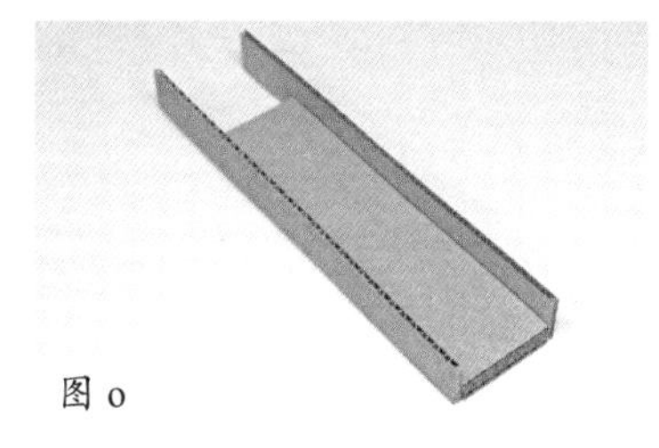
图 o

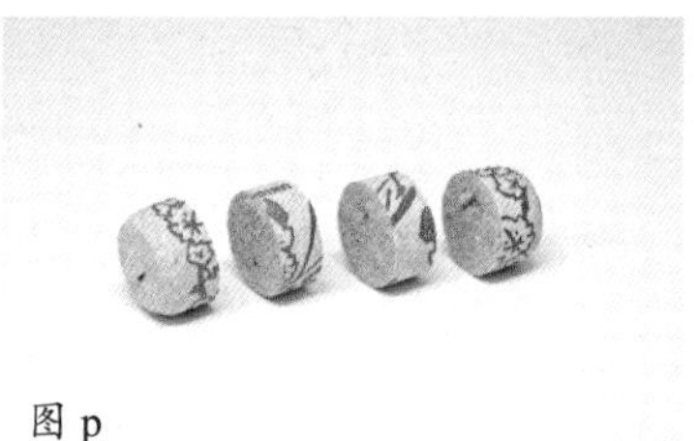
图 p

制作捕鼠夹车

1. 把O1和O2粘在一起做成车的底座。将Q1和Q2分别粘在底座的两侧(见图o)。

2. 用美工刀把软木塞切成4等份。切的时候应使切口尽可能平直，这样可以避免车身摇晃(见图p)。

3. 在车底座的两个侧面各打两个孔。为了让竹签在孔内自由旋转，可以用削尖的铅笔或尖嘴钳轻轻扩大每个孔的直径，并用竹签穿过两侧的孔(见图q)。

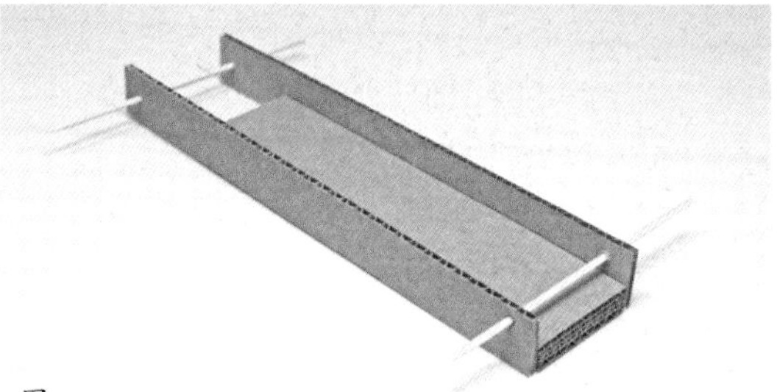
图 q

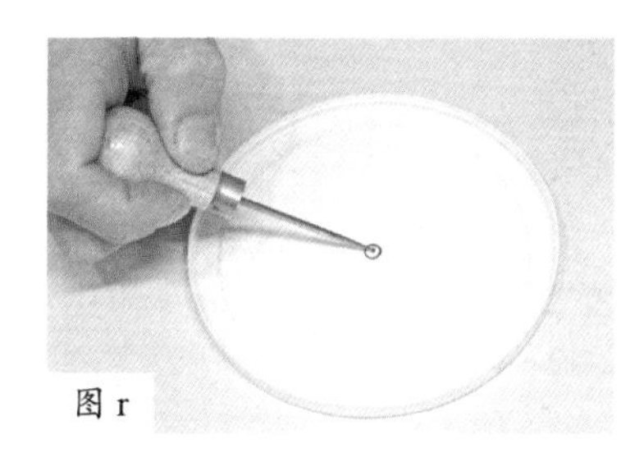
图 r

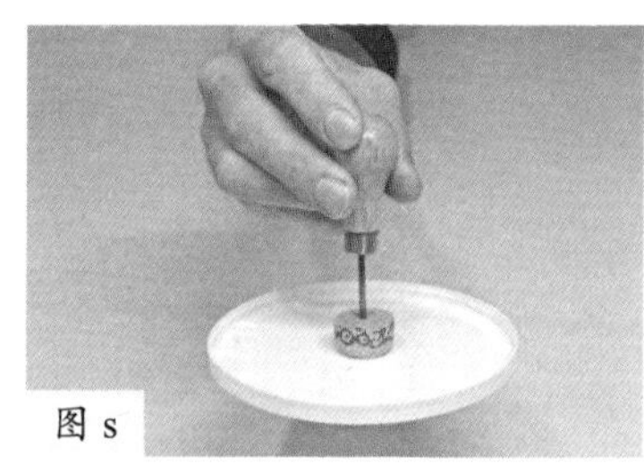
图 s

4. 大多数盖子的正中间都有一个小凸起。如果你用的盖子没有这样的凸起，或者你使用的是不能确定圆心位置的其他圆形物体，那么就使用圆心定位仪确定圆心位置(见第12页)。如果你用的盖子有一个凸起，用锥子在凸起处的中间打一个孔(见图r)。把孔的直径弄得足够大，让竹签可以穿过。按照上述方法制作4个盖子。

5. 在软木塞中间打一个孔(不必正好在圆心)。最重要的是使锥子垂直于切面打孔。如

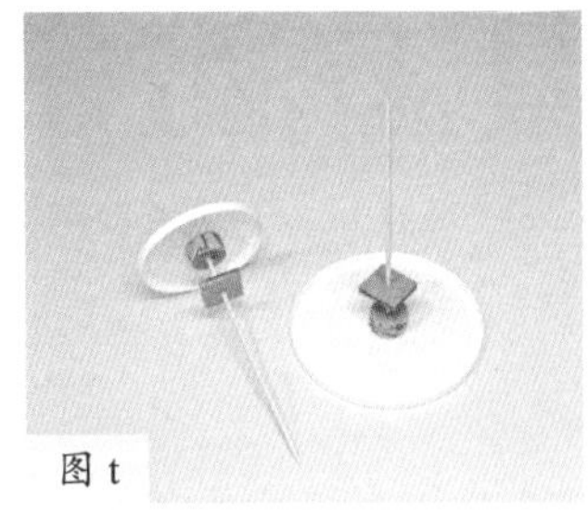
图 t

图 u

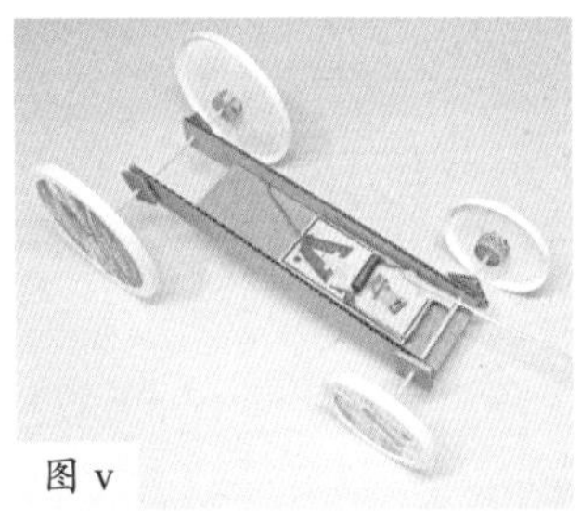
图 v

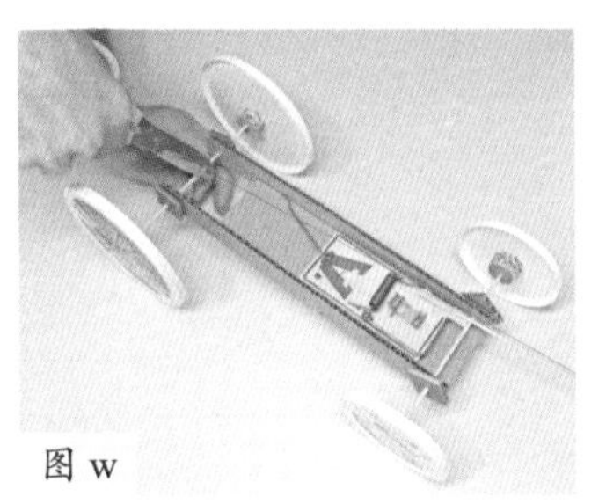
图 w

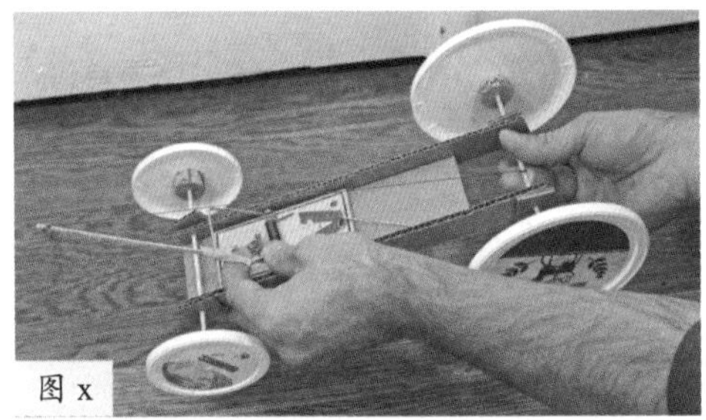
图 x

图 y

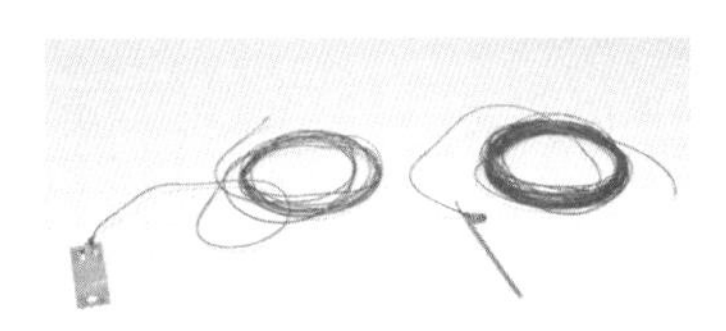
图 z

果打的孔未与切面垂直，车子行进过程中车身会摇晃。将软木塞粘在盖子上，并用锥子打通软木塞（见图 s）。按照上述方法制作 4 个轮子。

6. 把一根竹签的一端插入一个轮子中。这样可以在轮子旋转时保持轴的对齐。如果其中一个竹签的末端是钝的，你可以用美工刀把它削尖。在 P1、P2、P3 和 P4 上各打一个孔，先将 P1 和 P2 分别插到两根竹签上（见图 t）。

7. 将竹签穿过车底座，最后插入另一侧车轮（见图 u）。软木塞和竹签之间的摩擦力应该足够大，以保证车轮可以连在上面。如果摩擦力不够大，可以涂一点胶。

8. 用胶带把最后一根竹签固定在捕鼠夹上。确保其安装无误，因为它将作为车的引擎。你也可以用铁丝或扎带固定，但要确保它们不会挡住控制杆（见图 v）。

9. 把一根线系在竹签的末端。滴一滴热熔胶，确保绳子不会松开。剪断线，使它离后轴还有一定的距离（见图 w）。

10. 给车上发条。将竹签轻轻抬起，这样线就可以到达后轴，也就是竹签（见图 x）。转动后轴，使线缠绕在后轴上，直到其自身翻转，然后继续转动，直到捕鼠夹完全加载（见图 y）。

11. 按图 z 所示，将线剪成两段，分别系在捕鼠夹的两个部件上。这些部件将释放重物来带动门把手旋转。

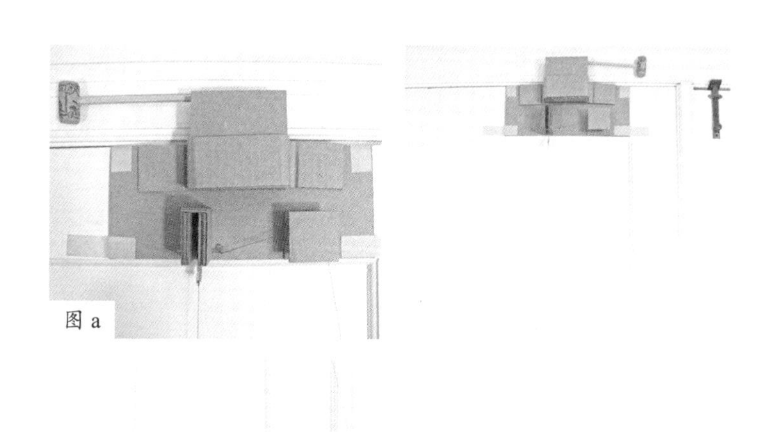

图 a

开始链式反应

安装

1. 用胶带把开门部分固定在门的顶部（见图 a）。将抓钩（从捕鼠夹上取下并压平的那个）插入 B 纸板左侧双层的间隙，并从右侧插入释放销。

2. 将连着抓钩的线的另一端系到门把手杆上，确保门把手杆水平且线是绷紧的。把重物固定在门把手杆的末端，这里我用了一卷胶带（见图 b 和图 c）。用重物拉下门把手杆，使门把手转动。不要用太重的物品，否则它会把门把手杆弄断或使门把手杆从门把手上滑落。

图 b

图 c

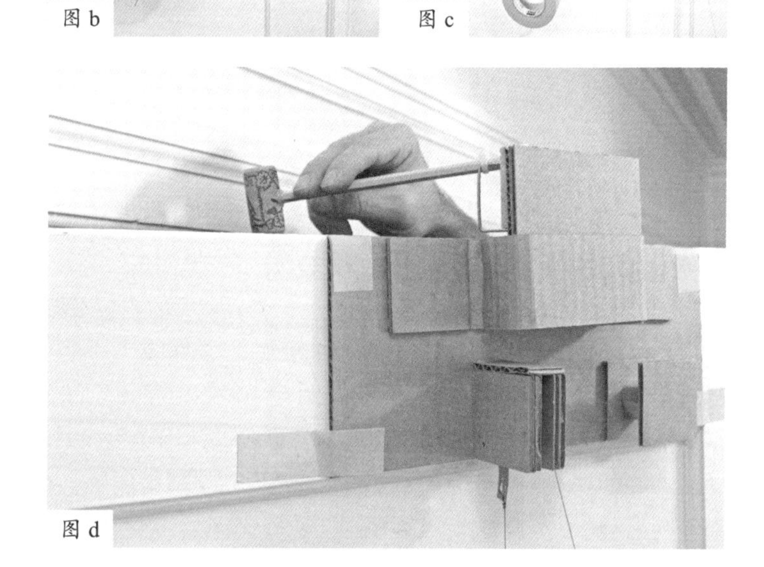

图 d

图 e

图 f

3. 门把手转动后，捕鼠夹上连着铅笔的弹簧就会被拉伸将门打开。要控制好弹簧，使其只需将门打开至足够的程度，就能将铅笔拉到另一边（见图 d）。你可能需要站在凳子或椅子上才能够完成这一操作。当铅笔在另一边时，关上门，门就被锁住了（见图 e）。

4. 用胶带将 G 粘在地板上形成一个杠杆，旁边竖放一本书。将连着释放销的线的一端固定在 G 的末尾（见图 f）。你可以将线沿着 G 上的切口缠绕，这样就可以调整线的长度而不必剪短线。G 的角度不必太大，只要在 G 被书压平的时候可将释放销拔出来就行了。

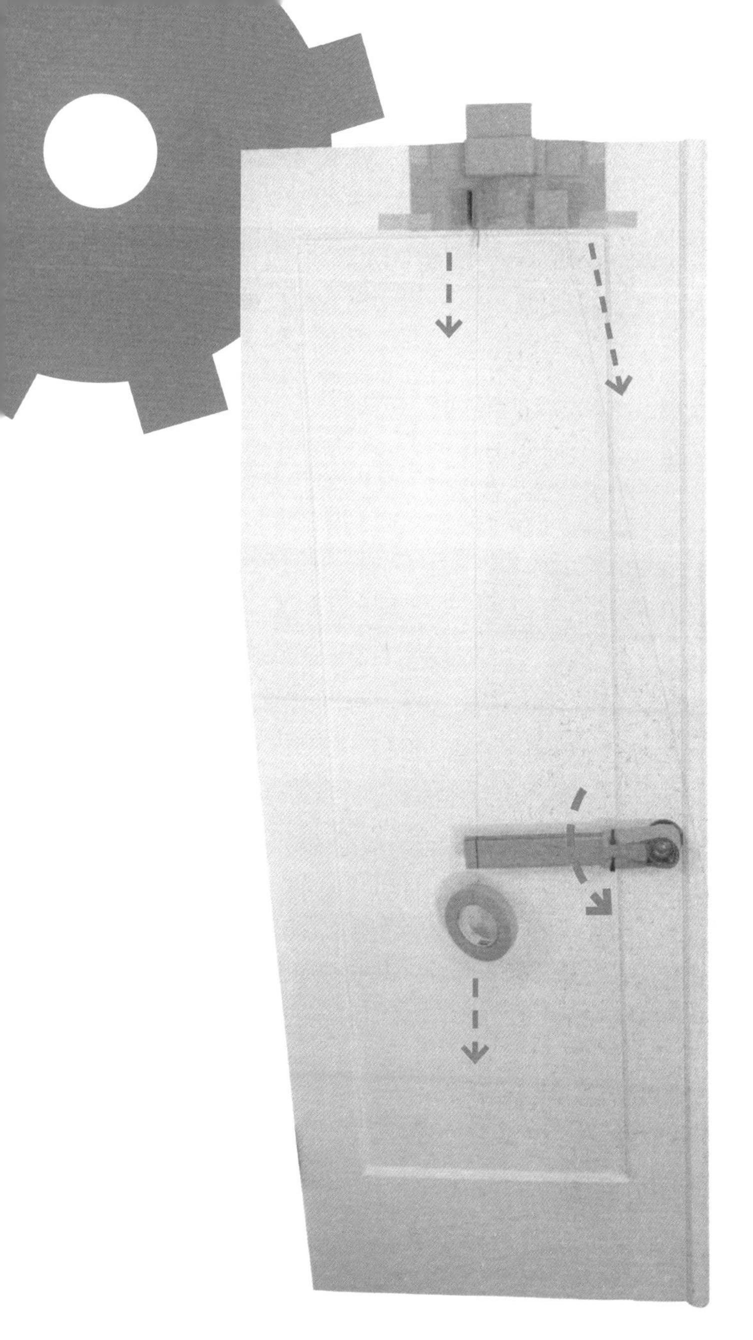

开始运行

为了触发链式反应，你需要启动捕鼠夹车，这样它就会驶向书，把书撞倒，然后书会压倒 G，通过拉动线把释放销拔出来。这就释放了门把手杆上的重物，从而可转动门把手。一旦门闩松开，装在门顶的弹簧就会将门推开。

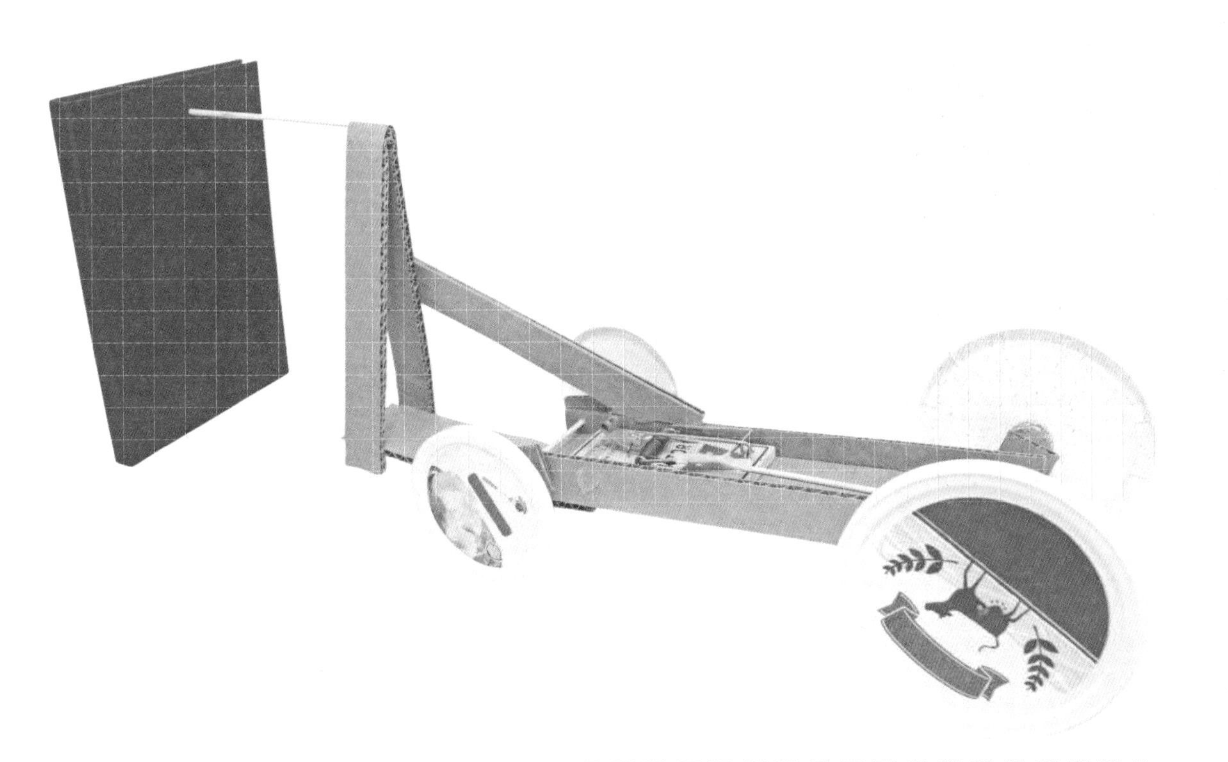

故障排除

如果捕鼠夹车不能把书推倒，你可以在捕鼠夹车的前面绑上一根竹签，作为一个攻城锤。这将会使书更容易倒下。你也可以移动开门部分来改变开门的速度和门打开的角度。如果你把它移到门的铰链边，门会开得更大，但开门速度要慢得多。如果你把开门部分移到另一边，门会更快被打开，但只会打开到铅笔的长度的程度。如果你用的是长一点的铅笔，它可能根本没有足够的力量打开门。为了给开门器增加力量，你可以使用一个更大的捕鼠夹，或者一前一后使用两个捕鼠夹。

工程诀窍

开门器利用了许多能量转换的原理。当你在车上安装了捕鼠夹时，你可以把弹簧的弹性势能变成动能。开门部分中的捕鼠夹的工作原理也是一样的。书（在它的垂直位置）和门把手杆上的重物提供了重力势能。当它们被单独放置的时候，什么也不会发生，但是受到某件事情干扰（书被碰撞或者释放销被拉出），自身的重力势能就会被转变为动能。

第3章

家居日用品

虽然这些小物件不像你的私人机器人那么好用，但它们可以让你从每天的简单家务中解脱出来。

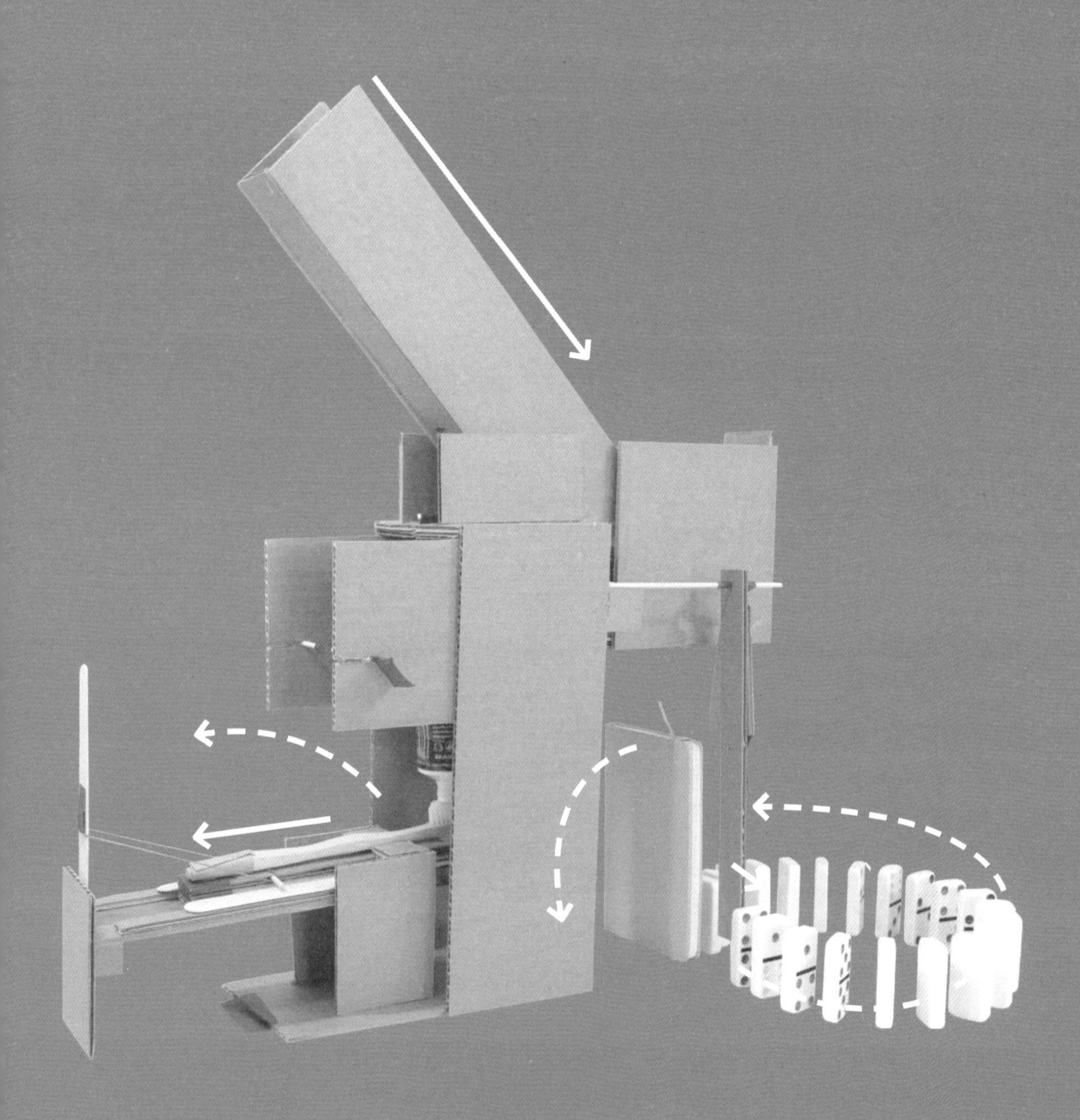

你再也不会觉得每天挤牙膏很烦人了。

植物浇水器

如果你忘了给植物浇水，它们可能就会死掉。这种事情经常发生。你可以制作一台植物浇水器，为你的植物“解渴”，只需要确保你没有忘记启动链式反应让它运转起来。

制作材料及工具

弹球斜坡

纸板：

1 个，5 厘米 ×16.5 厘米（A）

1 个，5 厘米 ×5 厘米（B）

1 个，5 厘米 ×15.2 厘米（C）

1 个，5 厘米 ×30.5 厘米（D）

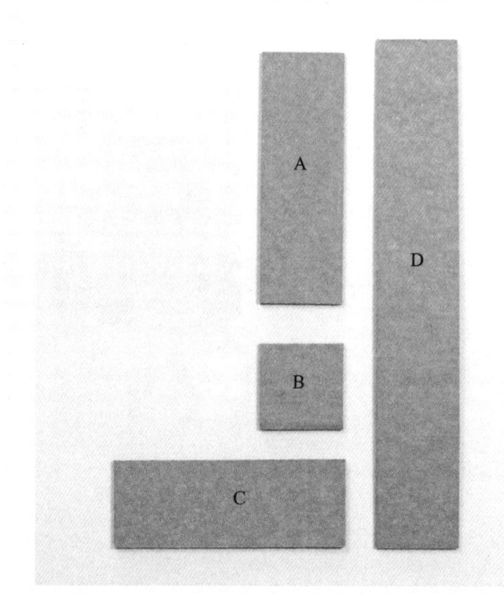

气球放气器

纸板：

1 个，2.5 厘米 ×12.7 厘米（E）

4 个，2.5 厘米 ×2.5 厘米（F1、F2、F3、F4）

2 个，5 厘米 ×5 厘米（G1、G2）

3 个，2.5 厘米 ×5 厘米（H1、H2、H3）

3 个，2.5 厘米×10.2 厘米（I1、I2、I3）

1 个，5 厘米 ×12.7 厘米，薄纸板（J）

1 个，10.2 厘米 ×22.9 厘米（K）

其他：

2 根 15.2 厘米长的竹签（L）

1 颗弹球（M）

1 个气球（N）

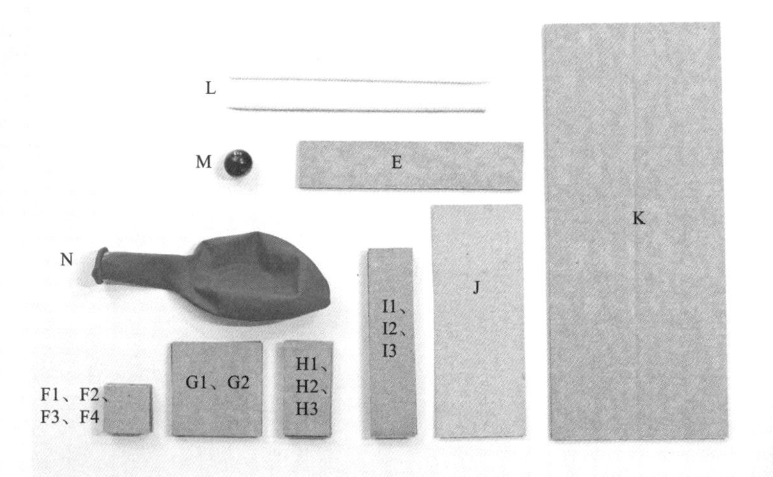

浇水装置

纸板：

2 个，12.7 厘米 ×33 厘米（O1、O2）

6 个，5 厘米 ×19 厘米（P1、P2、P3、P4、P5、P6）

3 个，5 厘米 ×15.2 厘米（Q1、Q2、Q3）

4 个，2.5 厘米 ×2.5 厘米（R1、R2、R3、R4）

1 个，10.2 厘米 ×10.2 厘米（S）

1 个，5 厘米 ×10.2 厘米，以一定角度切割成两个梯形（T）

其他：

1 米长的线（U）

2 段 3.8 厘米长的电线，两段都弯折成 U 形（V1、V2）

4 根 15.2 厘米长的竹签，或 2 根 30.5 厘米长的竹签（W）

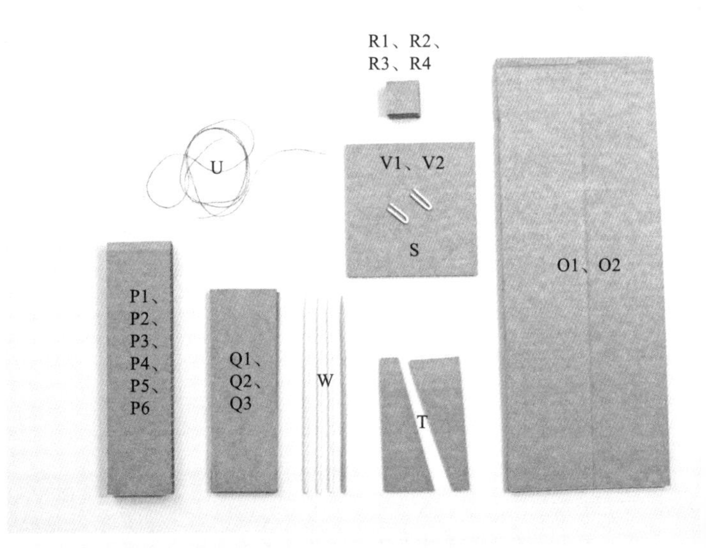

植物和喷壶

纸板：

1 个，20.3 厘米 ×30.5 厘米（X）

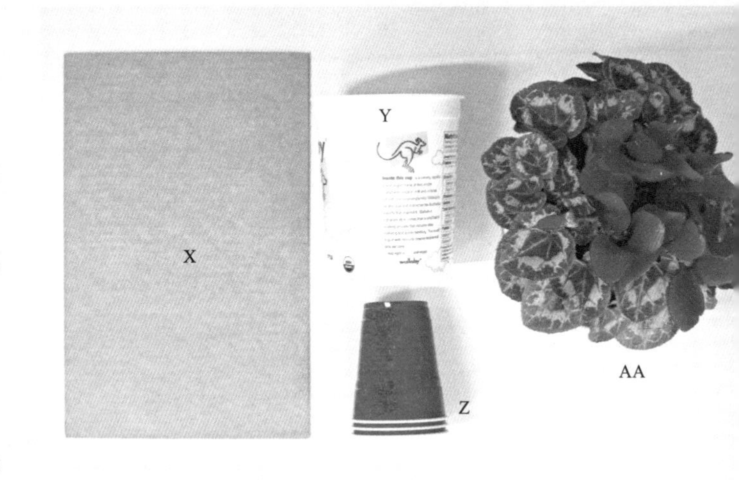

其他：

1 个大塑料杯（Y）

2 个或者 3 个小塑料杯，第 3 个小塑料杯是可选可不选的，这取决于需浇水的植物的类型（Z）

需浇水的植物（AA）

主要工具

马克笔

剪刀

热熔胶枪和热熔胶

削尖的铅笔

铅笔或小螺丝刀

尺子

美工刀

锥子

胶带

制作植物浇水器

制作弹球斜坡

1. 在 C 和 A 的顶部切下尺寸为 1.3 厘米 ×3.1 厘米的部分（见图 a）。

2. 用美工刀在距 D 两侧边缘 1.3 厘米处做出划痕标记，在划痕处压纸板以形成一个凹槽（见图 b）。

3. 将 A 粘在凹槽前端，将 C 粘在距凹槽末端约 10.2 厘米处。在 A 的另一端粘 B，以增强稳定性（见图 c）。

制作气球放气器

1. 将 H1 和 H2 粘在 I1 的两侧，再用 F1 和 F2 封住前后两端，做成弹球槽（见图 d）。

2. 用锥子在 G1 和 G2 中间距顶部 1.3 厘米处打孔。用削尖的铅笔扩大孔径，使其能让两根竹签在里面旋转。将 G1 和 G2 分别粘在底座（K）上，一个纸板距 K 短边 2.5 厘米，两个纸板之间的距离为 10.2 厘米（见图 e）

3. 在 G1 和 G2 的孔中插入两根竹签，用胶带将两根竹签粘在一起。将 E 对折起来，按图 f 所示粘在竹签上，注意方向。当纸板一直朝着前方（就像图 f 所示的那样）时，两根竹签应该是一上一下叠在一起的。将 I2 和 I3 粘在一起，然后将它们粘在折叠好的 E 的里面。

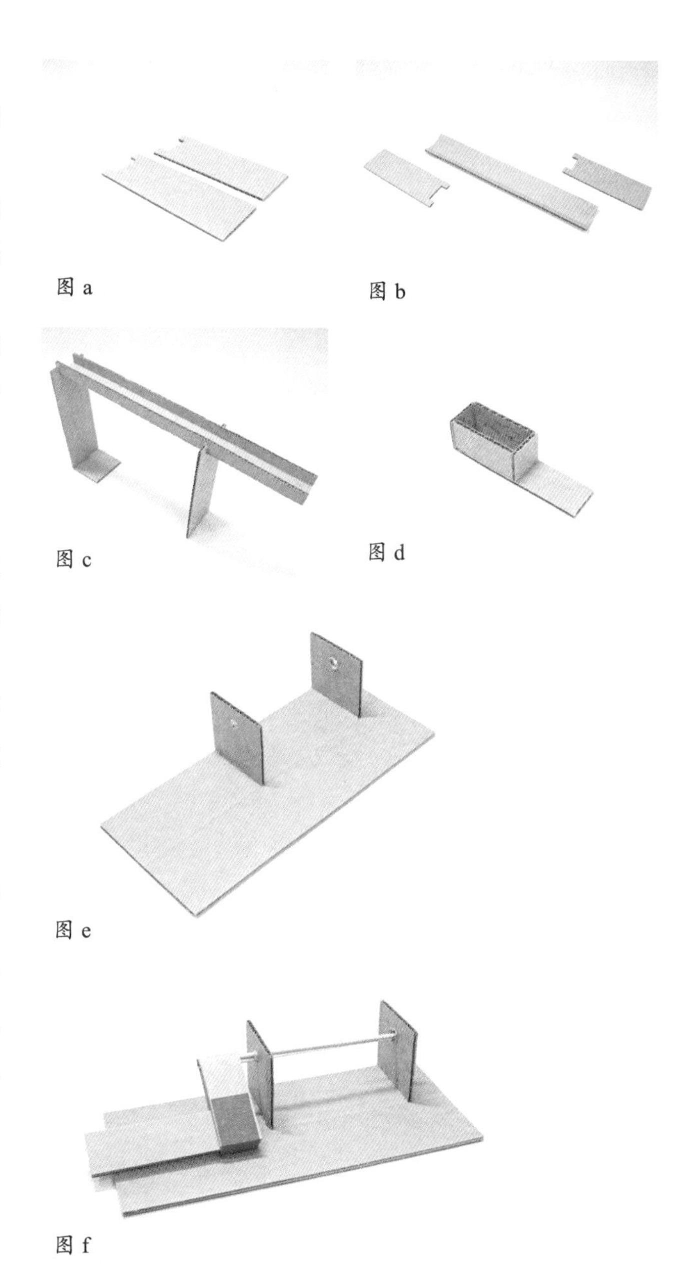

图 a

图 b

图 c

图 d

图 e

图 f

4. 将弹球槽固定，加入 H3、F3、F4 作为支撑（见图 g 和图 h）。

5. 把 J 卷成一根管子，用胶带固定。将气球插入两根竹签之间，注意方向。在插入气球的过程中，你可能需要用铅笔或小螺丝刀撬开这两根竹签。将气球置于两根竹签之间，在气球吹气口处插入 J 做成的管子（见图 i）。

6. 为了确保气球能正常排气，通过 J 管向气球内吹气时，弹球槽应该放下来，使得竹签一上一下叠放。当停止向气球吹气，气球应该自行放气。如气球不能自行放气，或者放气异常缓慢，可以插入一个薄纸板使两根竹签的间隙增大（见图 j）。

7. 再给气球充气，这一次，将弹球槽抬起来。现在竹签应该横向并排放置。这种方法通过用竹签捏住气球吹气处，有效地阻止了气球放气（见图 k）。

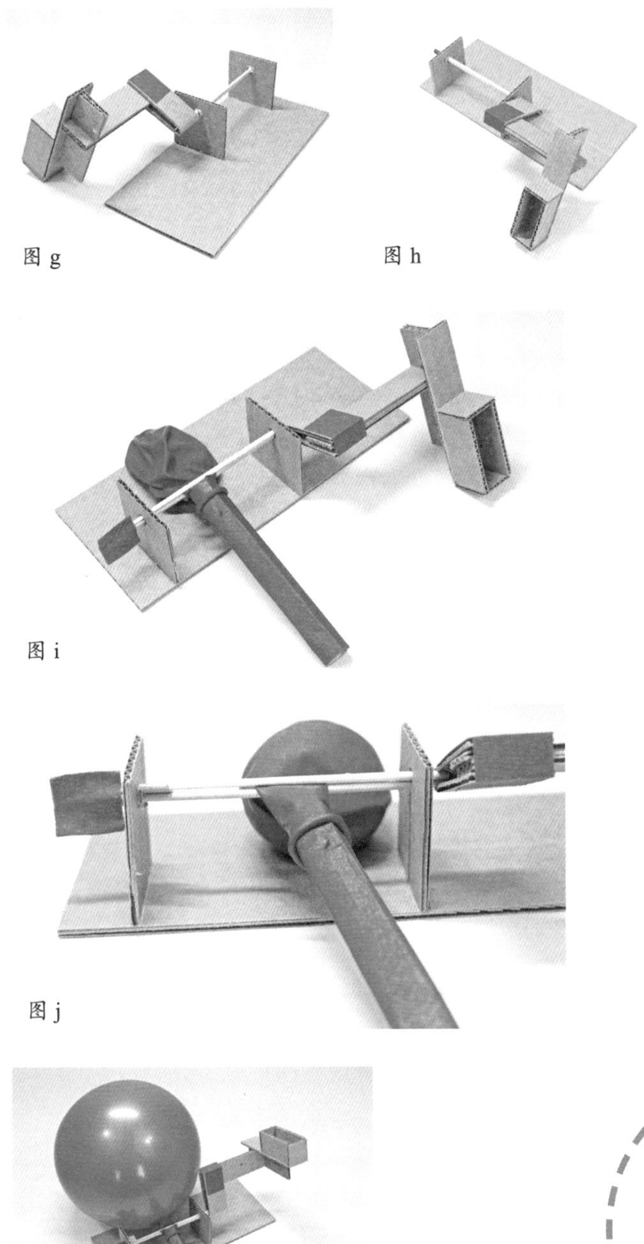

图 g

图 h

图 i

图 j

图 k

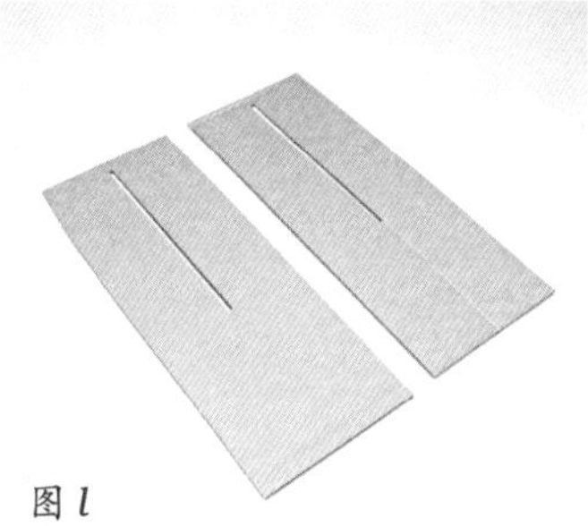

图 *l*

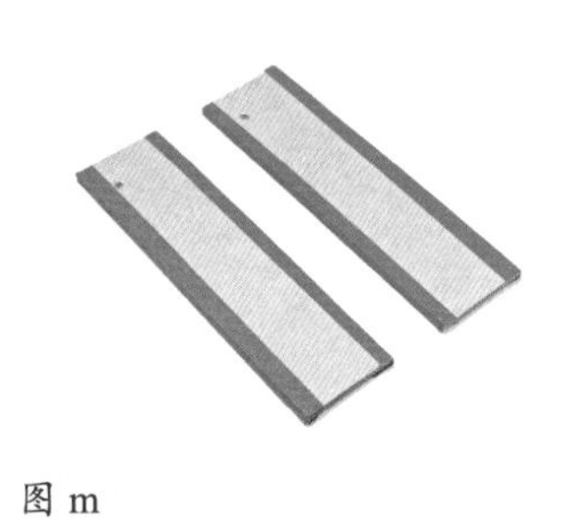

图 m

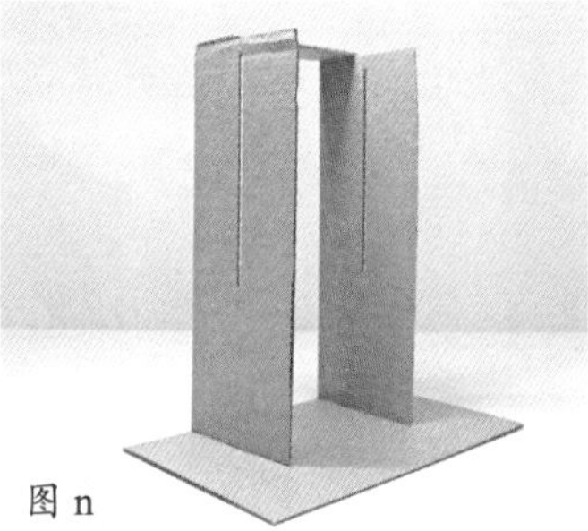

图 n

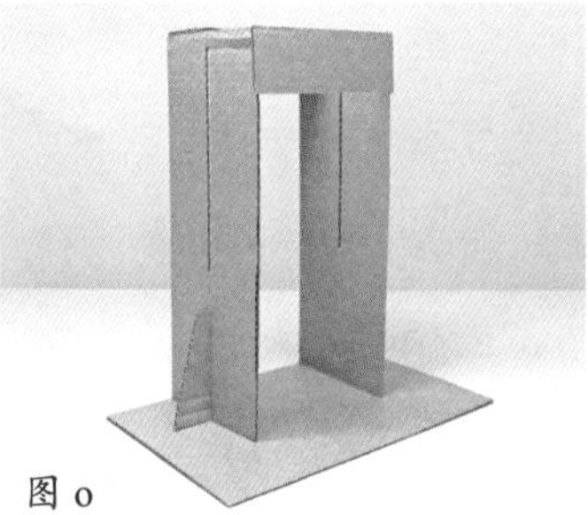

图 o

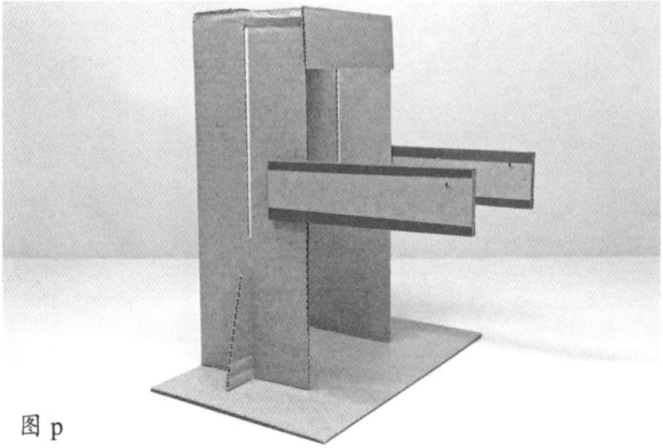

图 p

图 q

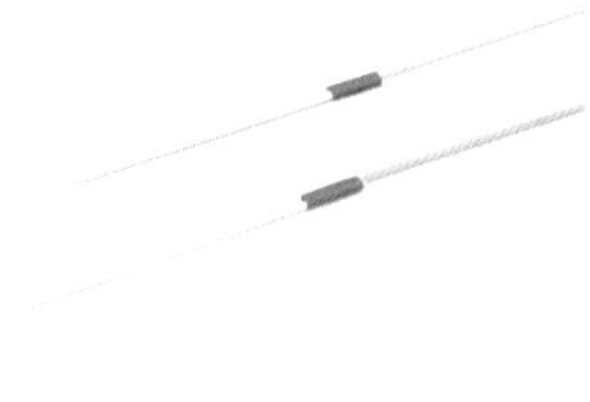

图 r

制作浇水装置

1. 在 O1 和 O2 中间距顶部 2.5 厘米处各开一条长 17.8 厘米的狭缝。确保狭缝的宽度可以让竹签在其中很容易地上下滑动（见图 *l*）。

2. 取 P1、P2、P3、P4，将它们用胶带两两粘在一起，形成两对，每对都有两层纸板厚。在每对纸板上距短边 2.5 厘米、长边 1.8 厘米处各打一个孔（见图 m）。

3. 将两对纸板居中粘在底座（X）上，两对纸板之间相隔 15.2 厘米，将 Q1 粘在两对纸板的顶部（见图 n）。

4. 将 Q2 粘在前面，将梯形纸板（T）粘在底部（见图 o）。

5. 将图 m 中的厚纸板臂粘在靠近狭缝底部边缘的位置。确保狭缝和厚纸板臂的边缘有 1.8 厘米的距离（见图 p）。

6. 在 S 上切一个比小塑料杯口径略小的洞。同时也要确保洞靠近 S 的一条边（见图 q），这是我们要附加一根竹签并可以使其旋转的地方。

7. 用热熔胶和胶带将两对长为 15.2 厘米的竹签粘在一起（或使用两根 30.5 厘米的竹签）（见图 r）。

8. 将其中一根竹签用热熔胶和胶带对称地粘在 S 上离洞最近的一边。在大塑料杯上戳两个洞，插入另一根竹签（见图 s）。

9. 把挂在小塑料杯上的竹签插到厚纸杯臂上。将大塑料杯上的竹签放入立柱的狭缝中。在 R1、R2、R3 和 R4 的中心打孔，做成垫圈，然后将垫圈穿在所有竹签的末端上，确保竹签能够自由滑动和旋转（见图 t）。

10. 在结构顶部加入 P5 和 P6，将 Q3 作为支撑件置于 P5、P6 顶部（见图 u）。

11. 将 U 形电线（V1 和 V2）插入顶部的纸板，用热熔胶固定，确保线穿过的部分没有热熔胶。在中间的支撑物上切下一部分纸板，这样线就可以自由移动了。将线的一端系在大塑料杯上的竹签上，然后穿过 U 形电线（见图 v）。

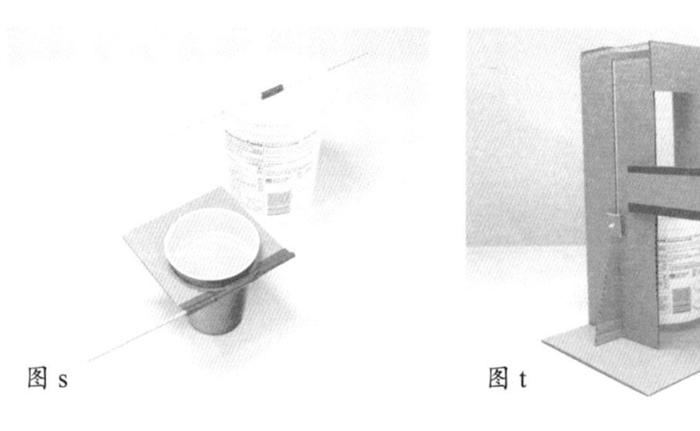

图 s　图 t

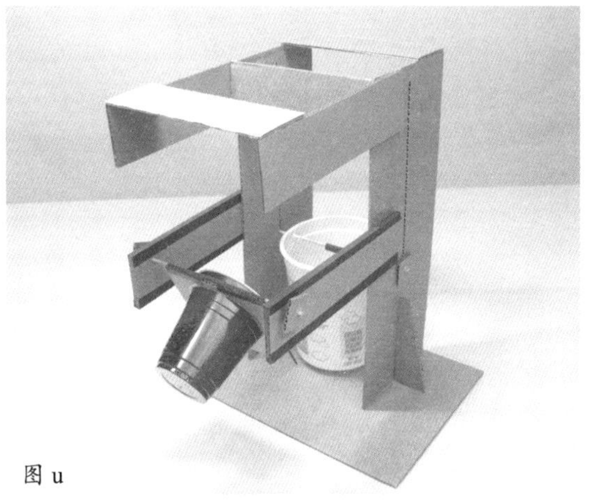

图 u

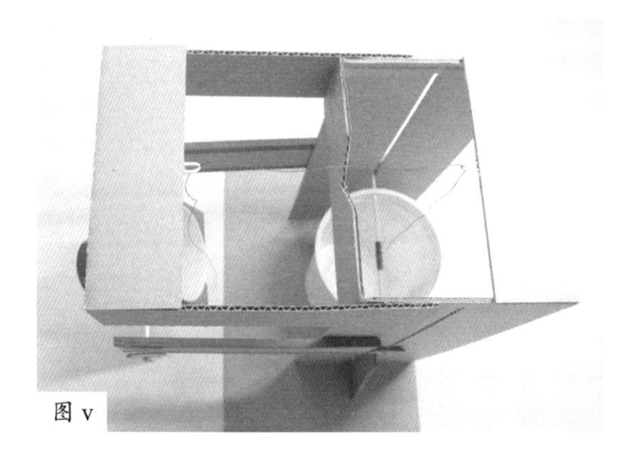

图 v

图 w

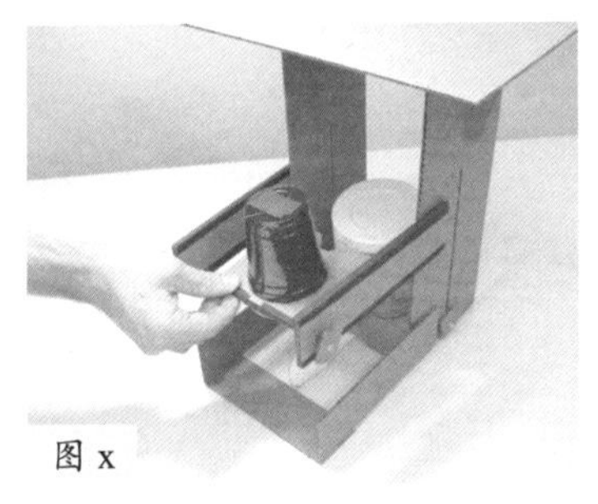
图 x

图 y

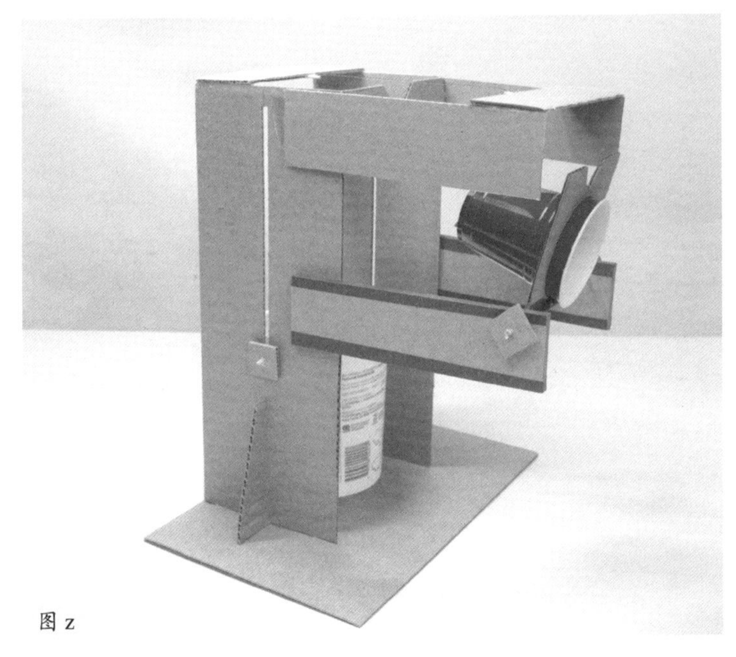
图 z

12. 利用线把大塑料杯提起来，直到它不能再上升，然后使用热熔胶和胶带，把线的另一端固定在小塑料杯的底部。你可能也需要在 S 上切一个缺口，这样线就可以在两个塑料杯之间自由移动。如果将装置颠倒过来，这更容易实现（见图 w 和图 x）。

13. 当一直向上拉大塑料杯时，较小塑料杯应该平放在顶部。当大塑料杯下降时，小塑料杯开始倾斜，当大塑料杯下降至底部时，杯子完全倾斜（见图 y 和图 z）。我们不需要人工降低大塑料杯的高度，而是加入气球，这样当从气球慢慢放气时，大塑料杯就可以慢慢降低。

开始链式反应

安装

1. 给气球充气并把它放在大塑料杯下面。确保弹球槽是抬起的，这样可以阻止气球放气。现在将弹球斜坡的末端与弹球槽顶对齐（见图 a）。

图 a

2. 将植物置于小塑料杯前，当小塑料杯完全倾倒时，水会倒进花盆内（见图 b）。

图 b

3. 与其直接把水倒进固定好的杯子里，不如先把水倒进一个单独的杯子里，然后把它放进固定的杯子里（见图 c）。

4. 在大塑料杯中加入重物或一些水。关键是让大塑料杯比加满水的小塑料杯更重。

图 c

开始运行

在弹球斜坡顶上放一颗弹球，气球充气，小塑料杯中装满水。弹球滚到最后会掉进槽里。弹球的质量应该足以使槽倾倒，这将使空气从气球中慢慢放出。当气球放气时，大塑料杯将慢慢地降低。因为大塑料杯比小塑料杯重，当它降低时，小塑料杯就会倾斜。当气球完全放气，大塑料杯降到底部，小塑料杯里的水就会全部倒进花盆里。

故障排除

如果你的弹球槽杆在保持水平方面有一些问题，可以把垫片推到纸板边缘，然后用胶带缠住，以此增加摩擦力。关键是找到一个平衡点，以足够的摩擦力来保持弹球槽杆在正确的位置，但在释放弹球后，弹球槽杆会下降。

你遇到的其他问题可能是你的坡道太窄或者一些孔不够大，不能让物体自由运动。这些问题解决起来很简单，但要找出根源所在，还需要你有耐心。

工程诀窍

滑轮（分动滑轮和定滑轮）通常用来改变举起物体所需的力，或者改变力的方向。在这个装置中，U形电线就像滑轮一样，使下落的大塑料杯（向下的力）抬起小塑料杯的底端（向上的力）。

牙膏挤出器

一般人一天需要刷两次牙，你可以将这件事变得更有趣一些。这个小物件不仅可以将牙膏挤到牙刷的刷毛上，还可以将牙刷放在最佳的抓取位置。

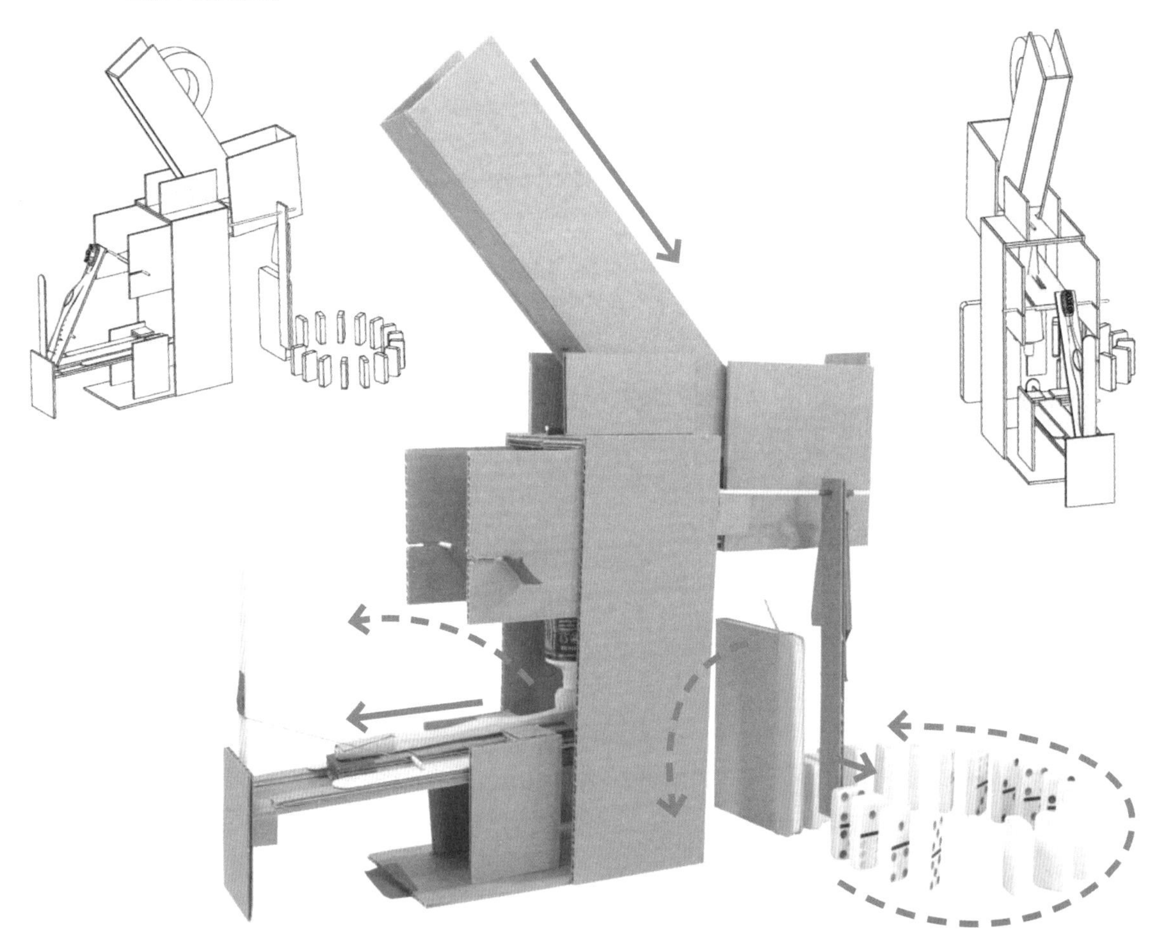

制作材料及工具

牙刷滑块

纸板：

2 个，2.5 厘米 ×2.5 厘米（A1、A2）

4 个，1.8 厘米 ×2.5 厘米（B1、B2、B3、B4）

3 个，6.4 厘米 ×8.9 厘米（C1、C2、C3）

2 个，1.3 厘米 ×20.3 厘米（D1、D2）

2 个，2.5 厘米 ×20.3 厘米（E1、E2）

1 个，3.8 厘米 ×20.3 厘米（F）

1 个，6.4 厘米 ×20.3 厘米（G）

其他：

1 管牙膏，非全新也非空的（H）

1 根薄而结实的橡皮筋（I）

5 根工艺棒（J）

1 把牙刷（K）

2 根 15.2 厘米长的竹签（L）

1 张厚纸，5 厘米 ×6.4 厘米（M）

主结构

纸板：

1 个，2.5 厘米 ×20.3 厘米（N）

1 个，5 厘米 ×7.6 厘米（O）

（注：N 和 O 实际应为“连接多米诺杠杆等操作”中的材料）

2 个，10.2 厘米 ×10.2 厘米（P1、P2）

2 个，10.2 厘米 ×17.8 厘米（Q1、Q2）

1 个，10.2 厘米 ×20.3 厘米（R）

2 个，10.2 厘米 ×27.9 厘米（S1、S2）

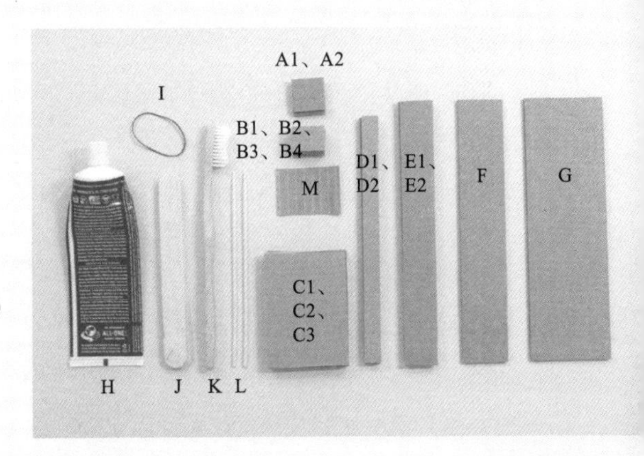

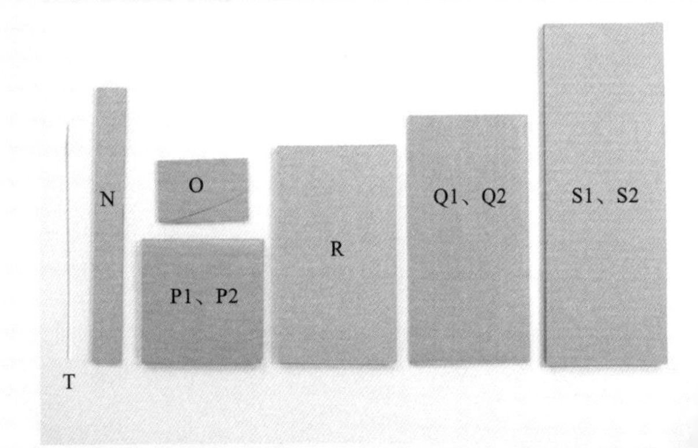

其他：

15.2 厘米长的竹签（T）

牙膏挤出器

纸板：

2 个，12.7 厘米 ×12.7 厘米（U1、U2）

2 个，5 厘米 ×30.5 厘米（V1、V2）

1 个，5 厘米 ×12.7 厘米（W）

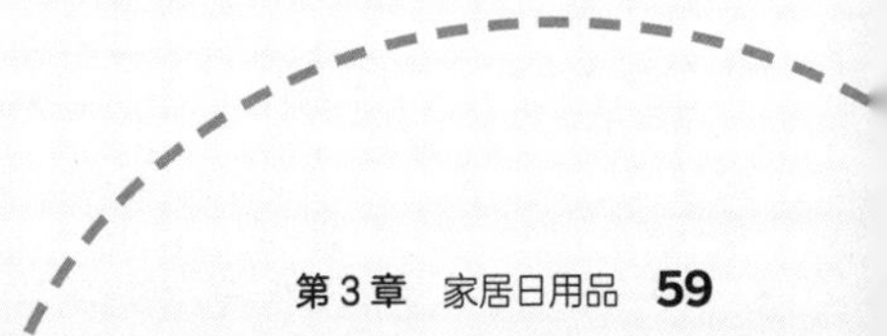

其他：

1 根 15.2 厘米长的竹签（X）

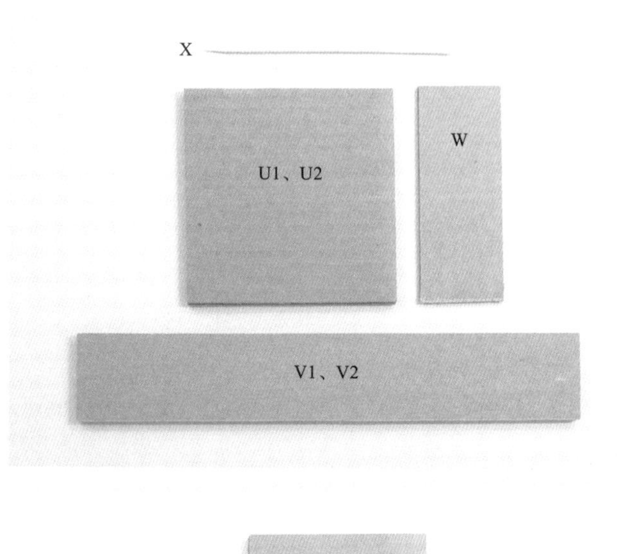

胶带轨道

纸板：

2 个，5 厘米 × 10.2 厘米（Y1、Y2）

2 个，7.6 厘米 ×30.5 厘米（Z1、Z2）

1 个，3.1 厘米 × 35.6 厘米（AA）

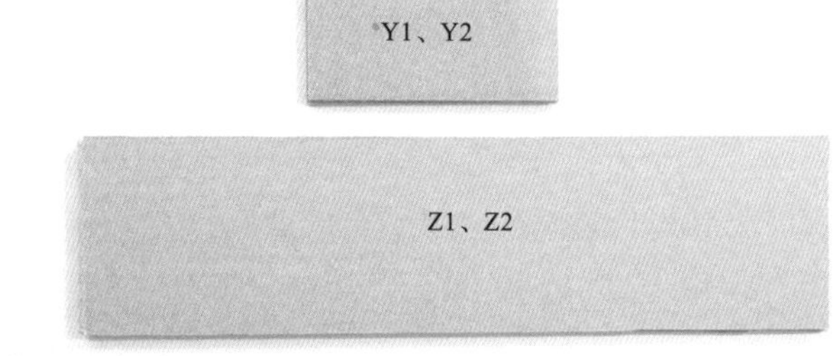

连接多米诺杠杆等操作

1 根 15.2 厘米长的竹签（BB）

1 卷胶带（CC）

尺寸为 7.6 厘米 ×15.2 厘米的笔记本或书，厚度为 1.3 厘米或以上（DD）

若干多米诺骨牌（EE）

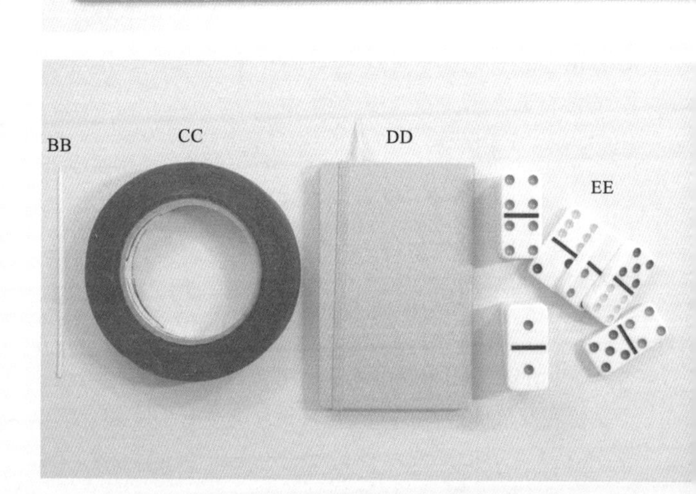

主要工具

剪刀

热熔胶枪和热熔胶棒

胶带

铅笔

尺子

锥子

美工刀

制作牙膏挤出器

制作牙刷滑块

1. 将 D1 和 D2 粘到 G 上作为轨道（见图 a）。

2. 注意轨道的宽度，确保 F 在创建的轨道内可以轻松地来回移动（见图 b）。

3. 在 D1 和 D2 上分别粘一根工艺棒，确保 F 上没有胶水（见图 c）。同时，确保工艺棒内侧稍微向上倾斜，让 F 可以自由移动。

4. 使用胶带在 E1 和 E2 之间制作一个铰链（见图 d）。

5. 把该铰链的一边粘在 F 的顶部（见图 e）。E1 或 E2 的边缘与两根工艺棒保持微小的距离。

6. 将 B1、B2、B3、B4 两两粘叠在一起，将 A1 与 A2 分别粘在两个 B 片的顶部（见图 f 和图 g），形成垫片。

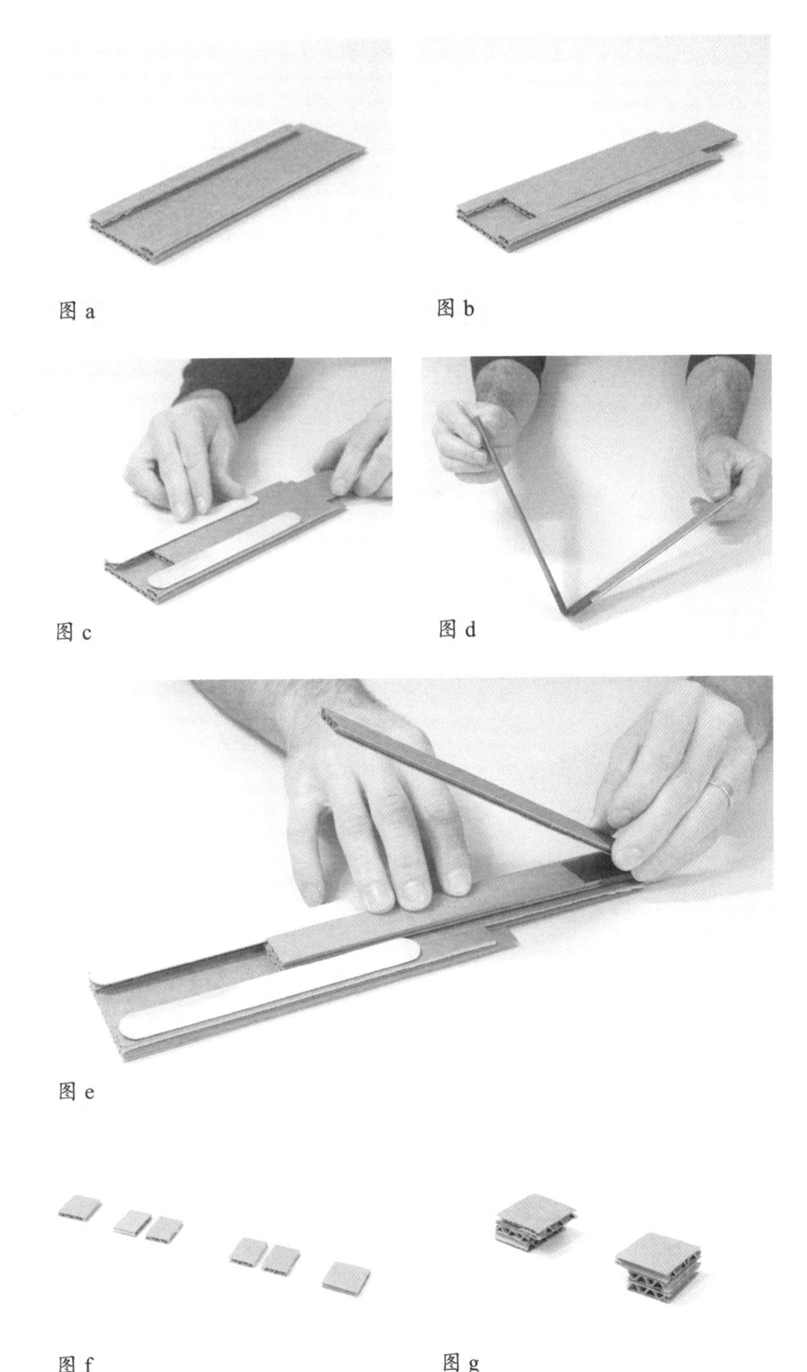

图 a

图 b

图 c

图 d

图 e

图 f

图 g

7. 用热熔胶把垫片粘在铰链另一侧工艺棒末端。将铰链轻轻向前滑动，用铅笔在铰链与 A1 和 A2 垫片对齐处画一条直线（见图 h）。沿着这条直线剪开上面的 E 纸板。

8. 借助尺子在距铰链末端 5 厘米处画一条线，并用锥子在铰链的上侧面打一个孔。在此孔处插入一根竹签，修剪竹签，使其两端露出约 1.3 厘米的长度（见图 i）。

9. 将 C1、C2、C3 粘在上述装置的两侧和前部（见图 j 和图 k）。两侧的 C 纸板顶端应与 A1 和 A2 垫片的上表面对齐。

10. 剪下一根工艺棒一端的圆角部分，将工艺棒粘在上述装置的尾部（见图 *l*）。

11. 将厚纸包在牙刷的末端，用热熔胶固定，这样就形成了一个牙刷套。然后将其粘在铰链上边（见图 m），确保其他部件没有胶。牙刷套不宜过紧，牙刷应该能从牙刷套里滑出来。

12. 用胶带将橡皮筋固定在距支撑纸板顶端 2.5 厘米高处的直立工艺棒上。把橡皮筋绕在铰链上的竹签两端（见图 n）。该装置应该可以很容易地把牙刷抬高到接近垂直的位置（见图 o）。

13. 我们要在装置背面开一个狭缝，作为限位器。取下牙刷，松开橡皮筋。取出竹签，小心地将整个组件滑出轨道。用美工刀切一个透过铰链上下两边的 1.8 厘

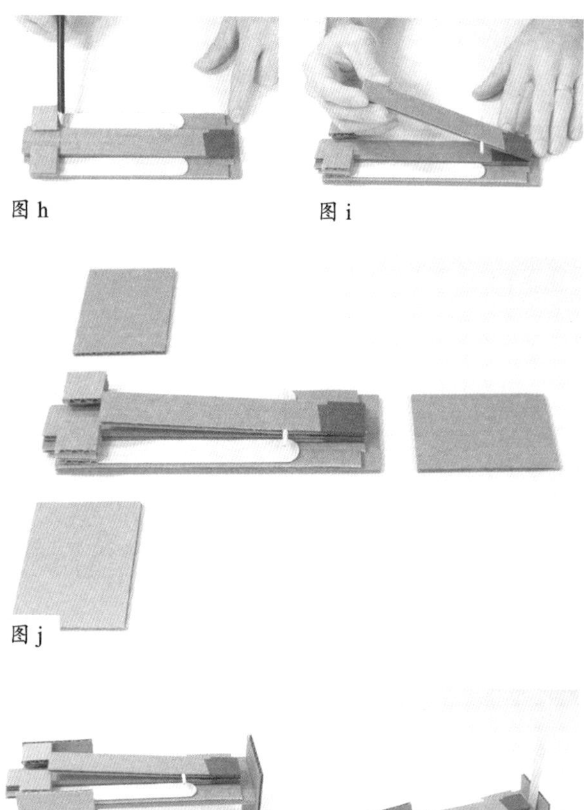

图 h

图 i

图 j

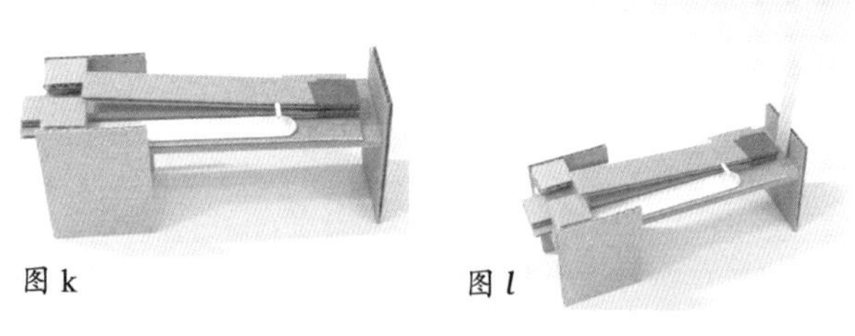

图 k

图 *l*

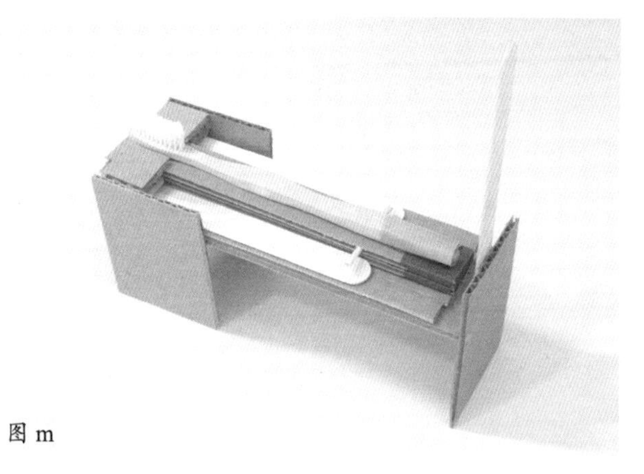

图 m

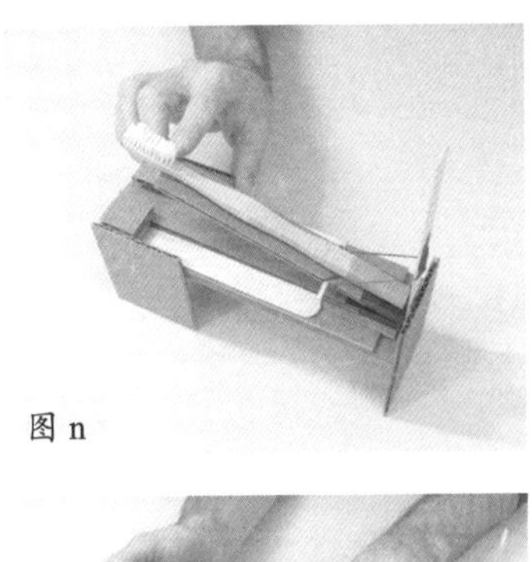
图 n

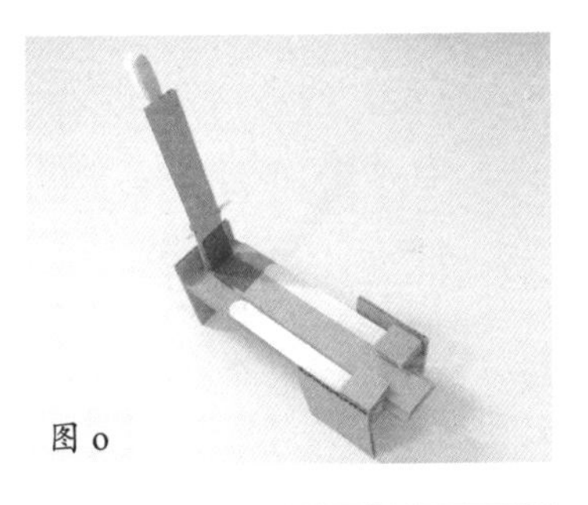
图 o

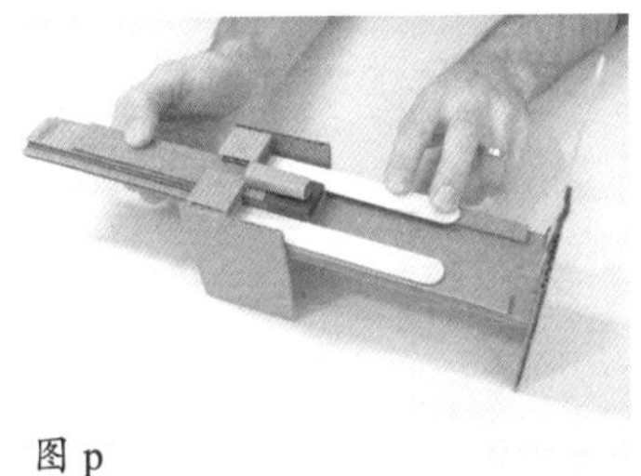
图 p

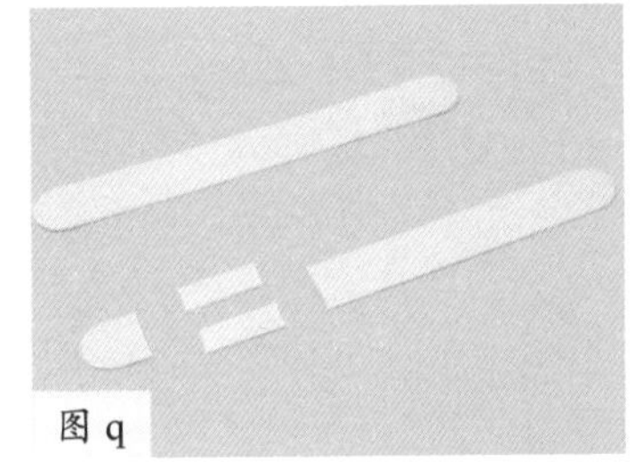
图 q

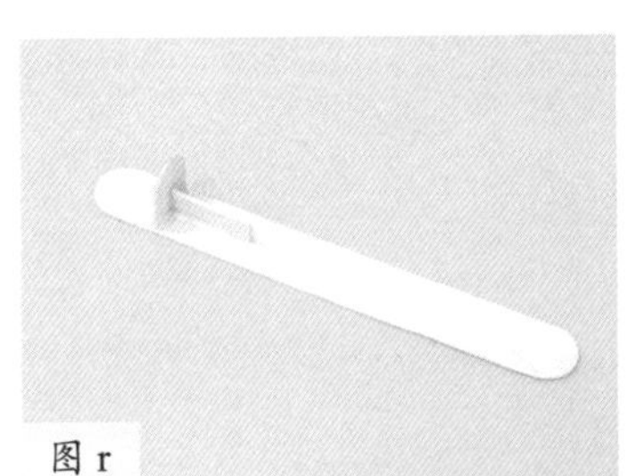
图 r

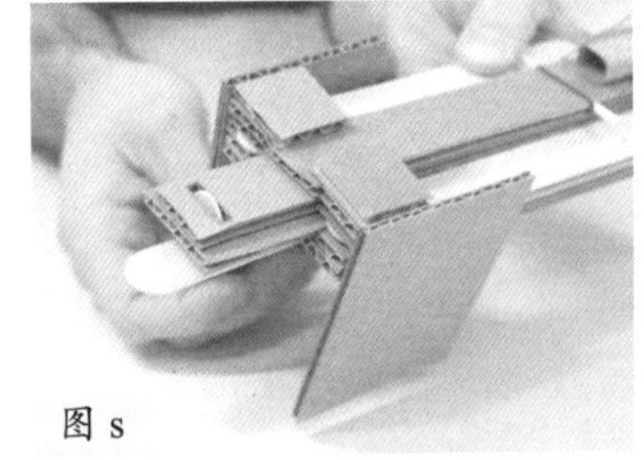
图 s

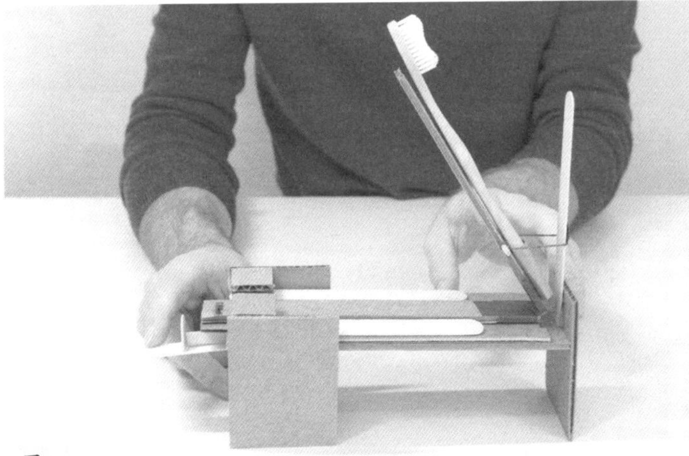
图 t

米长的切口，该切口距离纸板端部约 6 毫米。之后，综合考虑牙刷的长度、牙膏管内牙膏的剩余量等因素，我们可能需要重新调整这个切口的大小。切好后，将所有的部件回归原位（见图 p）。

14. 取两根工艺棒，将其中一根工艺棒按图 q 所示切开。端部切块长 1.8 厘米，中间切块长 2.5 厘米，并将中间切块切成两半。将端部切块粘在距另一根工艺棒端部 2.5 厘米左右的地方，将中间切块切成的其中一个小切块粘在其下方作为支撑(见图 r)。

15. 将牙刷滑块（去除牙刷）向后滑动，直到铰链上边与 A1 和 A2 对齐。固定住后，将工艺棒上 1.8 厘米长的小切块嵌入切口（见图 s）。当你确定工艺棒在顶部的粘贴位置时，保持小切块紧紧地嵌在切口中。在工艺棒的末端涂上热熔胶，将其固定住。

16. 测试该滑块，以确保其能够正常工作。测试方式如下：滑动牙刷装置，直到工艺棒上的切块嵌入铰链的切口中。当你下压工艺棒的末端时，装置松开，牙刷先向前移动，然后竖起来（见图 t）。

制作主结构

1. 将P1和P2粘在一起，在双层纸板中间切一个切口，该切口长度与牙膏管末端宽度一致（6.4厘米左右）（见图u）。

2. 将S1和S2粘在底座（R）的两侧，将P双层纸板粘在顶部，确保切口与底座的长边平行（见图v）。

3. 用锥子在距Q1和Q2侧边2.5厘米、底部3.8厘米左右处各打一个孔。根据牙膏管内的牙膏余量，孔的位置可能需要进一步更改。这只是初始设置。以孔为起点，垂直于侧边切一个切口（Q1和Q2操作一致）。这两个切口将作为竹签进出的通道。按图w所示将这些部件粘在主体顶部。

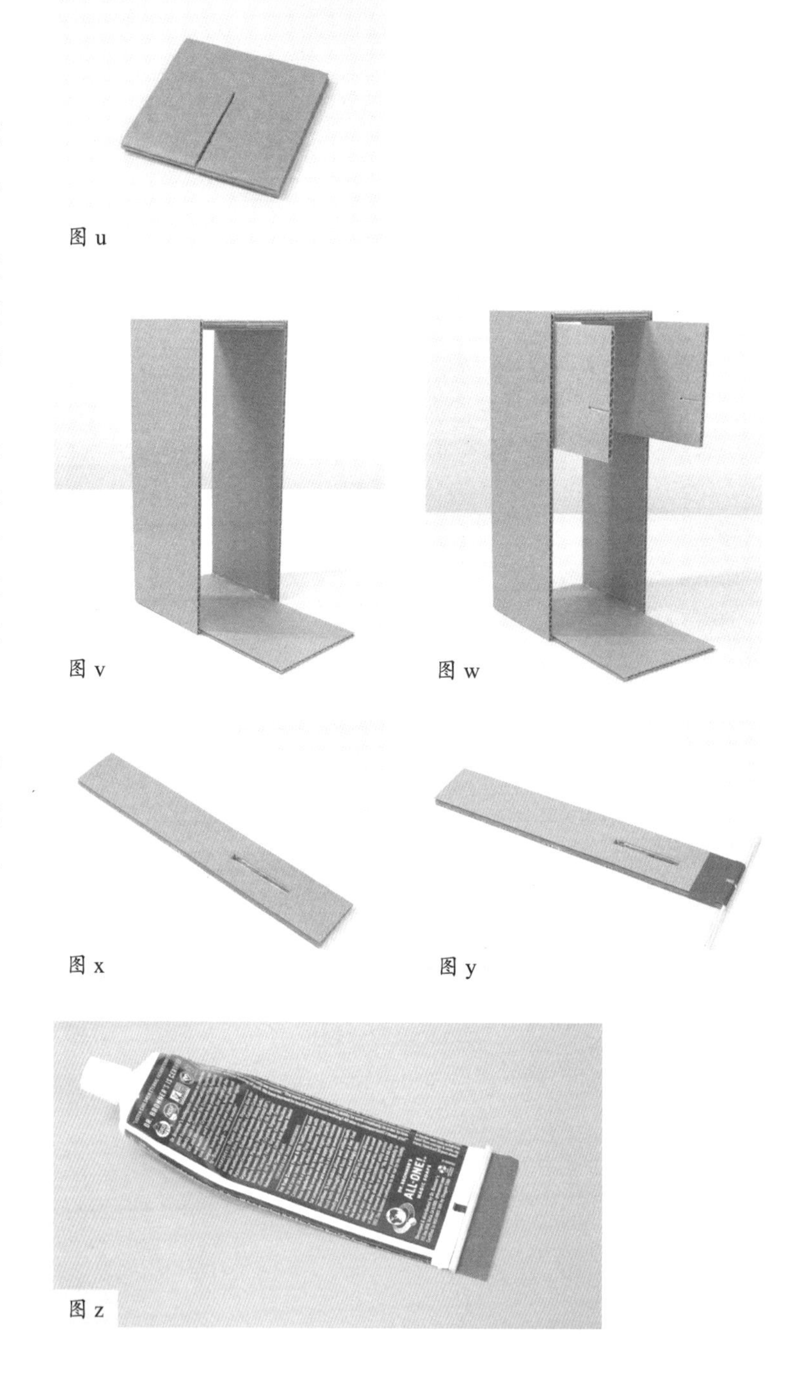

图u

图v

图w

图x

图y

图z

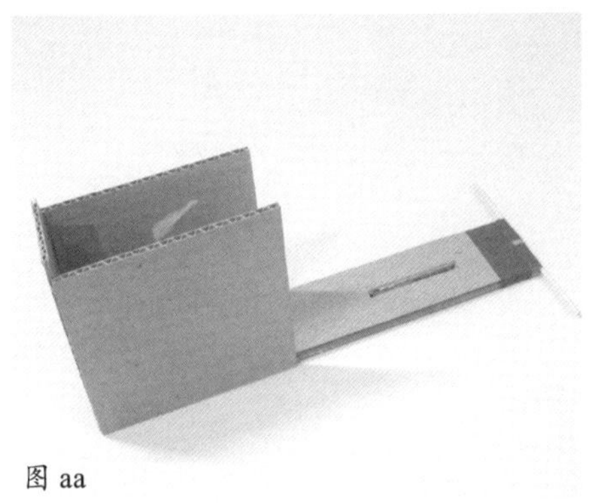

图 aa

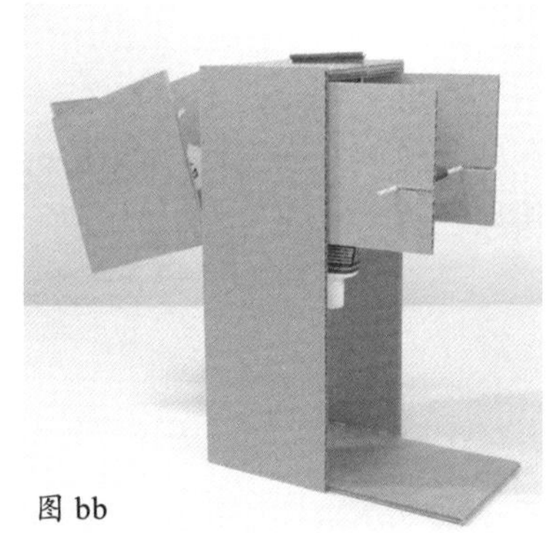

图 bb

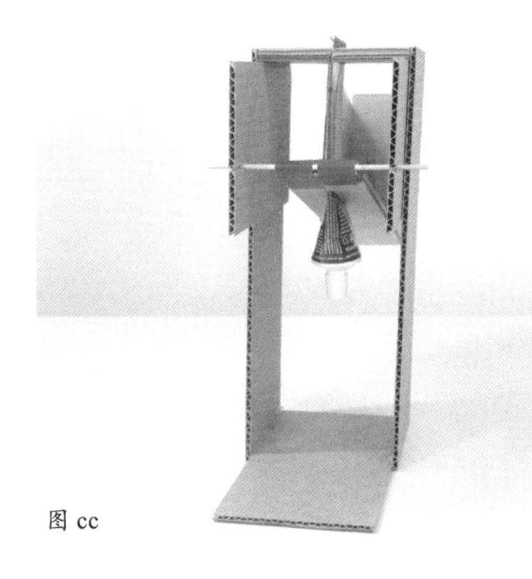

图 cc

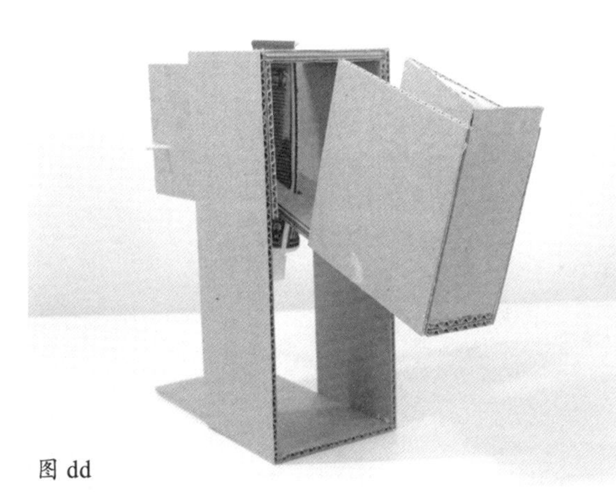

图 dd

制作牙膏挤出器

1. 把 V1 和 V2 粘在一起。在距 V 双层纸板一端 5 厘米处切一条长度为 1.3 厘米的切口,其长度应略长于牙膏管宽度(见图 x)。这是牙膏挤压杆。

2. 在靠近切口的一端用热熔胶和胶带固定一根竹签(见图 y)。

3. 取另一根竹签，将其长度修剪得与牙膏管末端宽度一致。将修剪好的竹签用胶带固定在牙膏管末端(见图 z)。这样可以将牙膏管挂起来，而不会使牙膏从你之前切的切口中滑出来。

4. 将 U1 和 U2 粘在牙膏挤压杆的侧面。再粘上 W(见图 aa)。这是胶带落入的地方。胶带将拉下挤压杆，从而挤出牙膏。

5. 下面的步骤一开始可能很棘手，但是做了一两次之后就很容易了。将牙膏管插入牙膏挤压杆上的开孔中(见图 bb)。接下来的步骤需要一鼓作气完成：把牙膏管末端穿过主结构顶端切口，同时将牙膏挤压杆上的竹签推入 Q1、Q2 上打好的孔内(见图 cc 和图 dd)。

制作胶带轨道

1. 分别从 Z1 和 Z2 的一个角上切下一个直角边长度为 5 厘米的等腰直角三角形（见图 ee）。

2. 将 AA 粘在 Z1 和 Z2 上，这样就创建了一个轨道。确保 AA 上多出来的一截在被切割的一侧（见图 ff）。这就是轨道。

3. 将轨道粘在主结构的顶部，在两侧用 Y1 和 Y2 增强牢固性（见图 gg）。

4. 现在我们需要确保牙刷在正确的位置。将牙刷滑块向后拉，直到工艺棒上的切块嵌入切口。将牙刷刷头与牙膏管口对齐（见图 hh）。

5. 释放工艺棒，这样牙刷滑块就可以抬起了。你会注意到此时我的牙刷撞到竹签上了（见图 ii）。你的牙刷可能比我的牙刷短，不会出现这类问题。不然的话，就必须修理一下装置。

6. 如果你的牙膏管里的牙膏余量太多，你可以抬高竹签的位置，因为你不需要把牙膏挤压杆下拉得过低就可以挤出牙膏。我的牙膏余

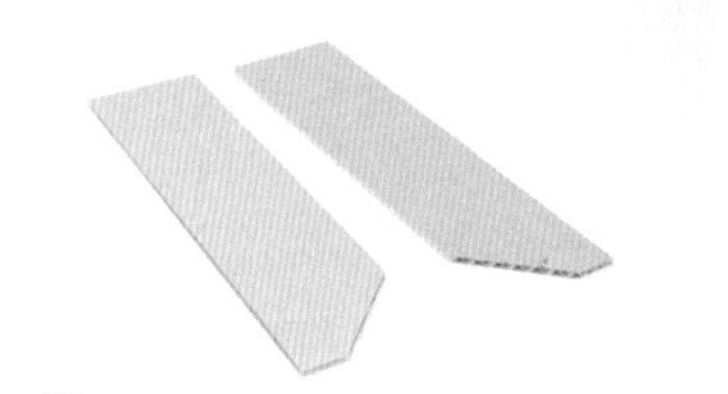

图 ee

图 ff

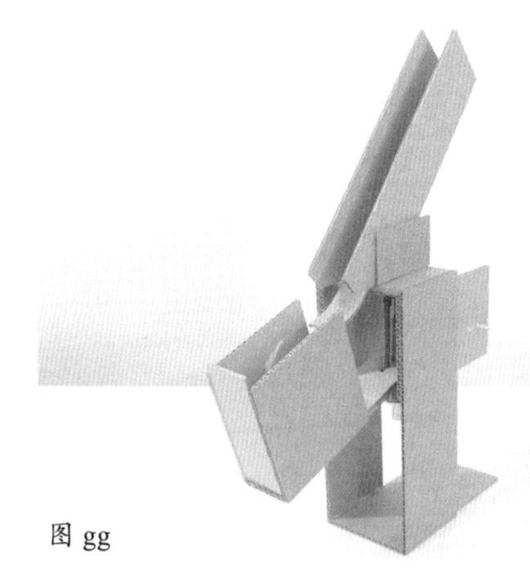

图 gg

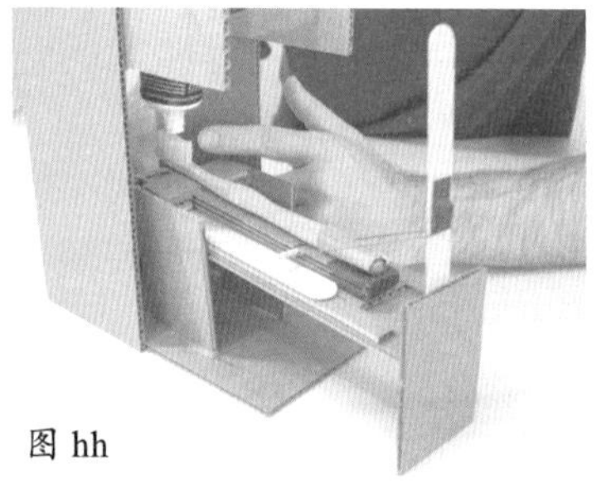

图 hh

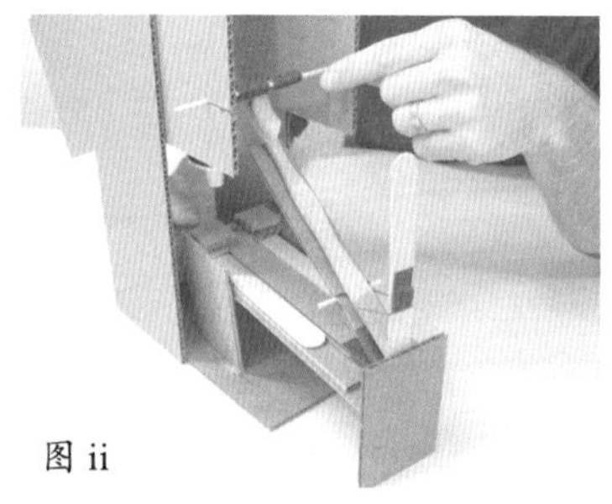

图 ii

图 jj

图 kk

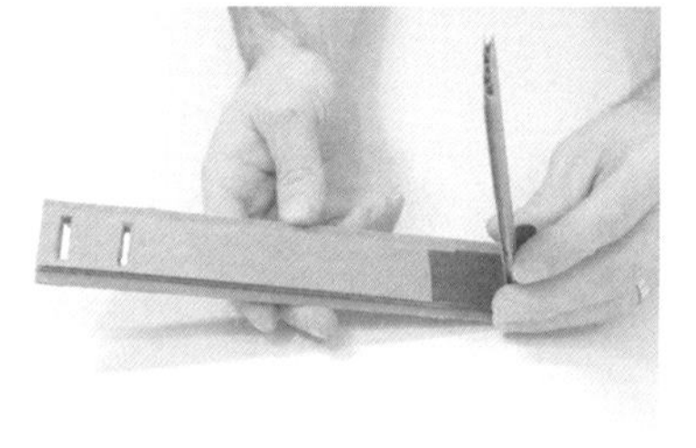

图 *ll*

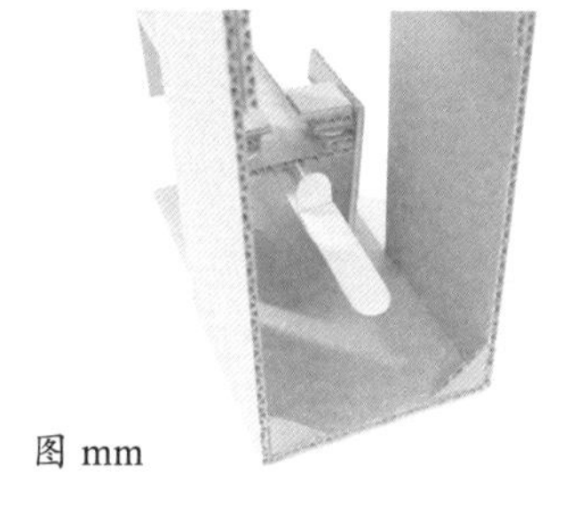

图 mm

图 nn

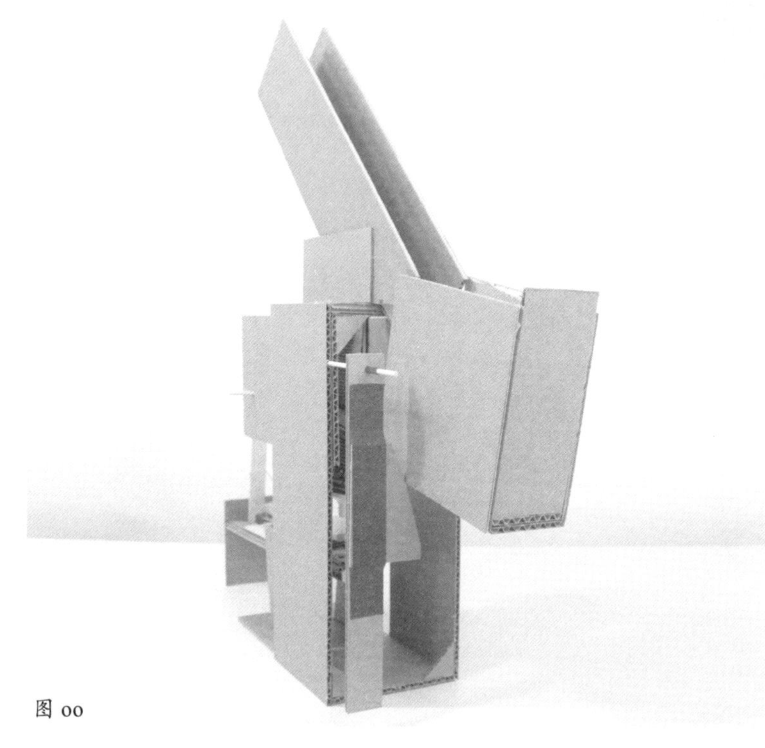

图 oo

量不足一半，所以我需要让竹签维持在图 jj 中所示的位置。

7. 弄清楚牙刷的位置后，可以避免牙刷竖起来时碰到竹签。一旦确定好后，你就可以更改切口位置以使一切正常工作。把切口位置调整到使牙刷刷头与牙膏管口对齐的位置即可。在这个点上做标记，然后再做一个新切口（见图 kk 和图 *ll*）。

8. 因为我必须改变牙刷装置的位置，所以需要增加工艺棒的长度，使其从主结构后边缘的位置突出大约 2.5 厘米（见图 mm）。

连接多米诺杠杆

在 O 上切下一小块，并在距 N 顶端 1.3 厘米处打一个孔。将竹签插入孔中，再将其固定在主结构上，使 N 的末端在距主结构顶部 1.3 厘米处。用胶带把切好的 O 固定在 N 上，使 O 的斜边刚好在接住胶带的盒子的下方（见图 nn 和图 oo）。

图 a

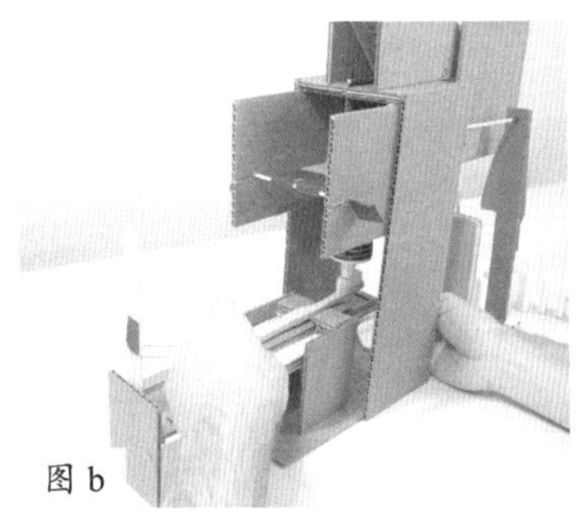
图 b

开始链式反应

安装

1. 安装牙刷，需将牙刷推到装置的后部（压住竹签；如果你只压住牙刷，牙刷就会从牙刷套里滑出来），然后压下工艺棒。当铰链上的切口与工艺棒上的小切块对齐时，放开工艺棒，使小切块嵌入切口（见图 a 和图 b）。

2. 可以用笔记本作为一个大多米诺骨牌。它倒下后可会触发工艺棒，从而释放牙刷。从多米诺骨牌杠杆边缘到笔记本之间，用多米诺骨牌围成一个圆弧。你需要将紧挨着笔记本的多米诺骨牌摞起来，因为一个多米诺骨牌的质量不足以推倒笔记本。我选择了1—2—3 这样的组合方式，效果不错（见图 c、图 d 和图 e）。

图 c

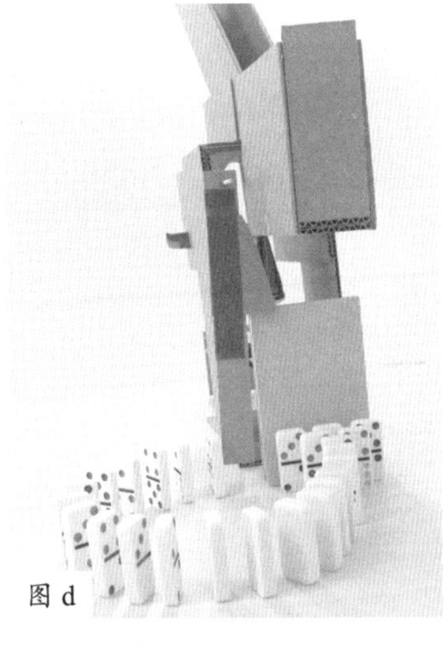
图 d

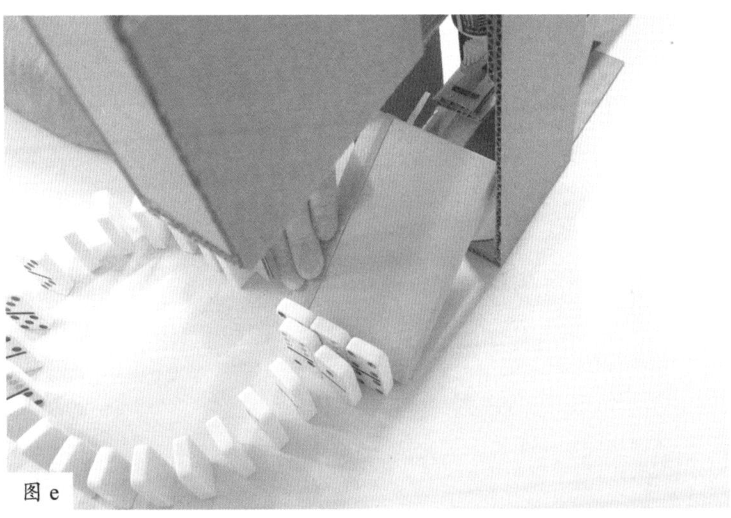
图 e

开始运行

启动装置，使胶带从陡峭的轨道上滚下去。当它掉到盒子里时，产生的力量就会使牙膏挤压杆下降，挤出一小部分牙膏。与此同时，胶带的落下还会触发多米诺骨牌杠杆，从而引发多米诺骨牌效应。多米诺骨牌起着定时器的作用，预留出了牙膏挤出和牙膏落在牙刷刷头上的时间。多米诺骨牌的数量越多，通过胶带下落时所受的重力挤出牙膏所花的时间就越长。

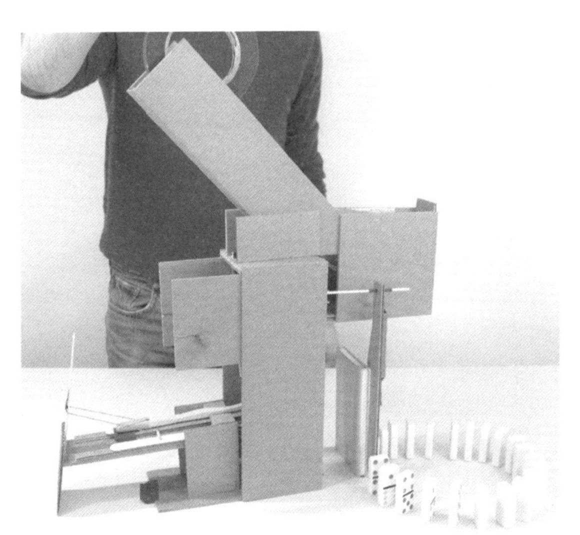

故障排除

最常见的一个问题是牙刷滑块运行得不够顺畅。你可以用手指压住部件的边缘，试着把它们压平，让胶带在轨道上滑行得更平稳。

我遇到的一个问题是我的牙膏余量不够多，导致挤出的牙膏量较少，不能令人满意。但我没有去买一支新的牙膏，而是在胶带上加了一些硬币来增重。我把硬币放在胶带卷中间，两边用纸板覆盖，以防硬币掉出（见图 a）。这样就有了更大的力量来推动牙膏挤压杆，从而挤出更多的牙膏。

我的装置前部有点摇晃，所以我用了一个小纸板来加固它（见图 b）。

我还在多米诺骨牌杠杆的竹签下添加了一个支撑，因为它移动的距离太远了（见图 c）。

如果你没有笔记本作为大的多米诺骨牌，一块薄的木头也可以（见图 d）。你也可以用带有重物（如硬币和弹球）的纸板。

工程诀窍

当牙刷滑块就位时，橡皮筋具有势能。当工艺棒被笔记本推下时，牙刷滑块就会被释放，橡皮筋的势能变成了动能。由于橡皮筋安装在牙刷滑块的铰链上方，它可将铰链向前拉，也可将铰链抬起。如果把它安装在铰链的其他部位，只会让铰链向前滑动而不会抬起。

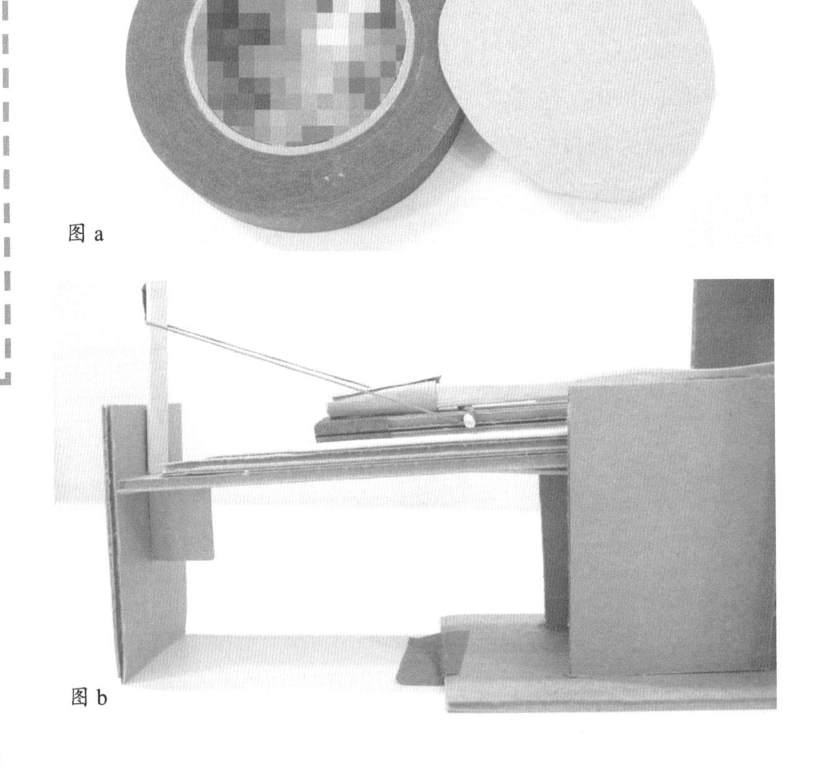

图 a

图 b

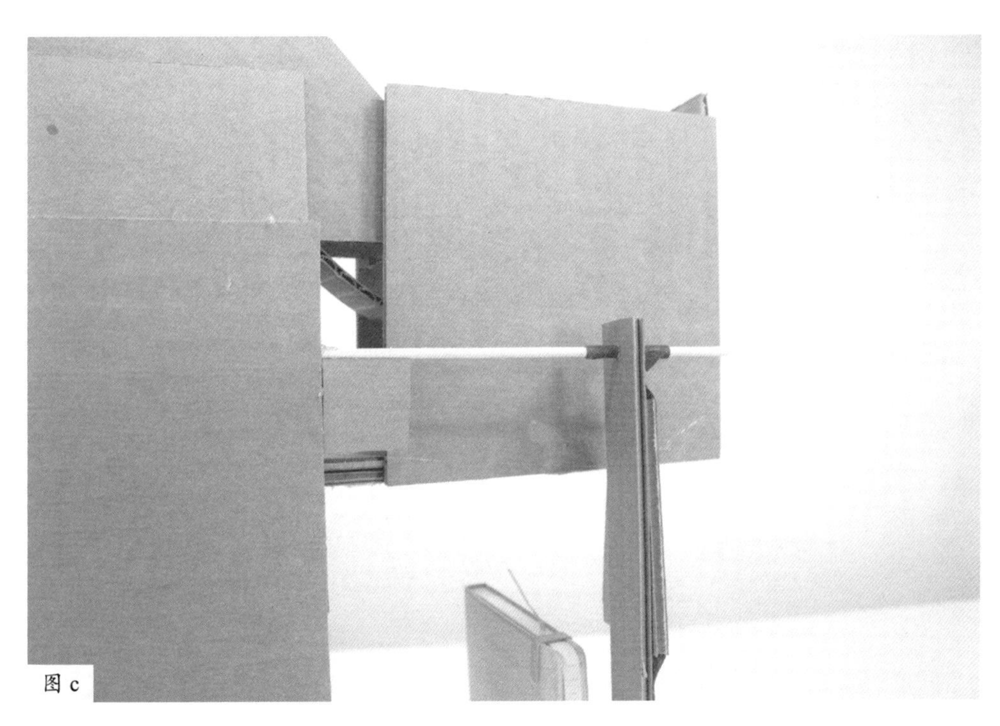
图 c

图 d

皂液器

避免受到细菌感染的最佳方法之一就是勤洗手。你可以使用肥皂洗手或者从皂液器中获取皂液来洗手。下面就来制作一台皂液器。

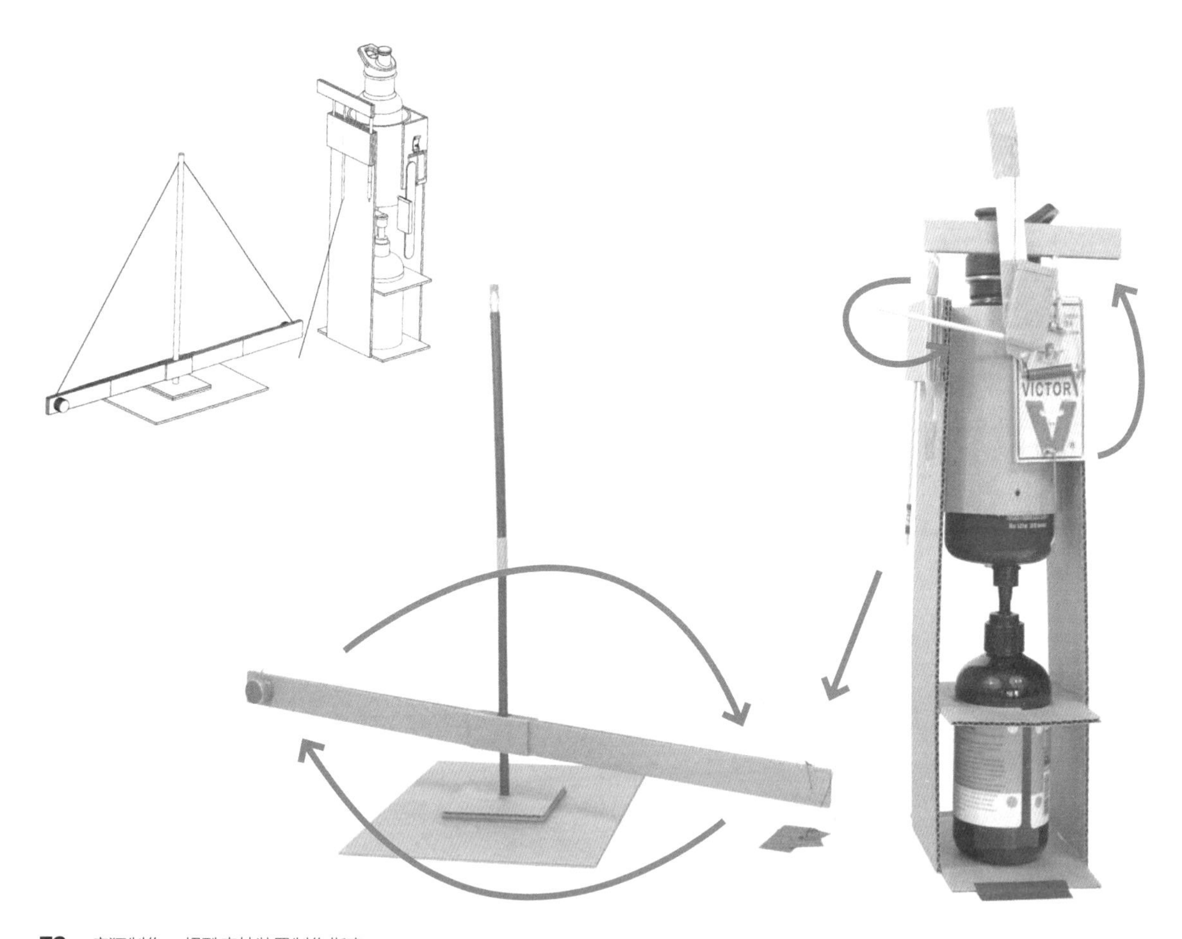

制作材料及工具

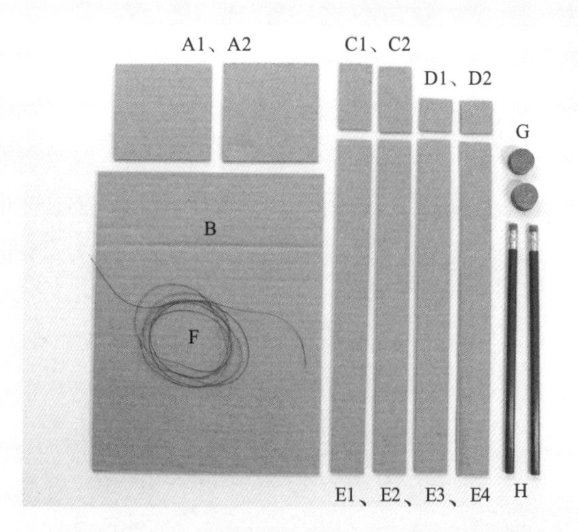

悬臂

纸板：

2 个，7.6 厘米 ×7.6 厘米（A1、A2）

1 个，18 厘米 ×23 厘米（B）

2 个，2.5 厘米 ×5 厘米（C1、C2）

2 个，2.5 厘米 ×2.5 厘米（D1、D2）

4 个，2.5 厘米 ×25.4 厘米（E1、E2、E3、E4）

其他：

1 根 100 厘米长的线（F）

16 个硬币或垫片，作为重物（G）

2 支全新的铅笔或 1 根 38 厘米长的销钉(H）

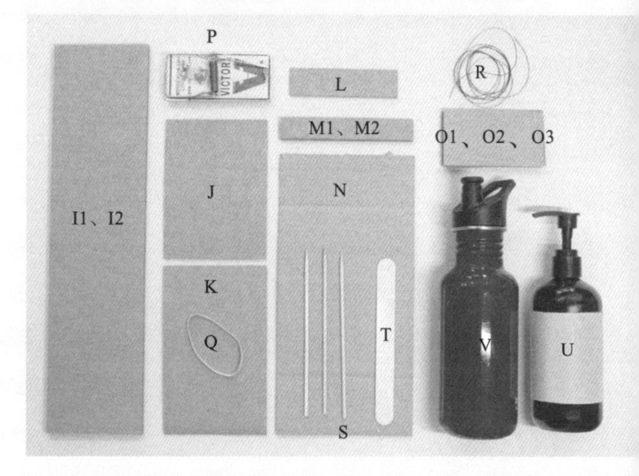

皂液器主体及其他附件等

纸板：

2 个，9.5 厘米 ×35.6 厘米（I1、I2）

1 个，9.5 厘米 ×12.7 厘米（J）

1 个，9.5 厘米 ×15.2 厘米（K）

1 个，2.5 厘米 ×10.2 厘米（L）

2 个，2 厘米 ×12.7 厘米（M1、M2）

1 个，12.7 厘米 ×25.4 厘米（N）

3 个，5 厘米 ×10.2 厘米（O1、O2、O3）

其他：

老式有金属片的捕鼠夹（P）

1 根橡皮筋（Q）

1 根 100 厘米长的线（R）

3 根 15 厘米长的竹签（S）

1 根 15 厘米长的工艺棒（T）

1 瓶肥皂水（U）

1 个表面光滑的水瓶，作为重物（V）

主要工具

热熔胶枪和热熔胶　锥子　削尖的铅笔

钳子　胶带　美工刀　尺子

记号笔　剪刀

制作皂液器

制作悬臂

1. 把A1和A2粘在一起，用锥子在中心处打一个孔。用削尖的铅笔扩大孔径（见图a）。

2. 将上一步粘在一起的纸板粘在底座（B）的中心位置（见图b）。

3. 从一支全新的铅笔上取下橡皮。尽量用锋利的东西把橡皮刮掉。把另一支全新的铅笔插入原橡皮的孔中。使用热熔胶和胶带固定（见图c）（或使用一根38厘米长的销钉）。

4. 把连在一起的铅笔粘在制好的底座上。当胶干后，确保铅笔尽可能保持笔直和垂直（见图d）。

图 a

图 b

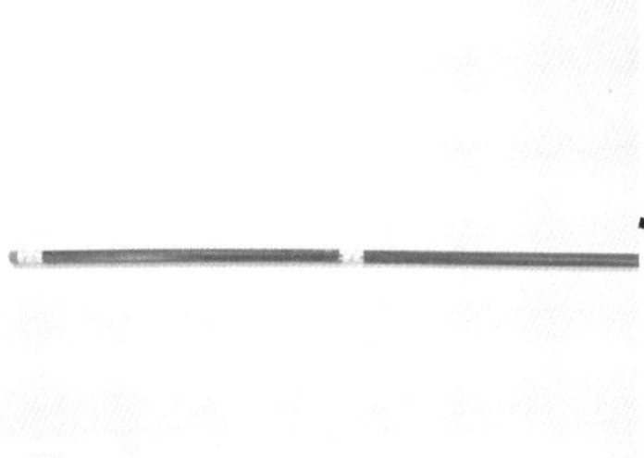

图 c

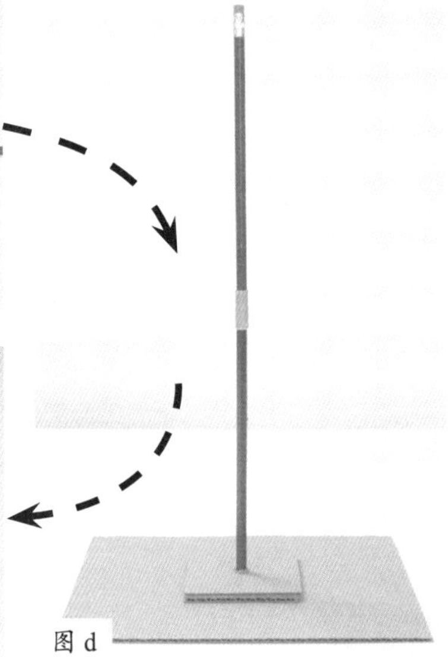

图 e

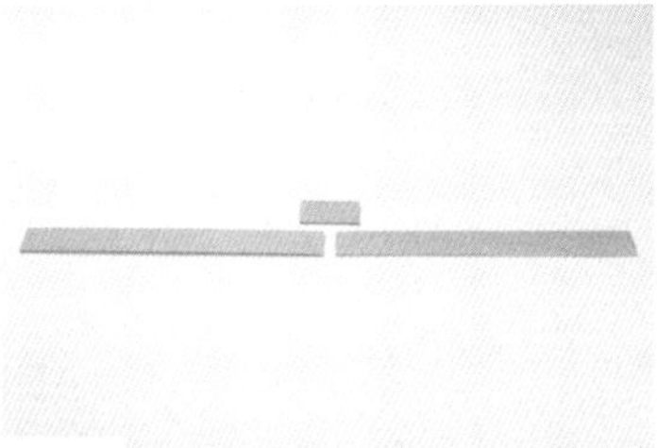

图 d

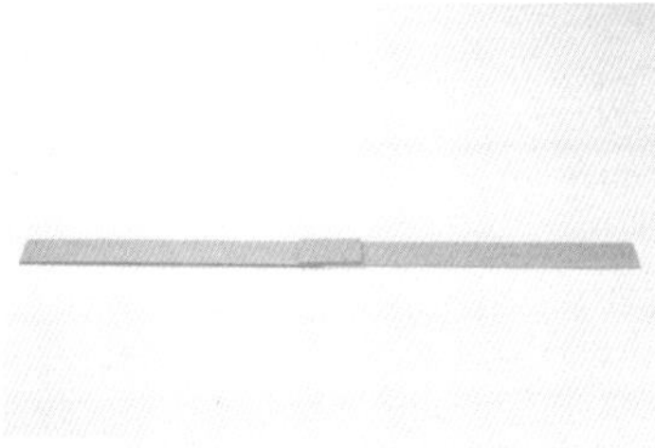

图 f

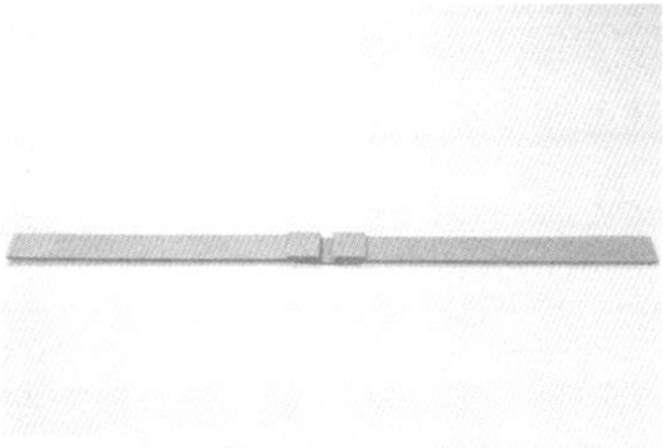

图 g

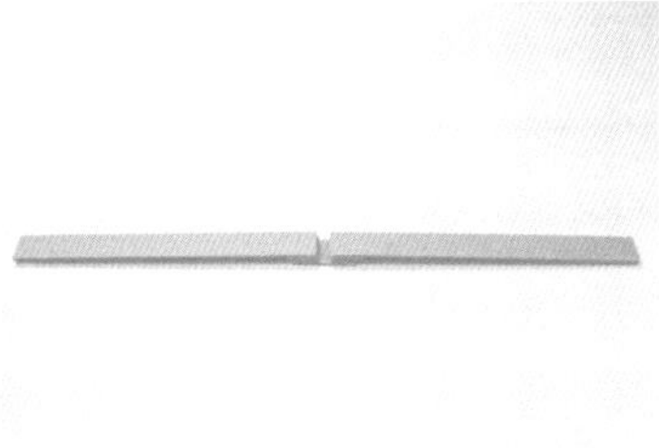

图 h

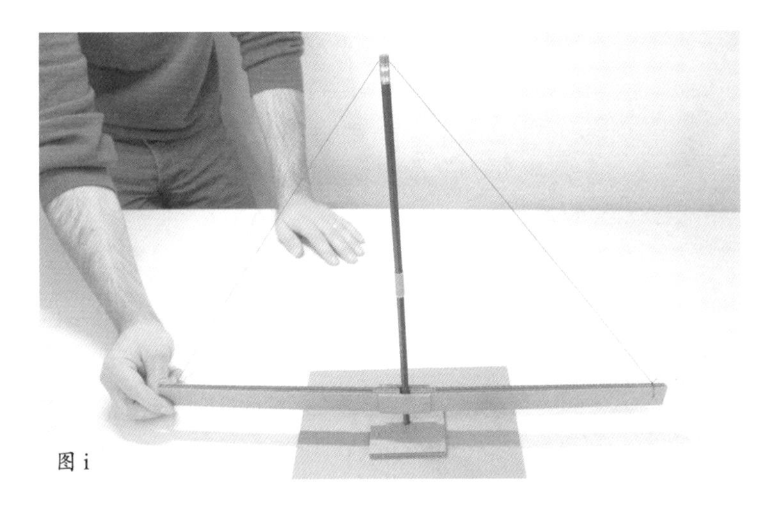

图 i

图 j

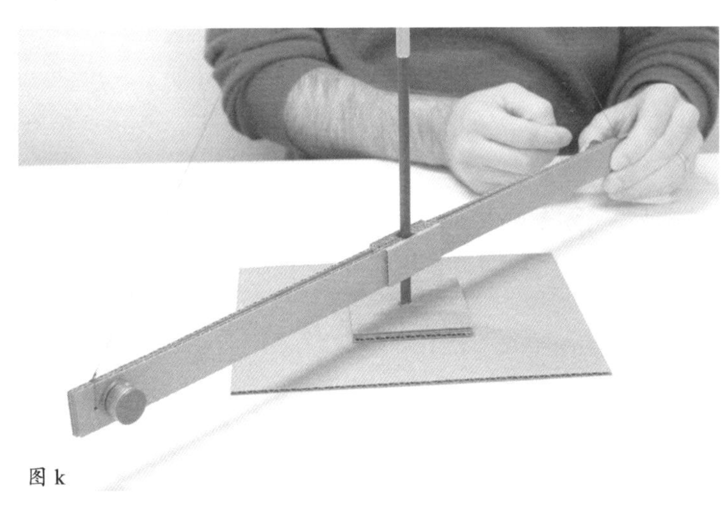

图 k

5. 取出 C1、E1 和 E2，将 E1 和 E2 放好，两者的距离为 1 ~ 1.23 厘米，比铅笔略宽（见图 e）。

6. 将 C1 粘在 E1 和 E2 相近的两端上（见图 f）。

7. 将该部件翻过来，在 E1 和 E2 上分别粘上 D1 和 D2 作为垫片（见图 g）。

8. 将 E3 和 E4 分别粘在 D1 和 D2 之上,与 E1 和 E2 重合(见图 h)。

9. 在 E3 和 E4 相近的两端上粘上 C2，这样就制成了一个悬臂。在距悬臂两端 1.3 厘米处分别打一个孔，再将悬臂通过中间的孔洞套在铅笔上。

10. 用美工刀在铅笔顶部的橡皮上切一个口。先把线系在悬臂的一端，再把线塞进铅笔顶端橡皮的切口中。使悬臂距离底座 2.5 厘米。保持悬臂水平，最后把另一端系好。滑动线，使悬臂尽可能保持水平（见图 i）。

11. 叠好两摞硬币，每摞大约 8 个（见图 j），分别用胶粘在一起。你也可以使用垫片或任何有点质量的平面物体。

12. 用胶将两摞硬币分别粘在悬臂的两端，且分别置于悬臂的两侧（见图 k）。

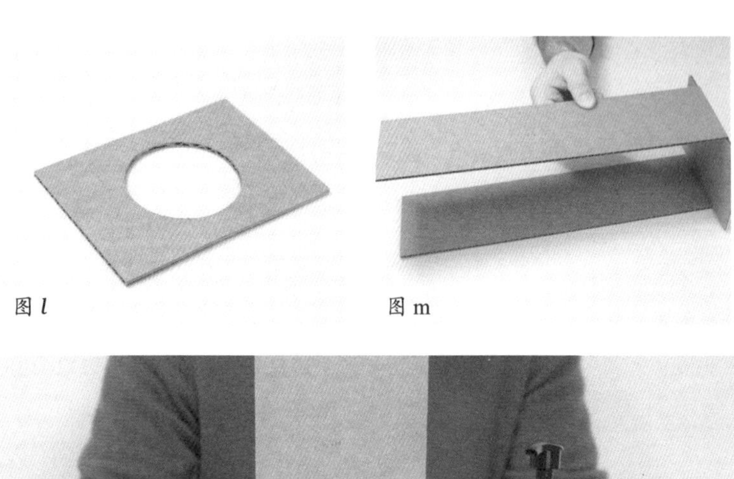

图 *l*　　图 m

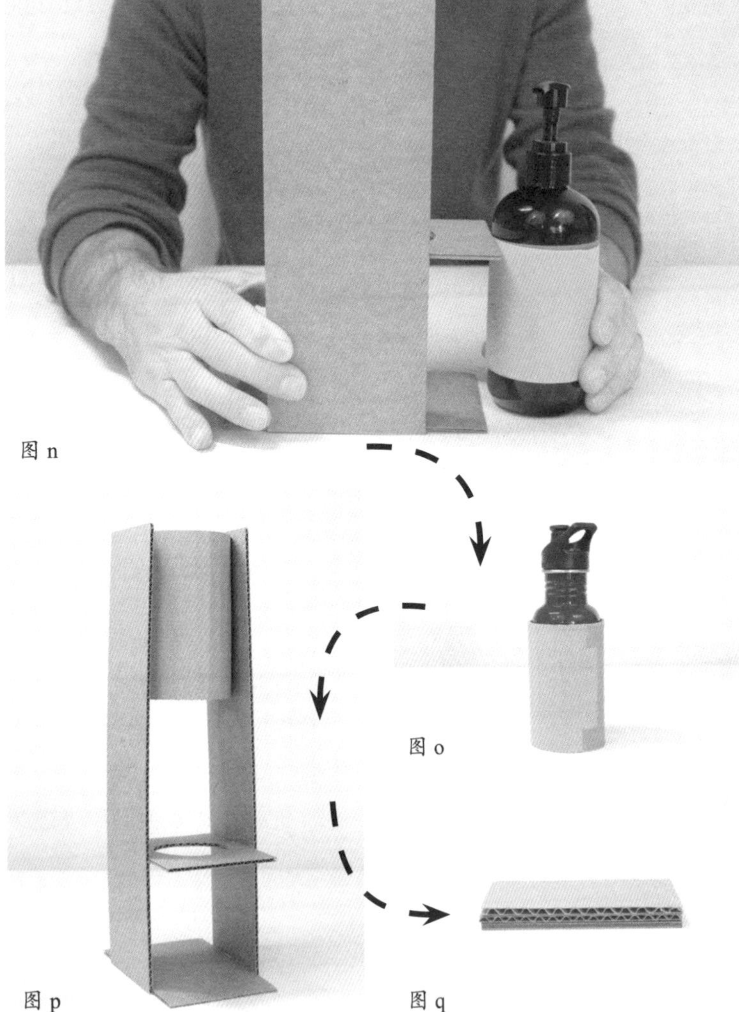

图 n　　图 o　　图 p　　图 q

制作皂液器主体及其他附件

1. 测量肥皂水瓶的直径，在 J 的中心切一个相同直径的洞，作为肥皂水瓶架（见图 *l*）。

2. 将 I1 和 I2 分别粘在 K 两条长边的中间处（见图 m）。

3. 把肥皂水瓶架粘在主结构上，肥皂水瓶架的高度刚好低于肥皂水瓶最大圆弧部分的高度（见图 n）。

4. 用 N 将光滑的水瓶包起来（不要过紧）。N 应可以自由地在瓶子上滑动。将 N 粘成一个圆筒（见图 o）。

5. 将圆筒粘在主结构的顶部（见图 p）。

6. 将 O1、O2、O3 粘在一起（见图 q）。

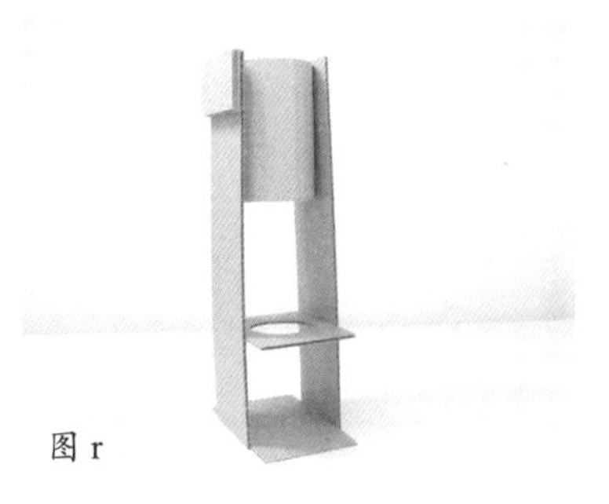
图 r

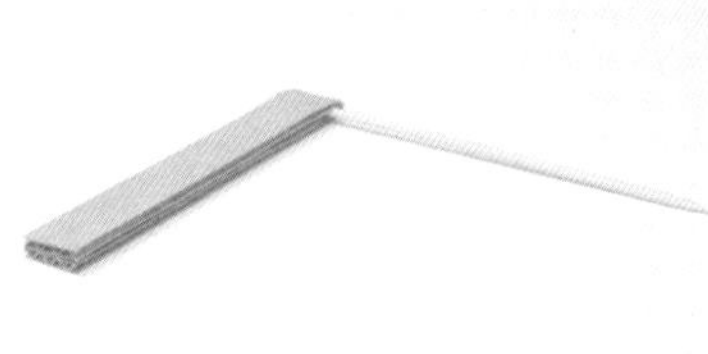
图 s

图 t

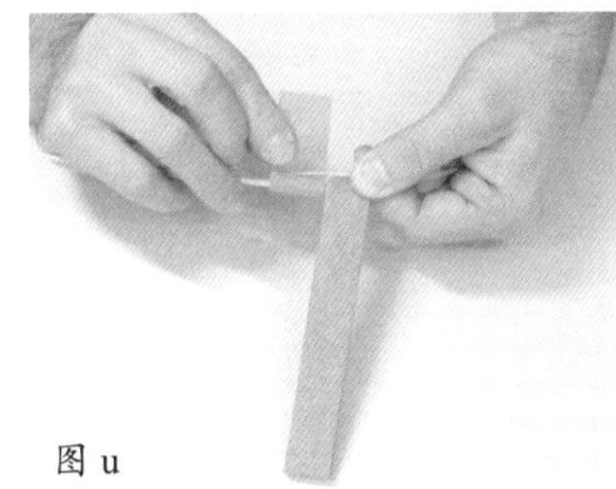
图 u

图 v

7. 将 O 纸板粘在主结构左侧边缘处（见图 r）。

8. 取出一根竹签、M1 和 M2。将竹签粘在两个纸板末端的中间位置（见图 s）。

9. 将竹签插在 O 纸板的末端瓦楞中（见图 t）。如果竹签不能自由旋转，你可以用小刀将竹签削细一点，使其可以自由旋转。

10. 用胶带把橡皮筋和竹签缠在纸板的下面。在用胶带固定了一点后，就把橡皮筋拉向竹签末端，并在橡皮筋上缠更多胶带，这样橡皮筋就会从胶带的顶部边缘伸出来（见图 u）。

11. 把竹签插回瓦楞中，在靠近纸板下边缘的竹签上粘上胶带。将橡皮筋拉至底部，并以与第 10 步类似的方式在竹签末端粘上胶带。关键是橡皮筋的两端不要与纸板直接接触，而要在竹签的两端之间可以拉伸（见图 v）。

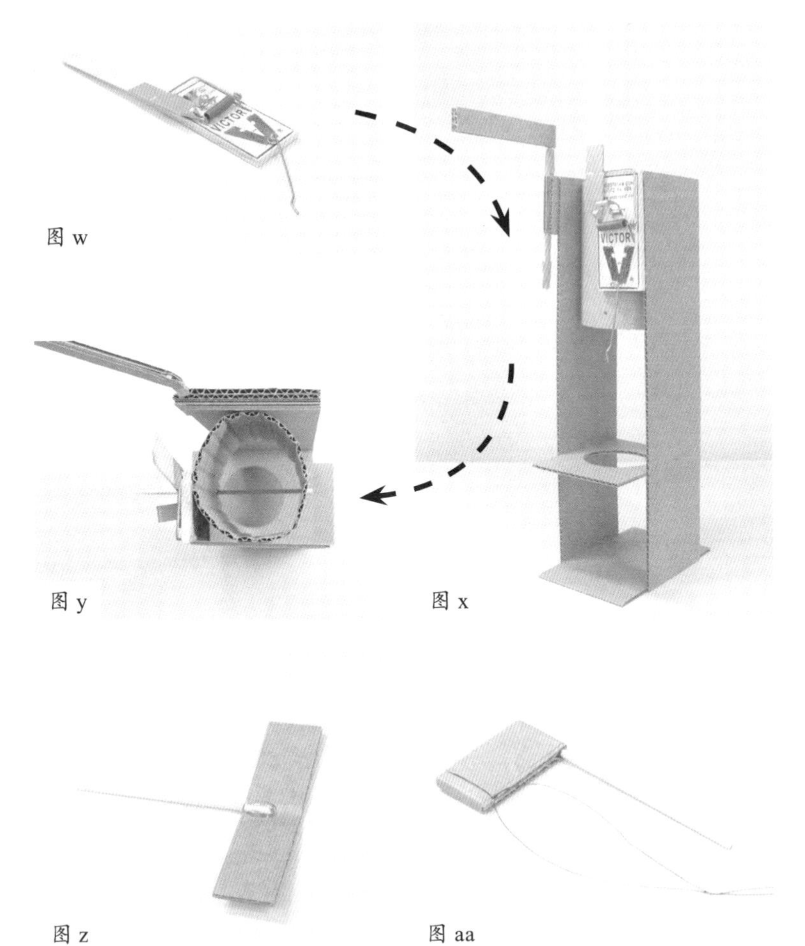

图 w

图 y

图 x

图 z

图 aa

改装捕鼠夹并安装

1. 在图 w 所示的位置，用热熔胶和胶带将工艺棒粘在捕鼠夹上。

2. 将捕鼠夹竖直地粘在圆筒的前面（见图 x）。

3. 在圆筒上距底端 1.3 厘米处打一个孔。插入一根竹签，轻轻摆动它，使其可以很容易地滑进滑出（见图 y）。使竹签在圆筒后端突出一小段，在圆筒前面的竹签上用记号笔做好标记（距离圆筒边缘 1.3 厘米）。沿着这个标记切断竹签。这样做是为了让竹签在一端附上一个纸板后还能有足够的长度，使其能同时穿过打好的两个孔，也不会突出来太长。

4. 将 L 对折。展开后将切好的竹签置于距纸板边缘 1.3cm 处，用热熔胶粘住（见图 z）。

5. 把纸板再折起来，加上胶带固定。在纸板的两端各剪出一个小口子，在上面系上一根线（见图 aa）。留下大约 30.5 厘米长的线，因为我们需要将其连接到捕鼠夹的工艺棒上。

图 bb

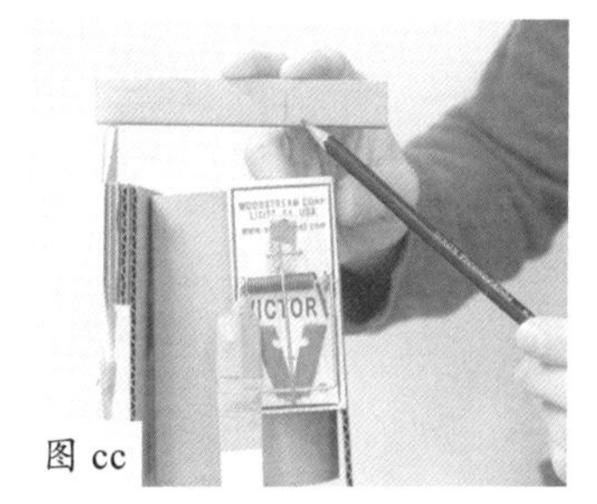

图 cc

图 dd

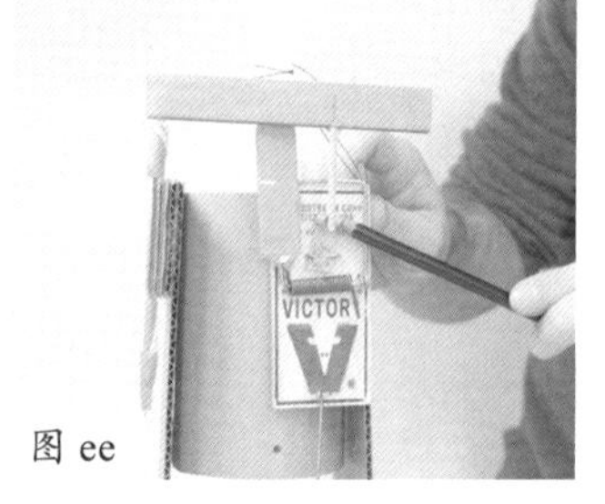

图 ee

将零件连到捕鼠夹上

1. 下面的操作可能有点棘手。捕鼠夹可能非常难操作。谁都不希望自己的手指被捕鼠夹夹到，所以操作时请保持头脑清醒且多加小心。我们需要把线绑在捕鼠夹的工艺棒上。可以采用以下两种方法。第一种方法是设置好捕鼠夹后，把线绑在工艺棒上。我不喜欢这种方法，因为这样操作很容易被夹到手。第二种方法是先不设置捕鼠夹。这样你在缠线的时候，把工艺棒拿在手里就行了，缠一点胶带就可以帮你固定住它。在你进行这个步骤的时候，先把竹签插进去，这样做会稍微轻松一点。一旦你确定工艺棒和竹签之间需要多长的线，你就可以轻轻地释放捕鼠夹。打一个适当的结，在结上涂一点热熔胶和缠一些胶带（见图 bb）。工艺棒会非常快地拉动竹签，如果没有固定好，竹签可能会发射出去，这是经验之谈。

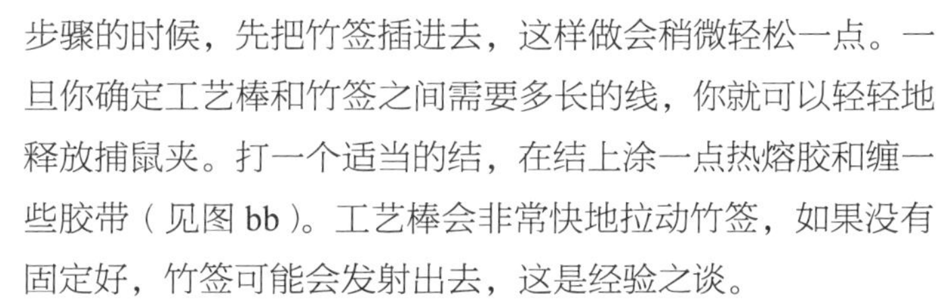

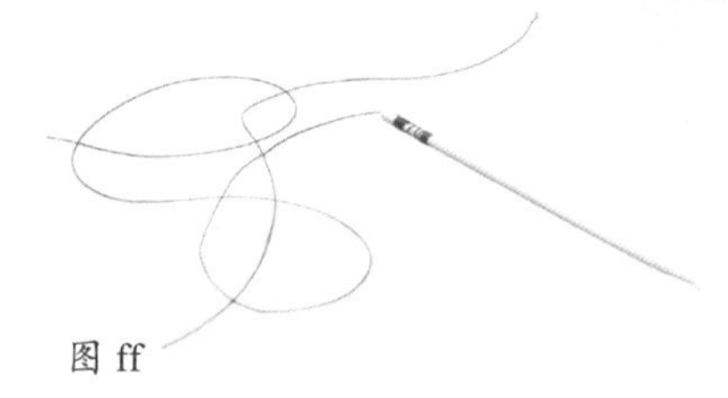

图 ff

2. 摆动连接到橡皮筋上的杠杆，直到杠杆刚好平行于捕鼠夹的上边缘。在杠杆上用铅笔做一个与捕鼠夹位置对应的标记（见图 cc）。

3. 顺时针旋转杠杆 1 ～ 2 圈，这样橡皮筋就有了一些张力。橡皮筋缠得越紧，它就越想回到原来放松的状态（见图 dd）。

4. 在杠杆标记位置的下方打一个孔，然后插入一根竹签。确保其足够长，以便捕鼠夹关闭的时候能击中竹签（见图 ee）。

5. 在最后一根竹签的钝端系上一根长线（见图 ff）。

6. 将竹签插入 O 纸板的瓦楞，轻轻向上推，直到戳到杠杆。这样做的目的是在竹签被拉动前固定杠杆的位置（见图 gg）。

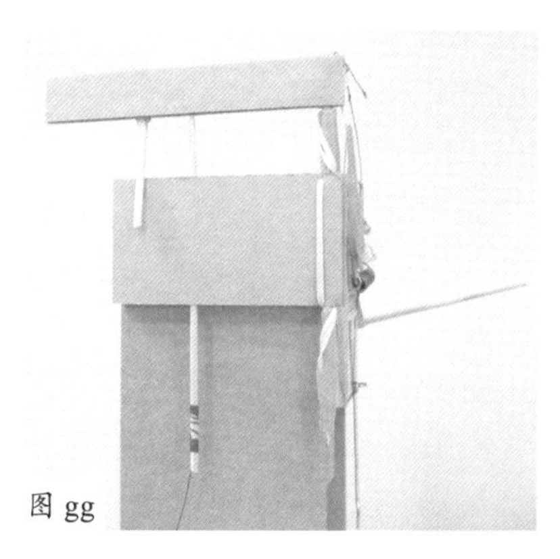

图 gg

开始链式反应

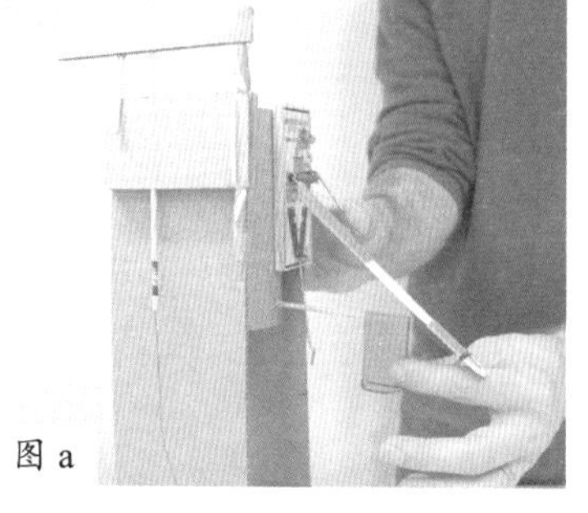
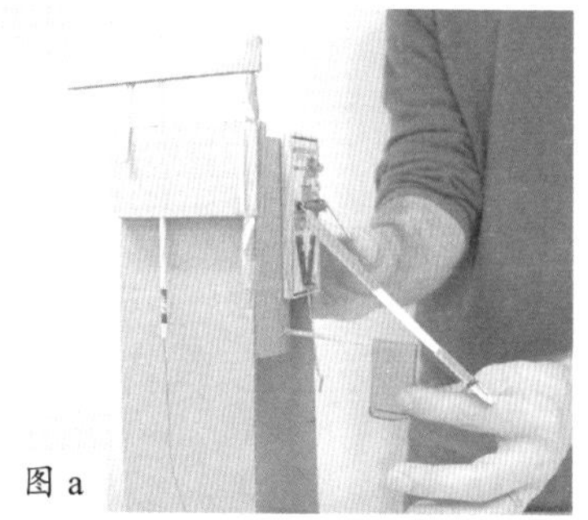

图 a

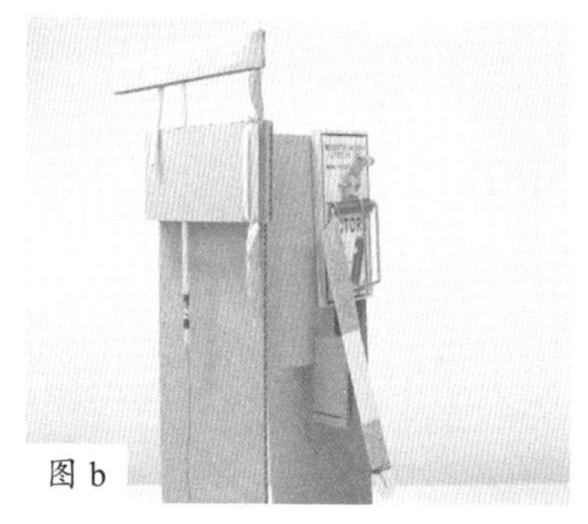

图 b

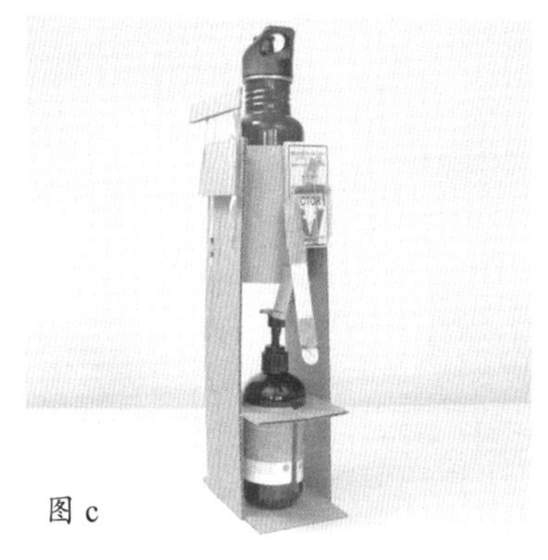

图 c

图 d

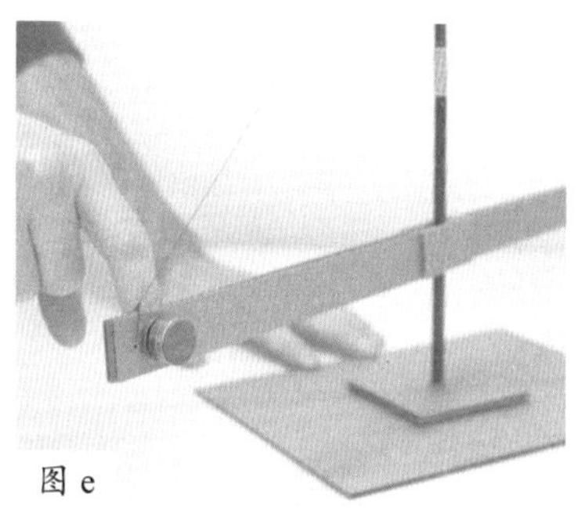

图 e

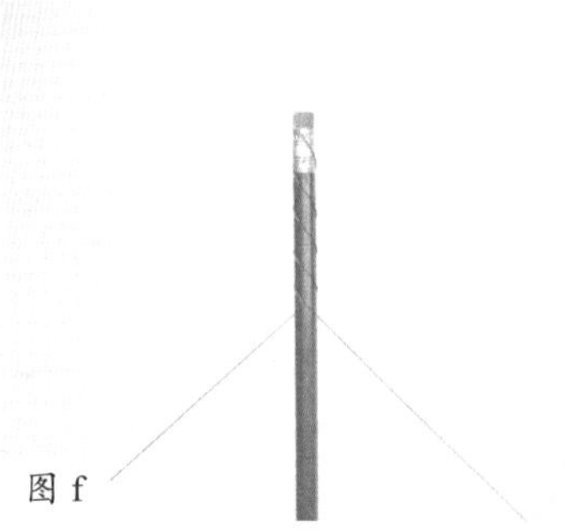

图 f

安装

1. 因为装置中存在捕鼠夹，故其启动过程可能有点棘手和烦琐。首先，安装附有橡皮筋的摇臂，这样它就不会阻挡其他部件的安装。现在你可以处理用来释放瓶子的竹签了。放下工艺棒，将竹签插入第一个孔。你可能需要把工艺棒抬高一点，给竹签足够的插入空间。一旦竹签完全插入，工艺棒完全放下，你就将捕鼠夹安装好了（见图 a 和图 b）。

2. 小心操作，以免触发捕鼠夹。把肥皂水瓶放入肥皂水瓶架中，将出液口旋转到装置的后面，小心地将水瓶放入圆筒中（见图 c）。刚开始注入大约 235 毫升的水，看看会喷出多少肥皂水。然后，你可以根据需要相应地添加或减少水量。

3. 用胶带把装置底部粘到桌子上。注意竹签上的线要粘到离底座约 5 厘米远的桌子上。想要让线有一些张力，就最好在绑线的时候把竹签固定住，这样你就不会不小心拉动它。固定悬臂的位置，使其末端刚好能与线接触（见图 d）。

4. 旋转悬臂，使线缠绕在铅笔上，小心不要碰到线并拉动竹签。当你旋转悬臂时，悬臂会逐渐抬高，直到没有更多的线缠绕铅笔（见图 e 和图 f）。

图 g

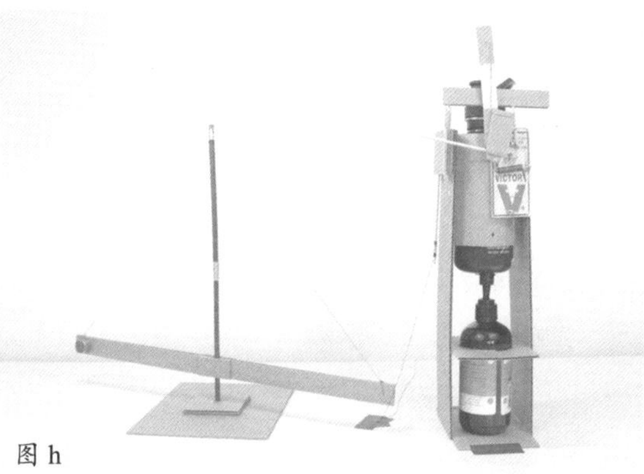
图 h

开始运行

要开始链式反应，只需松开悬臂（见图 g）。随着铅笔上的线被解开，悬臂的位置会越来越低（见图 h）。到底部时，悬臂会碰撞与竹签相连的线，从而拉出竹签。绑在橡皮筋上的杠杆会摆动，触发捕鼠夹。捕鼠夹会拉动支撑水瓶的竹签。水瓶会掉下来，砸在肥皂水瓶上，从而挤出肥皂水。

故障排除

如果你在关闭捕鼠夹时遇到困难，可能需要检查连接竹签的纸板。如果是被纸板挡住，你可以修剪纸板，使它变得更小，或在现有孔的右边重新打一个孔（见图 i 和图 j）。

如果连接橡皮筋的杠杆很难摆动，要确保它的安装方式正确（见第 79 页图 gg）。如果看起来正确，原因可能出在橡皮筋上。尝试找一根全新且略粗的橡皮筋。

图 i

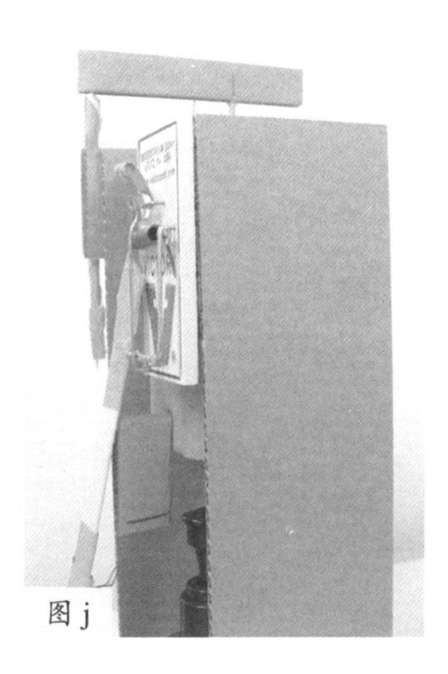
图 j

工程诀窍

你可以通过以下两种方法来改变肥皂水的每次用量。第一种方法是，你可以往水瓶里加更多的水，这会使它更重。较重的水瓶将克服肥皂水瓶内部弹簧的弹力，将其压到底部，挤出大量的肥皂水瓶。你能做的第二种方法是，增加水瓶和肥皂水瓶之间的距离。距离的增加会使水瓶具有更多的动能。

第 4 章

看似无用但有趣的装置

并不是所有的鲁布·戈德堡机械都有特定的用途。本章介绍的 4 个小物件虽然没有特定的用途，但其不仅制作过程很有趣，而且运行效果也非常棒！

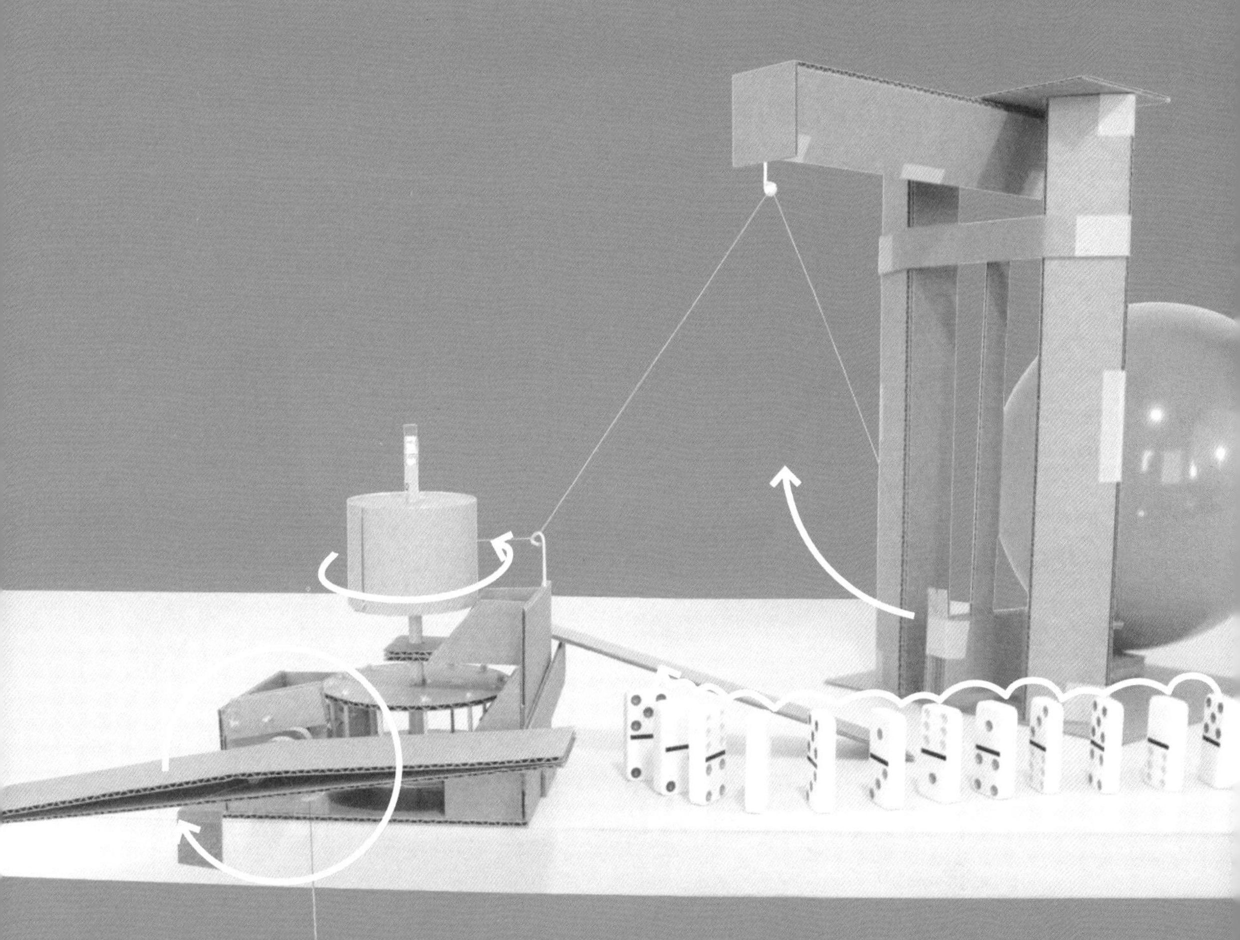

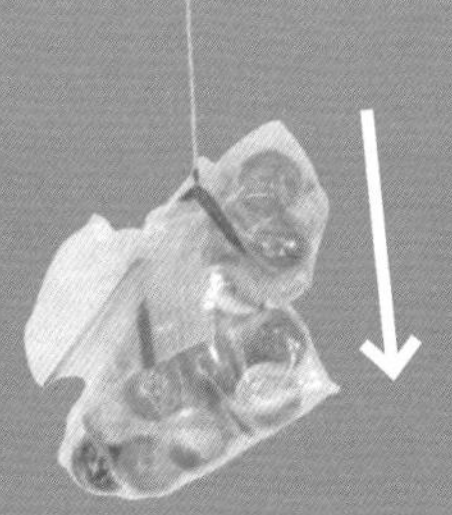

扎气球器就是本章中没有实际用途的小物件之一。

升旗装置

只需一些简单的构件和材料——一套齿条-齿轮装置、几颗弹球、一个斜坡和一个重物，你就可以制作一个升旗装置！

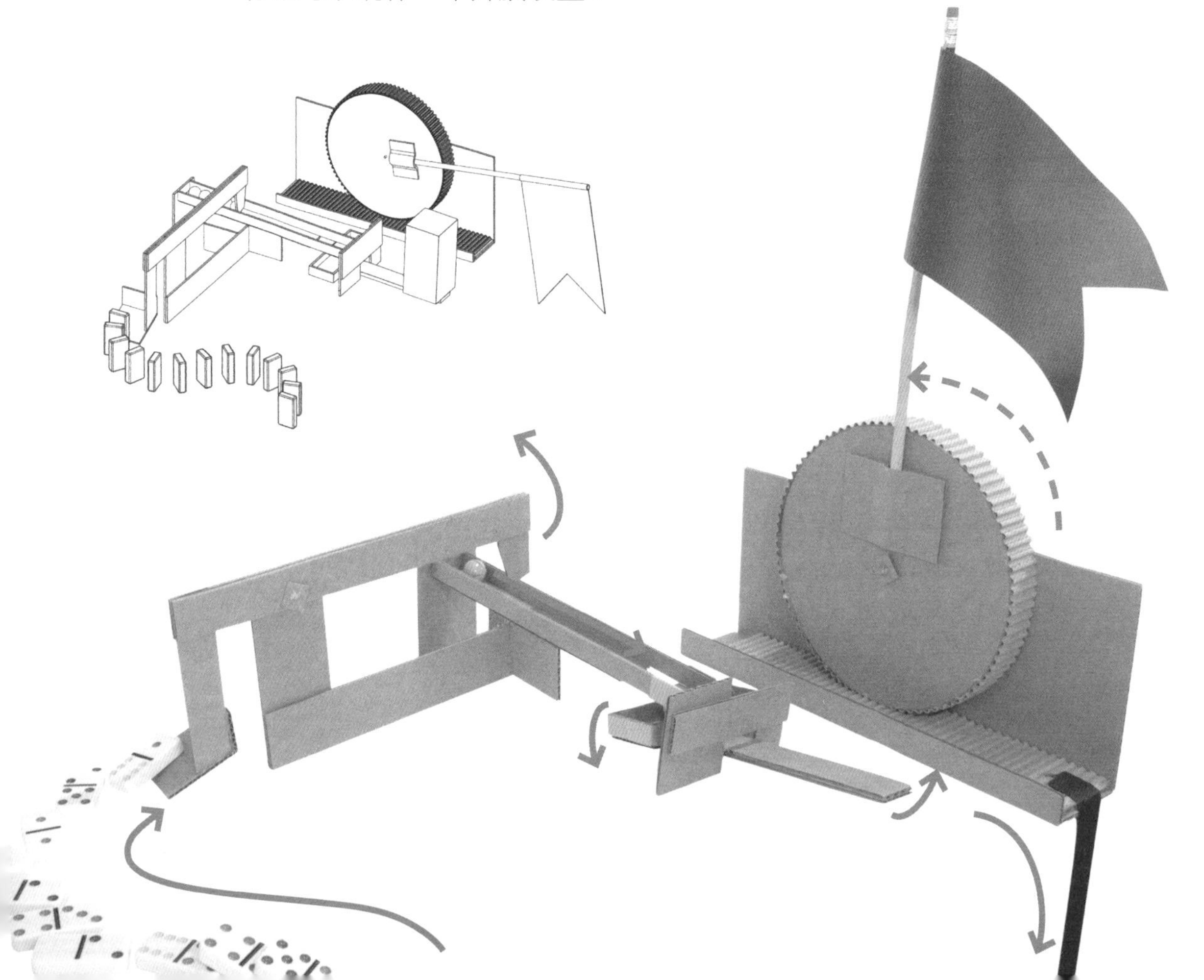

制作材料及工具

齿轮和旗帜

纸板：

2 个，5.1 厘米 ×28 厘米（A1、A2）

1 个，2.5 厘米 ×30.5 厘米（B）

1 个，15.2 厘米 ×30.5 厘米（C）

2 个，直径为 17.8 厘米的圆（D1、D2）

2 个，2.5 厘米 ×28 厘米，带瓦楞（E1、E2）

1 个，5.1 厘米 ×7.6 厘米，切掉一个角（F）

1 个，5.1 厘米 ×7.6 厘米（G）

未展示的材料：

1 个，5.4 厘米 ×30.5 厘米的纸板（H）

2 个垫圈（见第 17 页）（未编号）

其他：

1 条丝带（I）

1 段 10.2 厘米长的硬线（未编号）

色彩明亮鲜艳的物品，当作旗帜（J）

2 支全新的铅笔（未编号）

弹球门台与弹球斜坡

纸板：

1 个，2.5 厘米 ×17.8 厘米（K）

2 个，2.5 厘米 ×26 厘米（L1、L2）

1 个，2.5 厘米 ×5.1 厘米（M）

1 个，2.5 厘米 ×6.4 厘米，切掉一个角（N）

1 个，2.5 厘米 ×11.4 厘米，从距顶部 6 毫米处切下一个角（O）

1 个，5.1 厘米 ×25.4 厘米，在距两长边 13 毫米处画线（P）

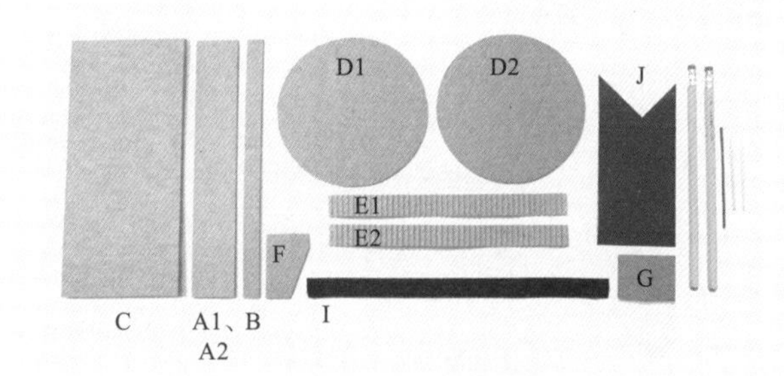

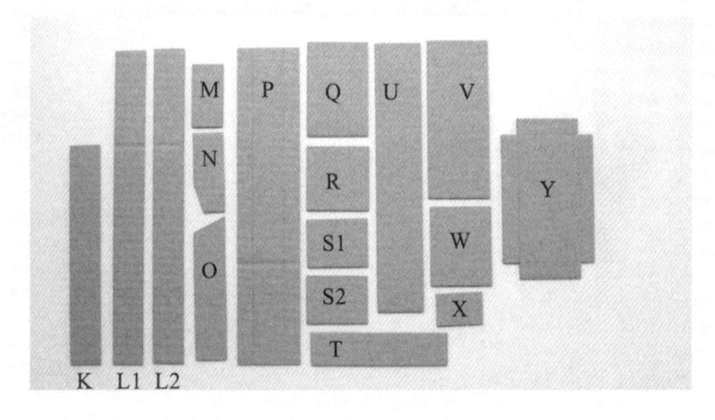

1 个，5.1 厘米 ×7.6 厘米（Q）

1 个，5.1 厘米 ×5.1 厘米（R）

2 个，4 厘米 ×5.1 厘米（S1、S2）

1 个，2.5 厘米 ×10 厘米（T）

1 个，3.8 厘米 ×21.6 厘米（U）

1 个，5.1 厘米 ×12.7 厘米（V）

1 个，3.8 厘米 ×6.4 厘米（W）

1 个，2.5 厘米 ×3.8 厘米（X）

1 个，7.6 厘米 ×12.7 厘米，4 个角去掉边长 13 毫米的小正方形块，并在距 4 条边 13 毫米处画线（Y）

其他：2 根牙签

主要工具

热熔胶枪和热熔胶　锥子

胶带　剪刀　美工刀

制作升旗位置

制作齿轮和旗帜

1. 撕下 A1 的顶层，使瓦楞露出。将 A1 和 A2 粘在一起，且将 A1 的瓦楞面置于外侧。这将作为齿条 - 齿轮装置的轨道（见图 a）。

2. 用 E1、E2、D1、D2 做一个齿轮。我们将把它作为齿条 - 齿轮装置的齿轮。用锥子在齿轮圆心处打一个孔（见图 b）。

3. 将 C 粘贴在底座（H）的一边。将 B 粘贴在另一边。（见图 c）。

4. 将第 1 步中制作的轨道放在底座内，把齿轮放在上面。将齿轮置于底座中间，让轨道和齿轮接触，但不要太紧，否则齿轮会无法自由滑动。一旦定位正确，参照齿轮上的孔在 C 上打一个孔。将丝带或粗绳粘在轨道的末端（见图 d）。

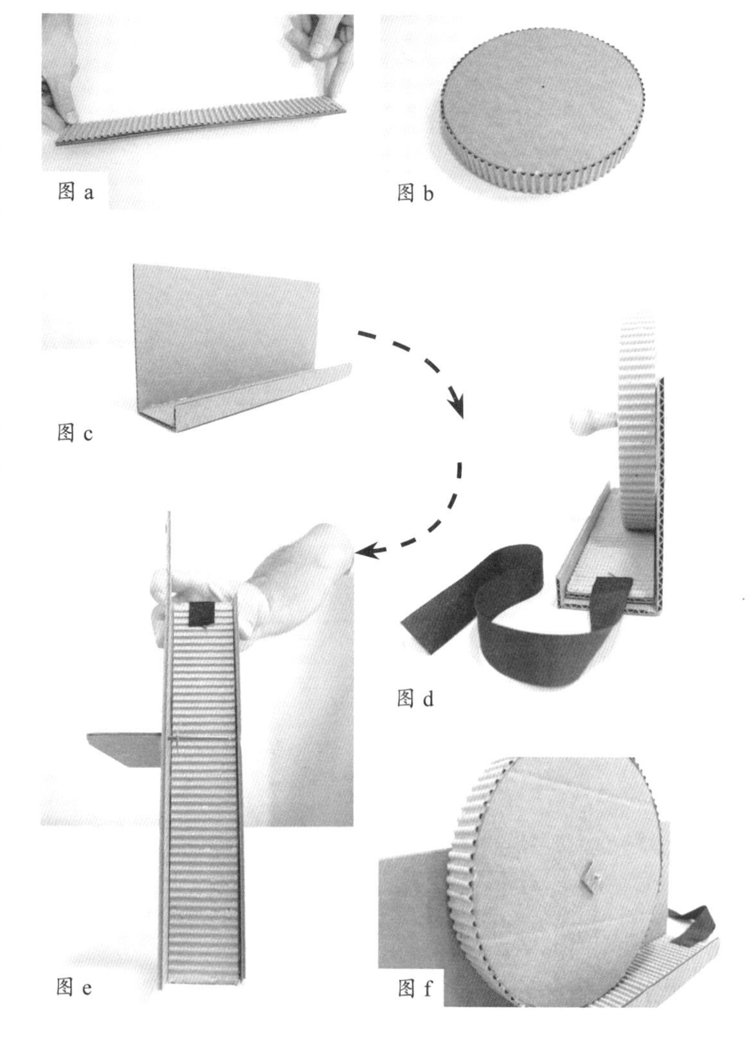
图 a
图 b
图 c
图 d
图 e
图 f

5. 将硬线插入孔中，将 F 粘贴在底座后面作为支撑。确保硬线水平，不向任何方向倾斜（见图 e）。

6. 将硬线对准齿轮上的孔穿入，用两个垫圈固定（见图 f）。

7. 用胶带把两支铅笔粘在一起作为旗杆。用热熔胶或胶带将旗帜（J）粘在旗杆上。注意旗杆和旗帜的长度与质量是否合适。它们要尽可能轻，这样竖起来更容易（见图 g）。

8. 把旗杆固定在齿轮上。粘旗帜的时候要注意轨道的位置。当旗帜处于垂直位置时，小齿轮的两端应该一样高。粘上 G 作为支撑（见图 h）。

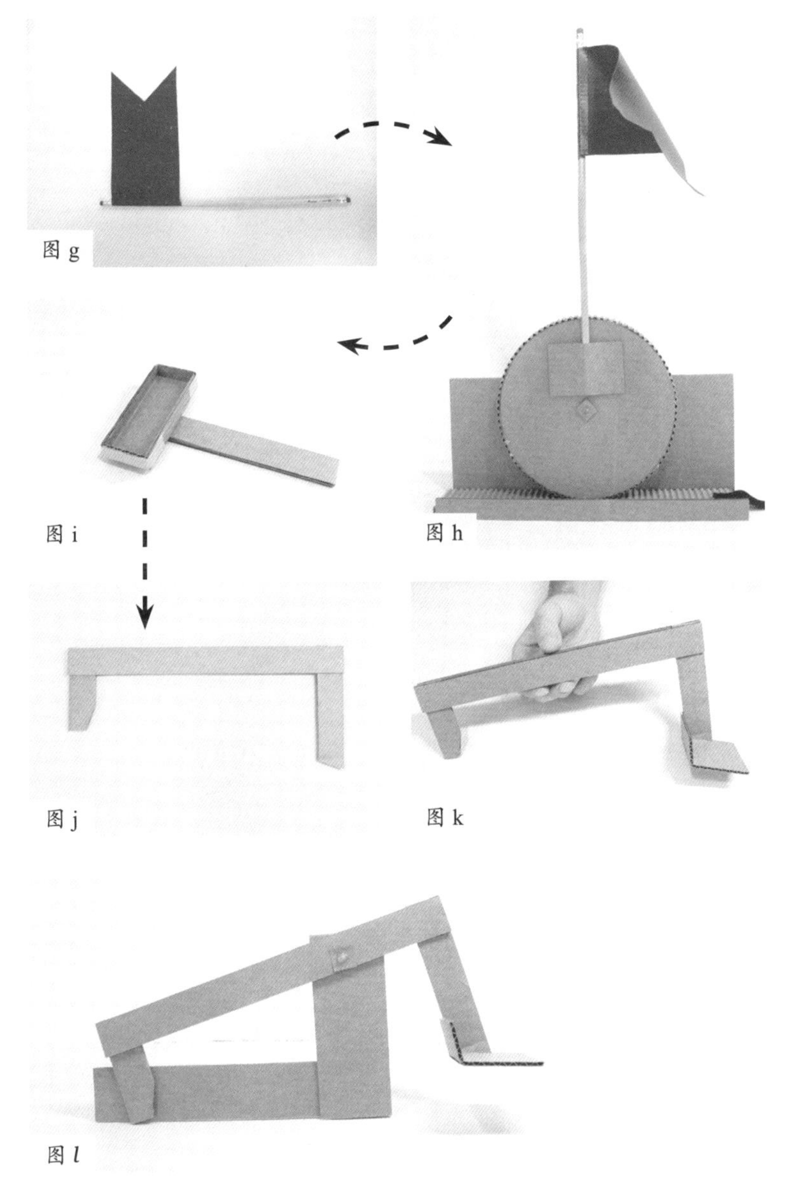
图 g
图 i
图 h
图 j
图 k
图 *l*

制作弹球门台

1. 将 Y 的边缘折起来，用胶带固定，形成一个矩形槽。将制好的矩形槽的中间部分粘在 K 的末端（见图 i）。

2. 按图 j 所示将 N 和 O 分别粘在 L1 的两端。此时不必担心 N 和 O 裁切是否准确，稍后会再修剪。再将 L2 粘在上面，形成一个三明治结构。将这个结构作为弹球门。

3. 将 R 粘贴在 O 上。添加 M 以增强稳固性（见图 k）。

4. 把 V 粘到 U 上，形成一个 L 形结构。用牙签将弹球门固定在 L 形结构短边侧 7.6 厘米高的位置上，形成杠杆，用垫圈加固（见图 *l*）。

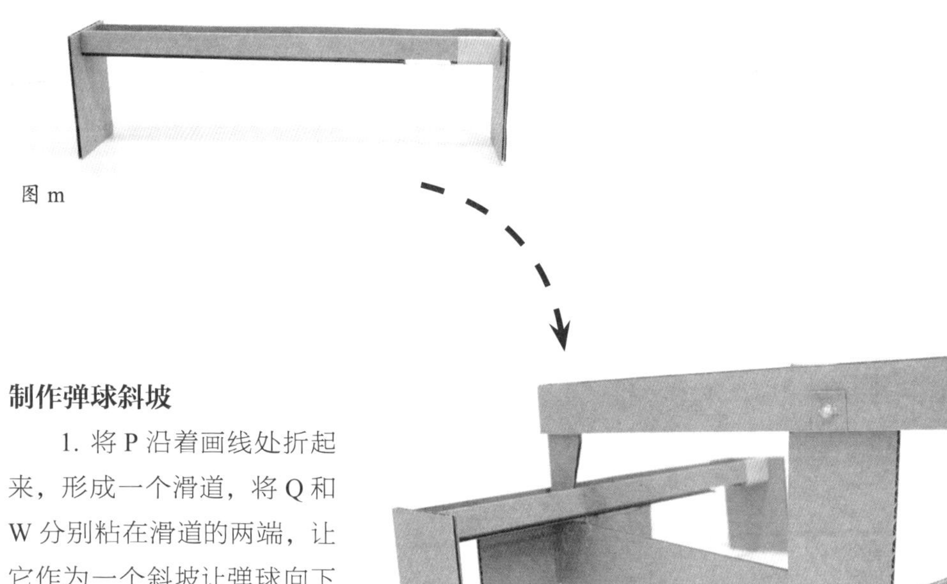

图 m

图 n

制作弹球斜坡

1. 将 P 沿着画线处折起来，形成一个滑道，将 Q 和 W 分别粘在滑道的两端，让它作为一个斜坡让弹球向下滚动（见图 m）。

2. 将弹球门固定在距轨道略高的一端 8.9 厘米处。将 S1 和 S2 粘贴在底部梁的任意一侧以提供支撑（见图 n）。现在是时候修剪纸板了。R 应该可以满足要求，但是你可能需要用剪刀修剪 N。当 R 接触地面时，弹球应该能够从 N 处通过。当 R 处于静止状态时，N 应阻止弹球的滚动。仔细修剪和调整，直到弹球可以正常运行。

3. 现在我们把杠杆和矩形槽连接起来（见图 o）。在距矩形槽约 2.5 厘米处穿过杠杆插入一根牙签。然后使牙签在距斜坡支撑部件的底部 1.3 厘米处穿过该支撑部件。添加 X 用于支撑牙签的另一端。牙签插入 X 的位置应略低于距底部 1.3 厘米处。这样弹球就会落入矩形槽中，然后滚到底部。否则，它们可能会原地踏步，陷入困境。将 T 粘在 X 的顶部和 W 的平面一侧，以固定末端。确保支架和杠杆之间有足够的间隙，这样二者就可以很容易地上下移动。

4. 用一把美工刀在斜坡上

挖一个孔，使其宽度与坡道宽度一致，且必须足够长，使弹球可以掉落而不被卡住（见图 p）。

5. 我们需要为与轨道连接的丝带添加一个重物。该重物最好具有硬平底，如小盒子。如果你没有一个小盒子，可以用纸板做一个符合要求的盒子。盒子的最佳尺寸是 5 厘米 ×5 厘米 ×7.6 厘米。我在盒子里面放了电池，弹球和干米粒也是可以的。用胶带把盒子的盖粘好。

图 o

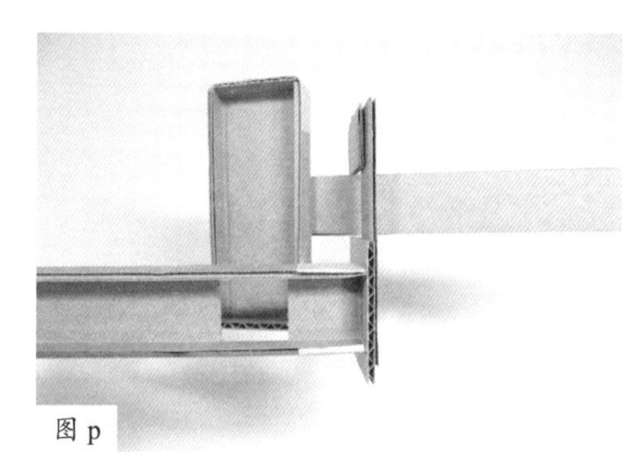

图 p

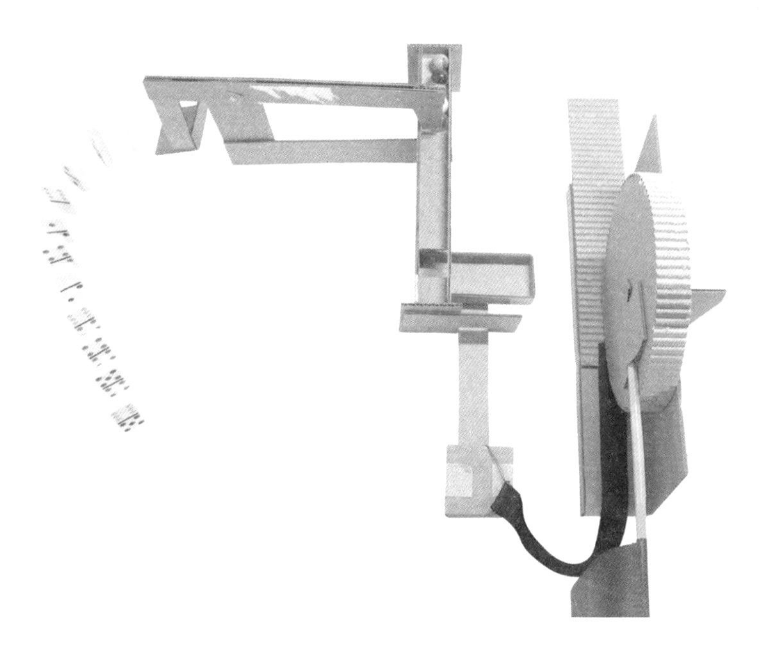

开始链式反应

安装

现在是启动链式反应的时候了。齿条和齿轮需要靠近桌子的边缘，重物也是如此。重物应位于杠杆的边缘，处于摇摇欲坠的状态。如果你用力吹重物，它就会掉下来。在斜坡顶上加四五颗弹球，然后摆几个多米诺骨牌，让最后一个多米诺骨牌落在平台上。确保旗帜处于倒下的状态，装置远离桌子边缘。

开始运行

最后一个多米诺骨牌落在平台上时，成功地触发了装置，杠杆上升，弹球慢慢滚下斜坡。它们从孔中掉下来，落入矩形槽中。一旦弹球数量达到一定值，杠杆的另一边将上升，这和跷跷板的原理一致。如果平衡设置正确，这将导致重物从桌子上掉下来，拉动齿条向前，带动齿轮运转，升起旗帜。

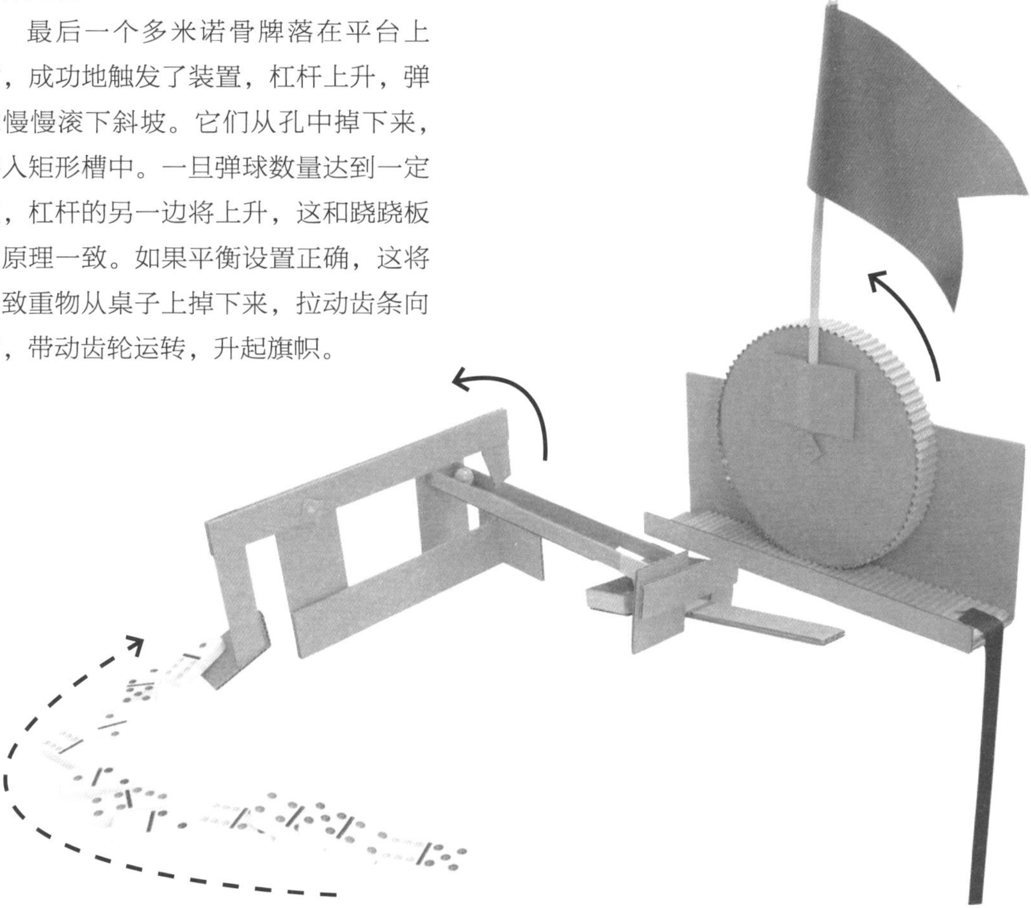

故障排除

设置重物需要一定的耐心，也需不断尝试。慢慢来，要有条理；每增加一颗弹球（重物）都要进行测试。这样更容易获得准确的平衡。

你可能遇到的另一个问题是齿条-齿轮装置的问题。如果该装置出现问题，可能是因为齿条和齿轮太松或太紧。如果太松，齿轮就无法咬合，或者只能咬合一部分，很快就会磨损。如果它们太紧，下降的重物就不能带动齿条滑动。

工程诀窍

释放的弹球使得重物下落，从而拉动齿条。齿条的运动使齿轮发生转动，从而使旗帜升起。如果旗杆太重，就需要更重的重物或更大的齿轮来升起旗帜。

弹球发射器

发射弹球的方法有很多，如利用发射器和弹弓。这个弹球发射器更像是一个封闭的弩，只是没有箭头。

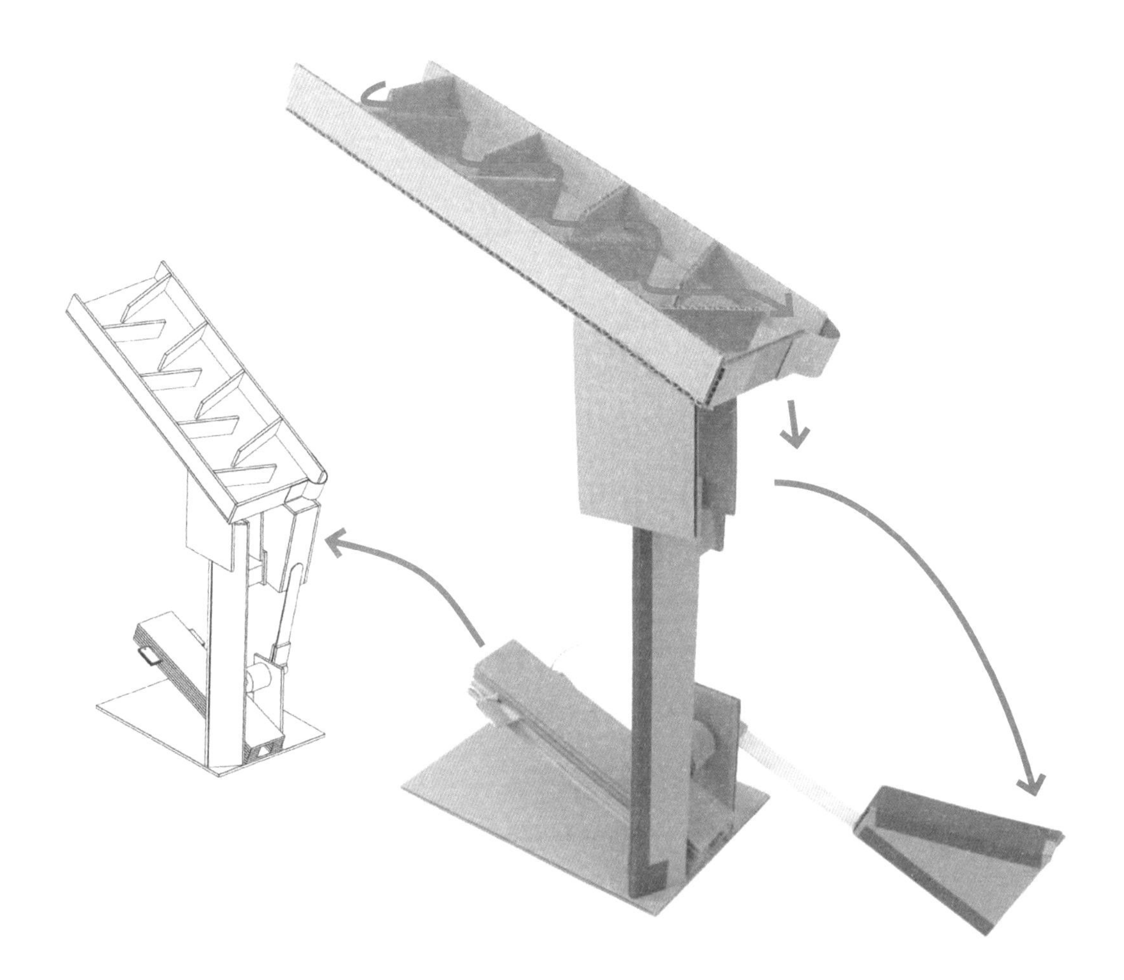

制作材料及工具

弹球发射管和发射机构

纸板：

4 个，1.3 厘米 ×2.5 厘米（A1、A2、A3、A4）

2 个，1.3 厘米 ×5 厘米（B1、B2）

8 个，1.3 厘米 ×20.3 厘米（C1、C2、C3、C4、C5、C6、C7、C8）

2 个，5 厘米 ×20.3 厘米（D1、D2）

其他：

1 根 15.2 厘米长的工艺棒（E）

1 根橡皮筋（未编号和展示）

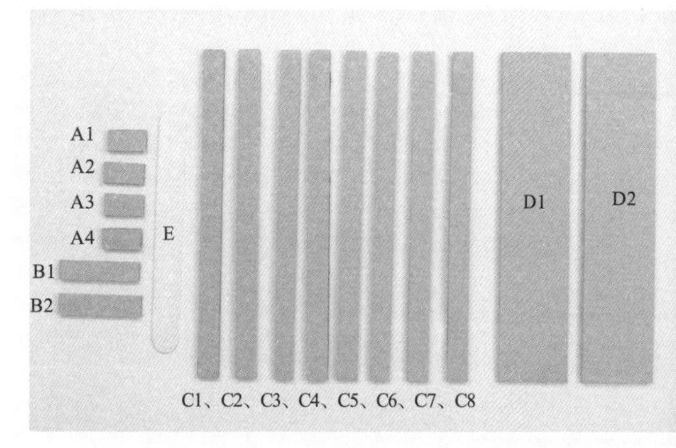

弹球发射器主体和触发线

纸板：

1 个，3.8 厘米 ×3.8 厘米（F）

（注：F 实际应为“弹球漏斗和弹球漏斗杠杆”中的材料）

1 个，15.2 厘米 ×23 厘米（G）

1 个，11.4 厘米 ×28 厘米，在纸板短边距一端 3.8 厘米和 7.6 厘米处分别做一个割痕，见本书第 14 页（H）

2 个，5 厘米 ×11.4 厘米（I1、I2）

2 个，7.6 厘米 ×11.4 厘米（J1、J2）

（注：J1 和 J2 实际应为“之字形坡道”中的材料）

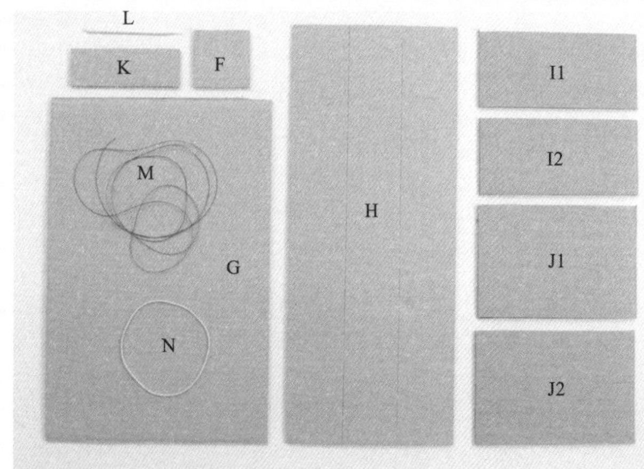

1 个，7.6 厘米 ×15.2 厘米（K）

（注：K 实际应为“弹球漏斗和弹球漏斗杠杆”中的材料）

其他：

1 根牙签或 7 厘米长的竹签（L）

1 根长 61 厘米的线（M）

1 根细橡皮筋（N）

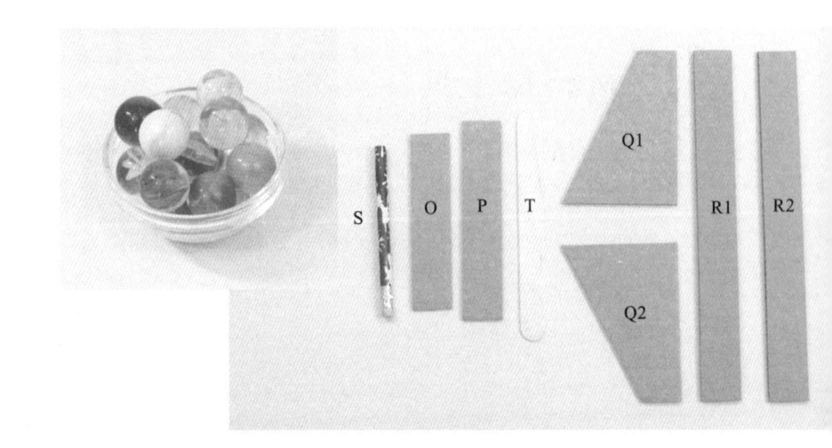

弹球漏斗和弹球漏斗杠杆

纸板：

1 个，2.5 厘米 ×11.4 厘米（O）

1 个，2.5 厘米 ×12.7 厘米（P）

2 个，7.6 厘米 ×10.2 厘米，且具有直角边边长分别为 5 厘米、7.6 厘米的三角形切角的纸板（Q1、Q2）

2 个，2.5 厘米 ×23 厘米（R1、R2）

（注：R1 和 R2 实际应为“弹球发射器主体和触发线”中的材料）

其他：

1 支切割成 11.4 厘米长的铅笔（S）

（注：S 实际应为“弹球发射器主体和触发线”中的材料）

1 根 15.2 厘米长的工艺棒（T）

弹球（未编号）

之字形坡道

纸板：

1 个，2.5 厘米 ×9 厘米（U）

1 个，2.5 厘米 ×10.2 厘米，类似麦片盒的薄纸板（V）

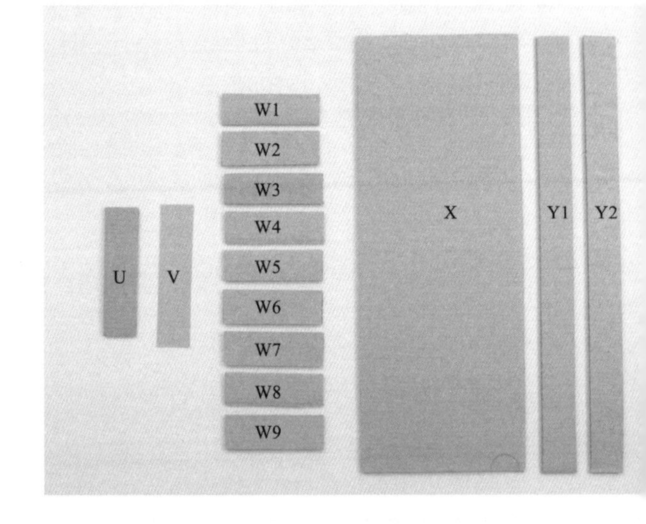

9 个，2.5 厘米 ×7.6 厘米（W1、W2、W3、W4、W5、W6、W7、W8、W9）

1 个，12.7 厘米 ×33 厘米（X）

2 个，2.5 厘米 ×33 厘米（Y1、Y2）

重要工具

热熔胶枪和热熔胶

锥子　　胶带

削尖的铅笔　　尺子

美工刀　　剪刀

制作弹球发射器

制作弹球发射管

1. 制作弹球发射管，弹球从此发射而出。将 A1、A2、A3、A4、C1、C2、C3、C4、D1 按图 a 所示的位置摆放。

2. 从外缘开始，向内将纸板粘在一起。其中两个小纸板作为垫片，我们也可以在里面放一根工艺棒。这是将弹球推出管道的装置（见图 b）。

3. 在垫片上粘上 C5、C6、C7、C8（见图 c）。

4. 顶端用 D2 覆盖（见图 d）。

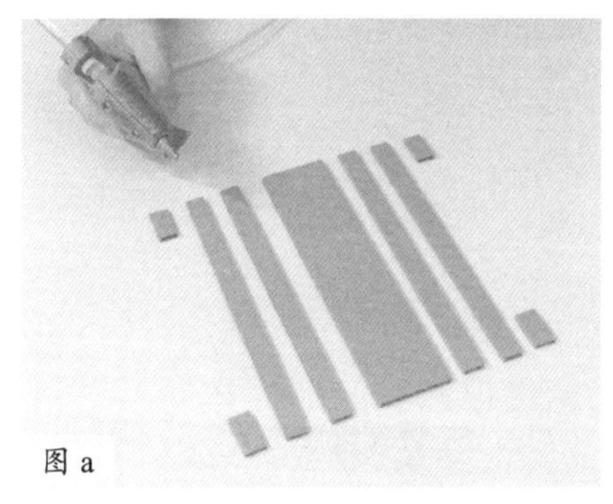

图 a

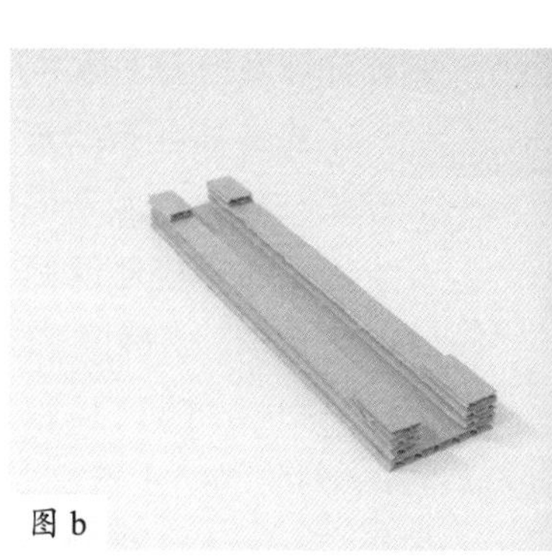

图 b

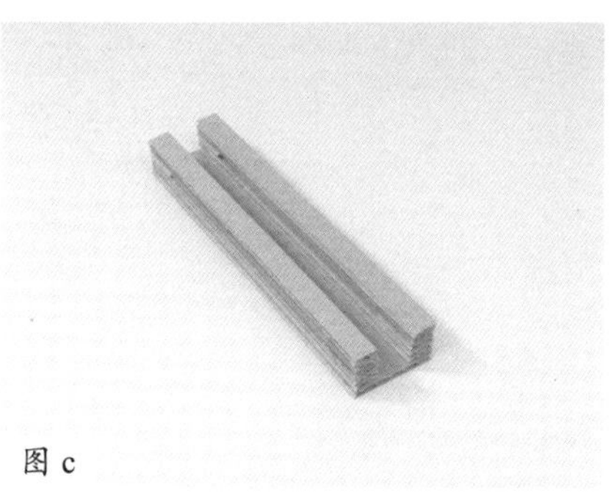

图 c

图 d

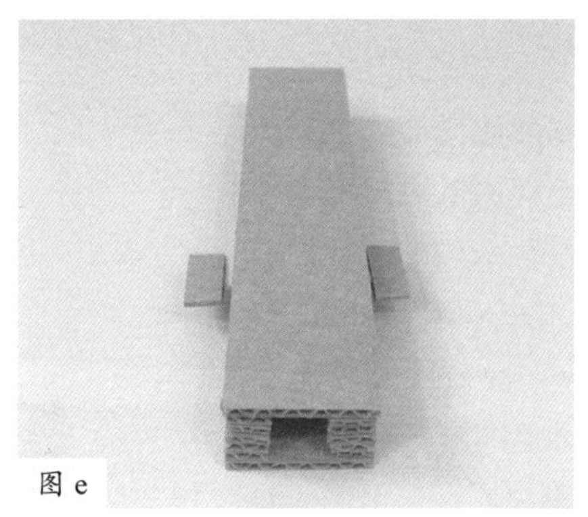

图 e

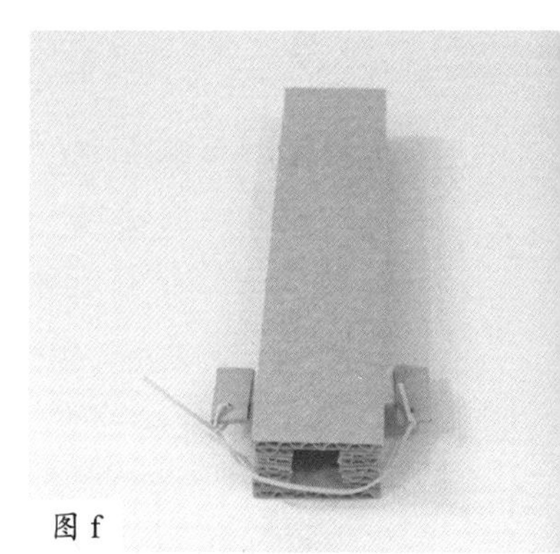

图 f

连接发射机构

1. 将工艺棒剪成 7.6 厘米长。把橡皮筋剪断，让它成为一根长橡皮筋。将工艺棒嵌入弹球发射管的缝隙。将 B1 和 B2 折叠后分别粘在弹球发射管的两侧（见图 e）。确保弹球发射管上没有胶水，因为该部分需要在缝隙中自由移动。

2. 用锥子在 B1 和 B2 上打一个孔，然后在孔中插入橡皮筋并打个结（见图 f）。橡皮筋需要足够紧，这样当装置处于静止状态时就不会出现松弛迹象。

制作弹球发射器主体

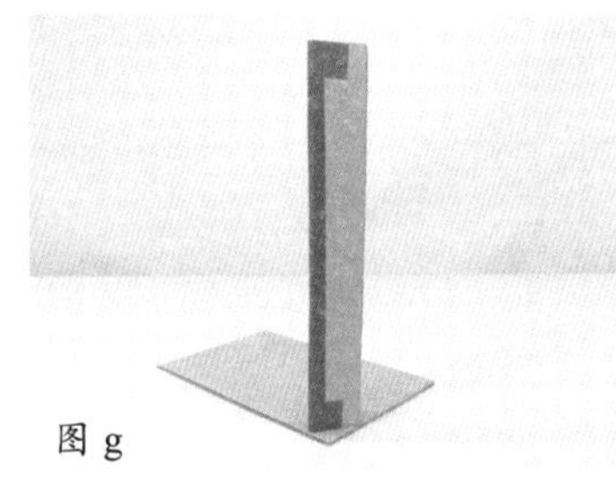
图 g

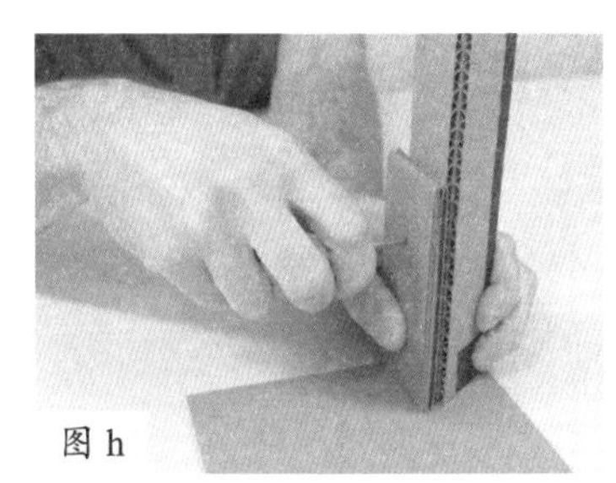
图 h

1. 将 H 按照折痕折叠，形成三棱柱管，用胶带固定。按图 g 所示将三棱柱管粘在底座（G）的远端，且确保平面朝内。

2. 用胶水把 I1 和 I2 粘在一起，在距顶端 3.8 厘米处的中间位置打一个孔。将此纸板置于三棱柱管旁边，并以此为参照，在三棱柱管的相同位置也打一个孔（见图 h）。

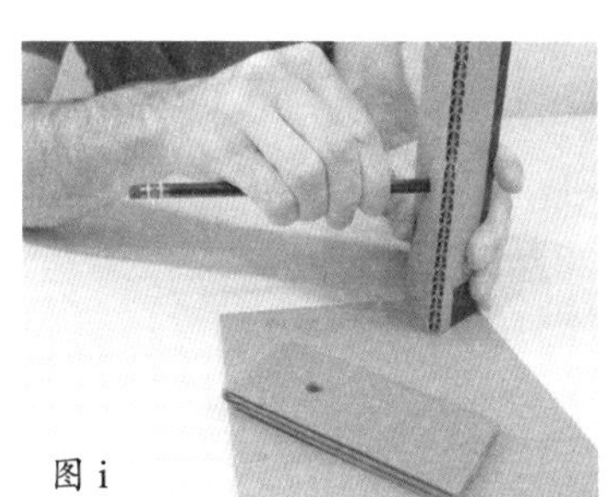
图 i

图 j

3. 用一支削尖的铅笔扩大孔径（见图 i）。孔需足够大，使铅笔可以在其中自由旋转。

4. 将弹球发射管夹在三棱柱管和 I 纸板之间。确保有橡皮筋端的位置如图 j 所示。弹球发射管需向上抬起，这样可形成良好的弹出轨迹。向上抬起的角度越小，弹球弹出的距离越远。向上抬起的角度越大，弹球弹出的高度越高。把弹球发射管粘在三棱柱管上，将 I 粘在弹球发射管和底座上，用削尖的铅笔确保各部分对齐。

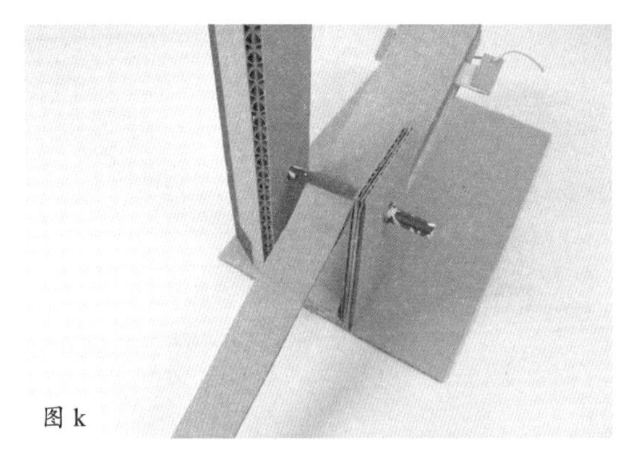
图 k

5. 取出削尖的铅笔，插入修剪好长度的短铅笔。用胶带将 R1 固定在铅笔上。握住 R1 末端旋转铅笔，将 R1 慢慢缠绕在铅笔周围（见图 k）。

6. 当 R1 缠绕完毕后，再将 R2 继续缠绕在铅笔周围。你要在铅笔周围创造一个圆柱体，其直径至少为 2.5 厘米（见图 *l*）。

图 *l*

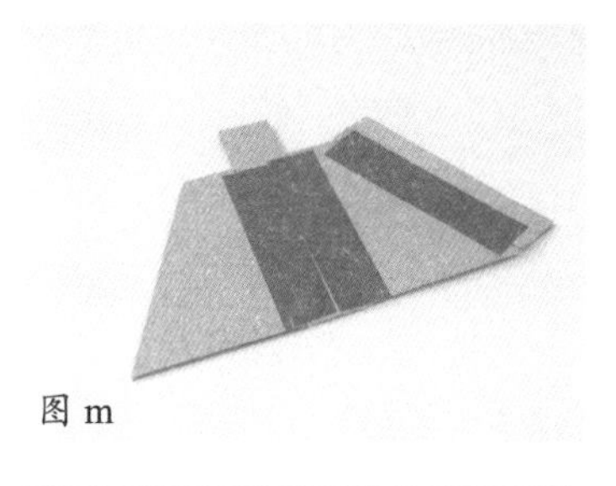
图 m

图 n

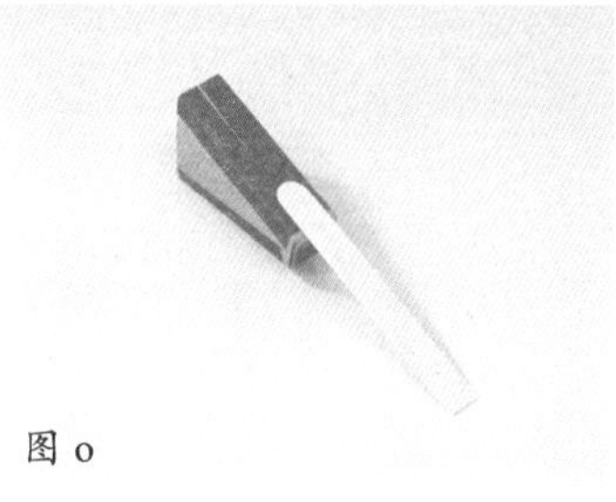
图 o

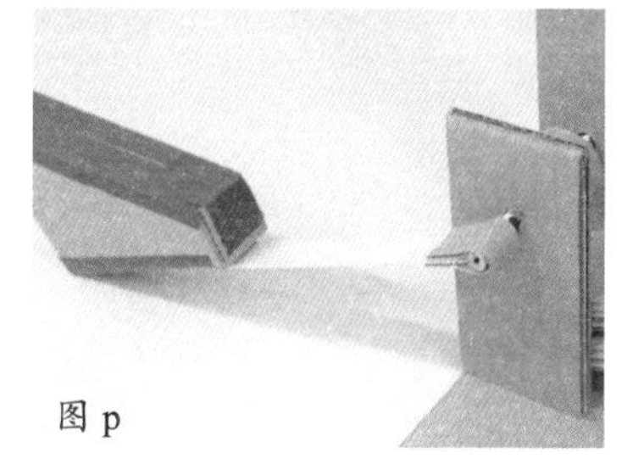
图 p

图 q

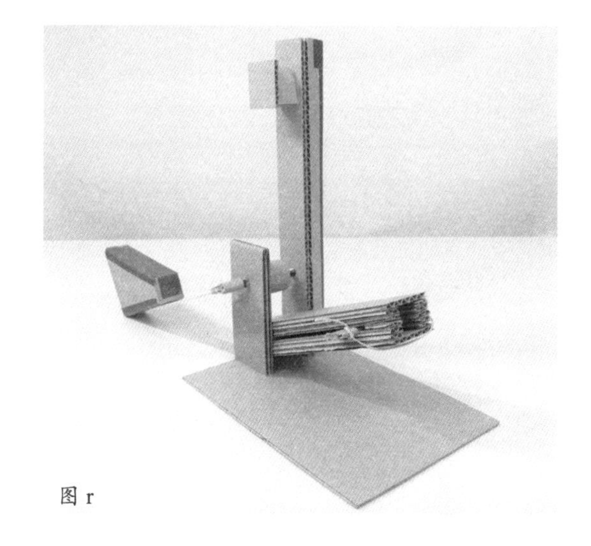
图 r

制作弹球漏斗和弹球漏斗杠杆

1. 按图 m 所示将 P、O、Q1、Q2 摆放在一起，当其相对位置正确时，可以将它们粘在一起，然后折起来，形成弹球漏斗。

2. 用胶带把弹球漏斗上面封口（见图 n）。其外形不一定要看起来完美无缺。它只需要能承载一些弹球及一根工艺棒。

3. 将工艺棒一端的半圆剪下，然后将工艺棒另一端粘在弹球漏斗不倾斜的平坦边缘上，形成弹球漏斗杠杆（见图 o）。如果你像我一样，使用胶带固定，可能会意识到热熔胶往往不能很好地粘在光滑的胶带上。你可以把热熔胶涂得很厚，也可以在涂完之后再用胶带粘起来。两者都可以达到目的。

4. 将弹球漏斗杠杆粘在铅笔上。一定注意不要让弹球漏斗杠杆离孔洞过近，否则会卡住。它应该能自由旋转。连接时，你可以在连接工艺棒和铅笔结构的周围粘贴一小块折叠的纸板，以增强牢固性（见图 p）。

5. 将 K 弯成 U 形，粘贴到 F 上（见图 q）。

6. 将 U 形组件粘贴在距离塔顶约 2.5 厘米处。确保 U 形结构的开口朝下（见图 r）。

制作之字形坡道

1. 将 Y1 和 Y2 粘在 X 的两侧，在 X 的右下角剪出一个直径大约为 2.5 厘米的半圆，制成坡道大体的形状（见图 s）。

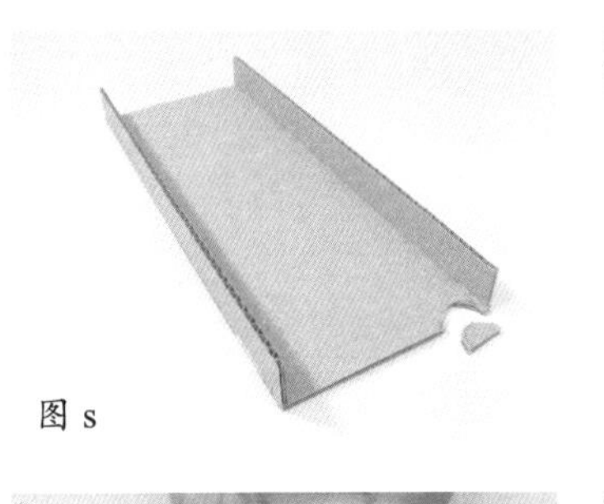
图 s

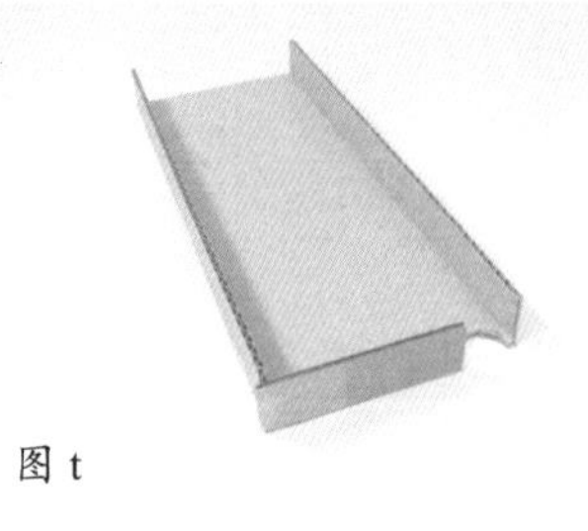
图 t

2. 将 U 粘贴在坡道底部，留出半圆的部分（见图 t）。

3. 用 V 做成一个半圆，使其与坡道半圆缺口结合形成一个正圆，用热熔胶固定。从底部半圆缺口的对边开始，将 W1 以一个小角度粘贴。这里的目标是交替使用 W 纸板来创建一个之字形坡道使弹球滚下来（见图 u）。这能使弹球减速，也会使坡道更美观。

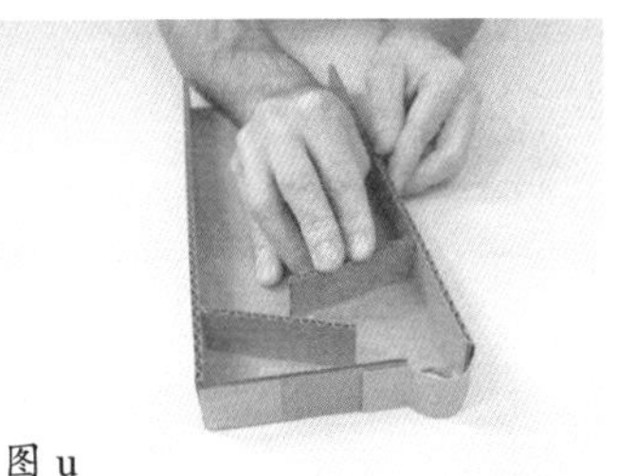
图 u

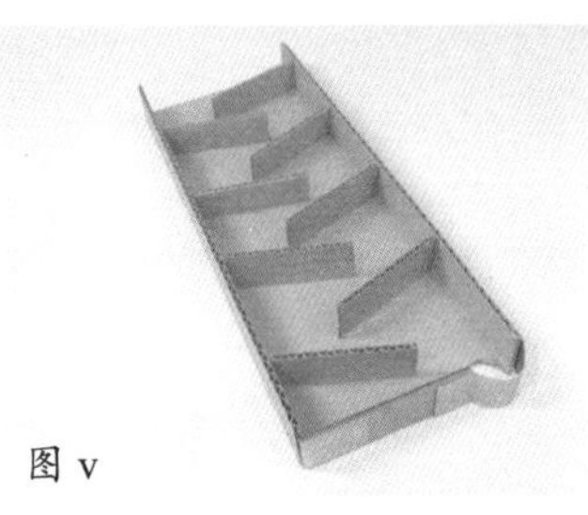
图 v

4. 如此交替粘贴 W 纸板直至坡道顶部。这里唯一的要求是将纸板向中间倾斜，并确保每两个的间隙可以让弹球轻松通过（见图 v）。如果间隙过小，可以用剪刀修剪，这不是什么大问题。

5. 取 J1 和 J2，并在距一边顶部 2.5 厘米处以固定的角度各切下一角。将其中一个粘贴在倒置 U 形组件的上方，确保倾斜面远离弹球发射管。将另一个粘在另一边的同一位置。用尺子确保两个纸板是对齐的（见图 w）。这很重要。如果两个纸板偏离了太多，曲折的坡道会过于向一边倾斜，弹球就可能会被卡住。你可以修剪或添加垫片，但如果你有耐心，第一次就获得成功也是很容易的。

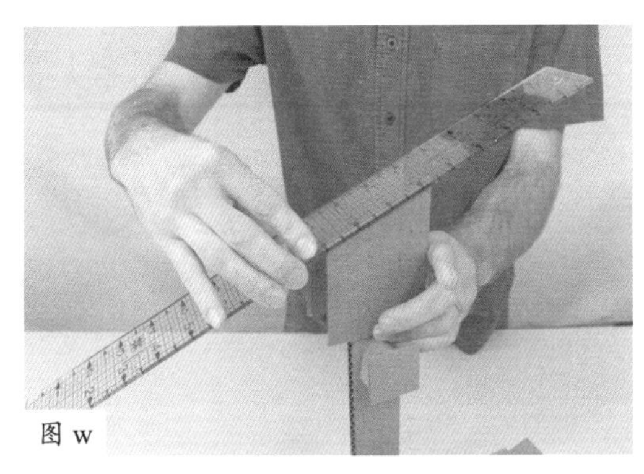
图 w

6. 举起弹球漏斗杠杆，使它有一个小角度。把之字形坡道放在上面，将坡道底端的圆洞与弹球漏斗底端对齐（见图 x）。用热熔胶粘住，在胶水冷却前再次检查位置。

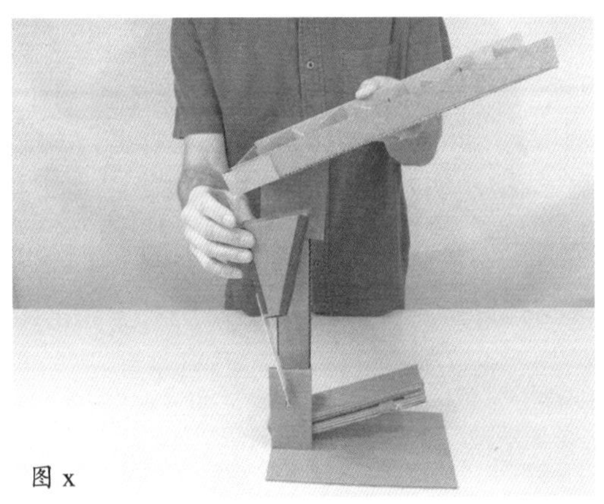
图 x

制作触发线

图 y

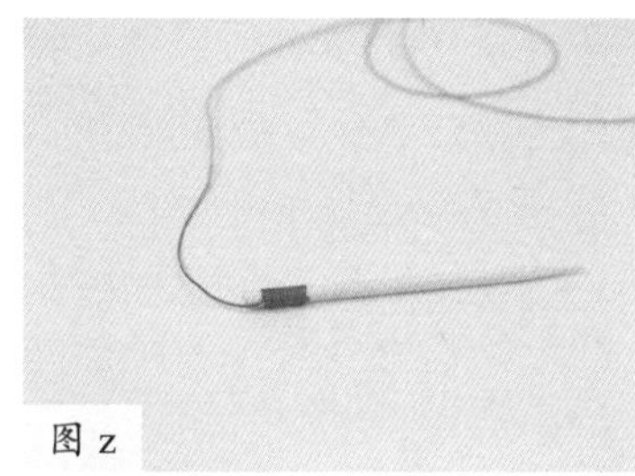
图 z

1. 把弹球发射管拉回原位。用锥子在工艺棒边缘的前面打一个孔，穿过弹球发射管的底部。然后用削尖的铅笔扩大孔径，以使竹签可以穿过（见图 y）。

2. 将一根 61 厘米长的线系在竹签的末端。（见图 z）。

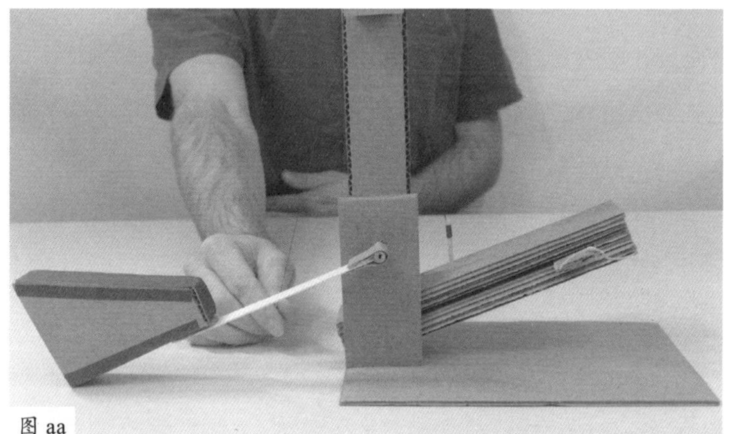
图 aa

3. 把竹签插入孔内。应使竹签很容易就能被拔出。否则，小心地转动竹签以扩大孔径。把线绕在 U 形组件上，并拉到另一边（见图 aa）。

4. 将弹球漏斗提起来，使它与之字形坡道上的洞对齐。你可能需要一个帮手。将弹球漏斗位置摆好，将竹签推入弹球发射管的孔内，将线末端绕在铅笔的圆筒上，在圆筒上缠上一段胶带固定绳子（见图 bb）。

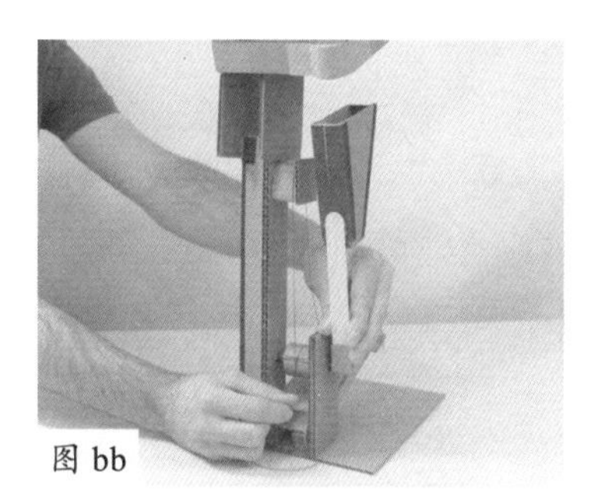
图 bb

图 cc

5. 从侧面和顶部看应该分别如图 cc 和图 dd 所示。

图 dd

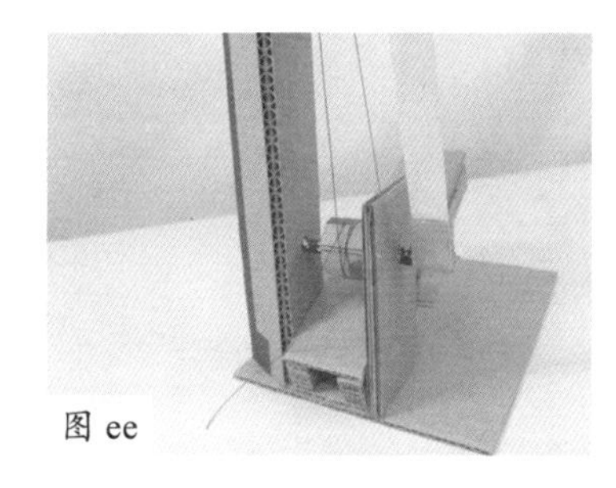
图 ee

6. 再次检查以确保所有部件都在正确的位置（线有可能从胶带中滑出）。添加更多的胶带或热熔胶，以确保线的位置完全固定（见图 ee）。

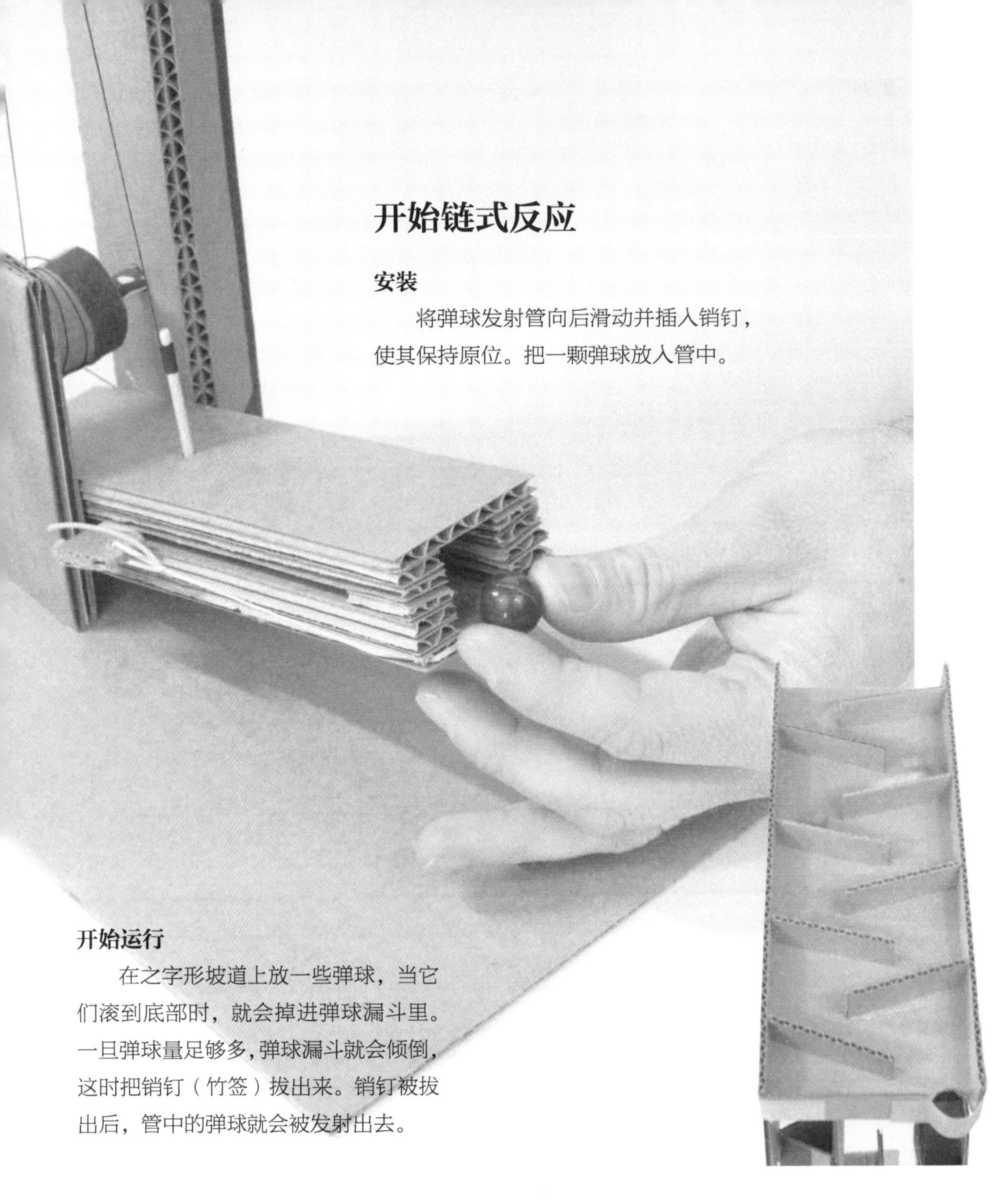

开始链式反应

安装

将弹球发射管向后滑动并插入销钉，使其保持原位。把一颗弹球放入管中。

开始运行

在之字形坡道上放一些弹球，当它们滚到底部时，就会掉进弹球漏斗里。一旦弹球量足够多，弹球漏斗就会倾倒，这时把销钉（竹签）拔出来。销钉被拔出后，管中的弹球就会被发射出去。

故障排除

如果橡皮筋挡住了弹球的路，可以用胶带把它固定住，确保它不会上升即可（见图 a）。

如果弹球卡在了之字形坡道的一边，那很可能是装置不平衡造成的。如果装置无法正常运行，你可以在整个装置的底座下添加垫片，以保持装置平衡（见图 b）。

如果弹球落在桌子上而不是进入弹球漏斗，你可以尝试通过以下几种方法来改善。第一种方法是挤压弹球漏斗，让它变宽（见图 c）。或者你可以做一个尺寸更大的弹球漏斗。你也可以在之字形坡道的出口处增加一个短管，这将有助于引导弹球进入弹球漏斗。但要确保其长度足够短，这样在弹球落下时就不会影响弹球漏斗的平衡。

如果弹球漏斗倾倒，但没有拉动销钉，你可能需要调整所有地方，但它仍然可能无法工作。解决的办法是松开线，再加一个纸板，使三棱柱管变大（见图 d）。你将需要更多的弹球（更大的质量）来降低坡道，但是更大的圆筒就能拉动更长的线，所以你更有可能拉动销钉，将弹球发射出去。

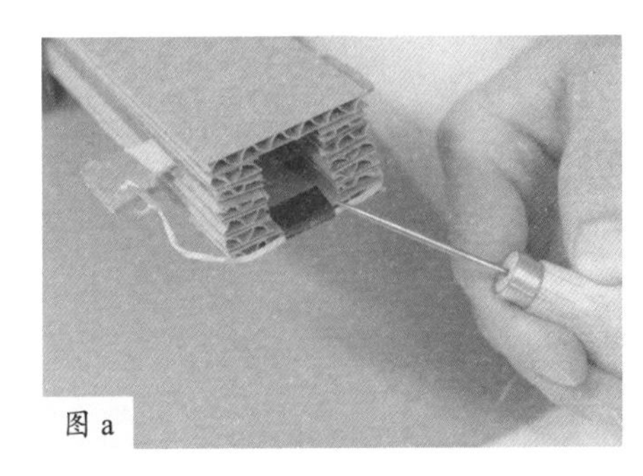

图 a

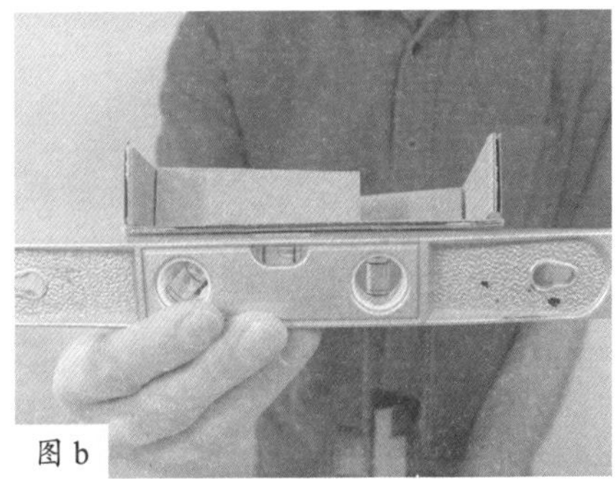

图 b

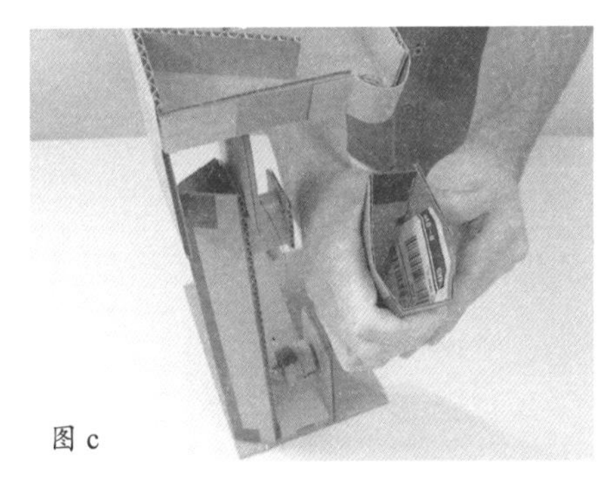

图 c

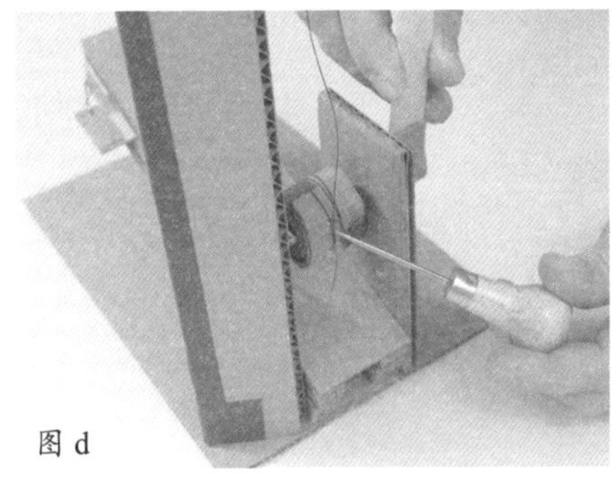

图 d

工程诀窍

弹球发射管向上抬起的角度可以改变弹球的运动轨迹（在空气中的飞行路径）。如果向上抬起的角度很大，弹球射出的距离就不会更远，但会弹得很高。如果弹球发射管平放，弹球就不会飞向空中，但是会弹得更远。

发音器

对于这个小物件发出的声音，我把它称作广义上的“音乐”。它就像是木琴的声音和装满银器的抽屉掉落时发出的声音的混合体一样。不过，这仍然很有趣。

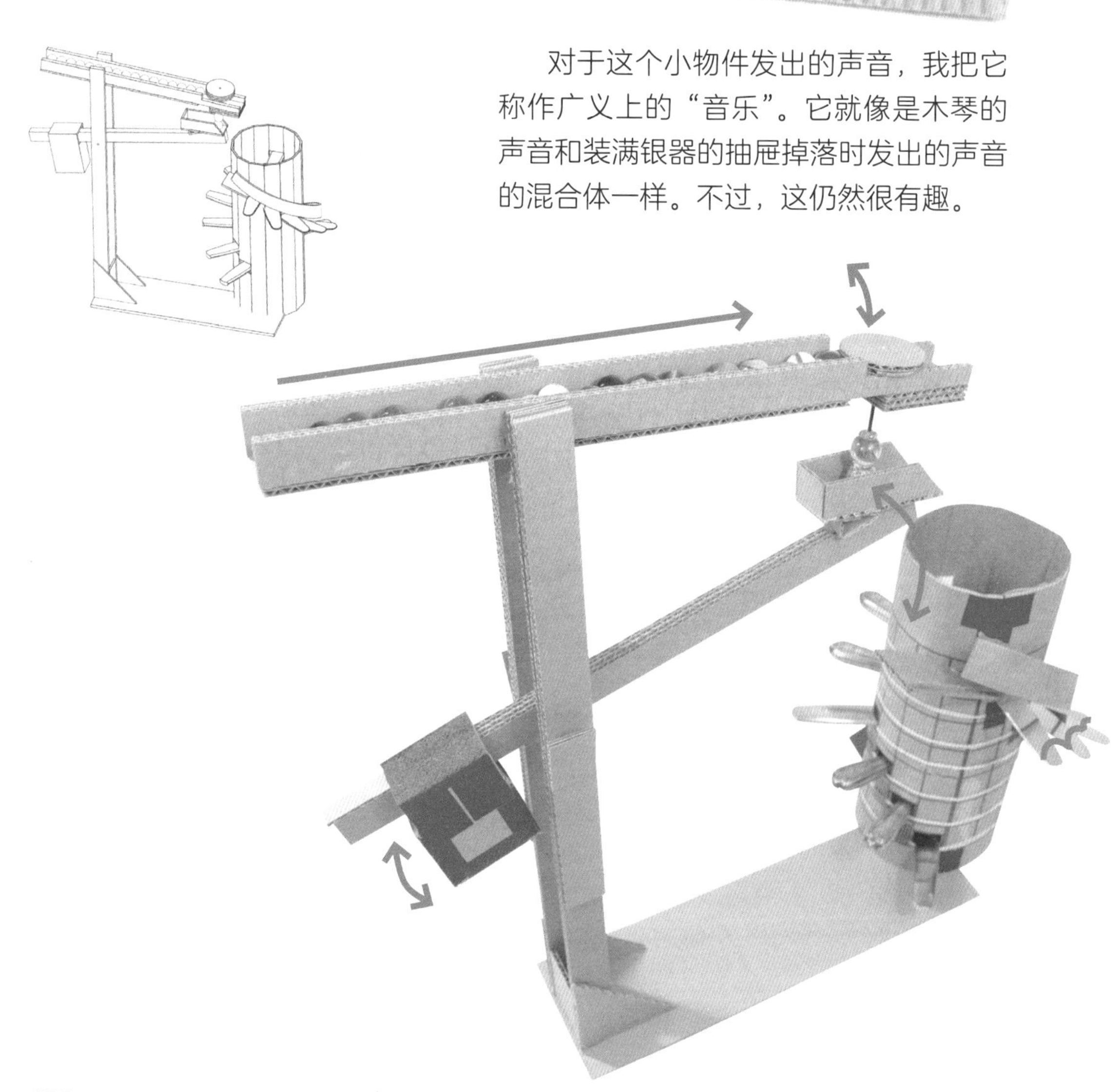

制作材料及工具

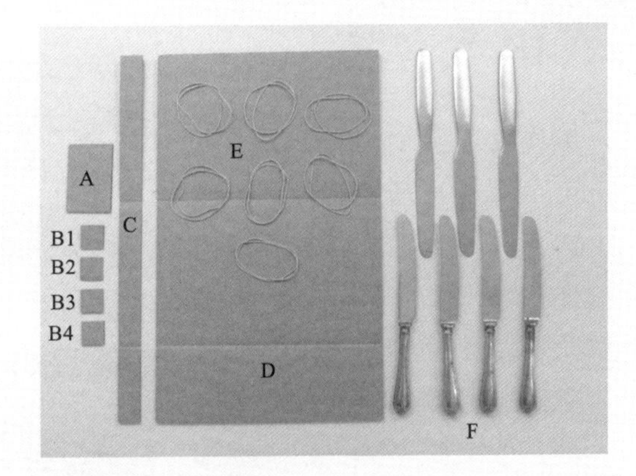

发音器和发音刀具

纸板：

1 个，5 厘米 ×7.6 厘米（A）

4 个，2.5 厘米 ×2.5 厘米（B1、B2、B3、B4）

1 个，2.5 厘米 ×40.6 厘米（C）

1 个，28 厘米 ×40.6 厘米（D）

其他：

14 根橡皮筋（E）

7 把黄油刀，如果你有各种各样的刀具，那就更好了，你会听到更有趣的声音（F）

弹球装置、弹球槽和轨道等

纸板：

4 个，2.5 厘米 ×45.7 厘米（G1、G2、G3、G4）

1 个，7.6 厘米 ×7.6 厘米，沿对角线切割，得到 2 个三角形（H）

2 个，2.5 厘米 ×30.5 厘米（I1、I2）

5 个，3.8 厘米 ×5 厘米（J1、J2、J3、J4、J5）

2 个，2.5 厘米 ×3.8 厘米（K1、K2）

2 个，直径为 5 厘米的圆（L1、L2）

1 个，10.2 厘米 ×33 厘米（M）

4 个，1.8 厘米 ×35.6 厘米（N1、N2、N3、N4）

1 个，1.8 厘米 ×2.5 厘米（O）

2 个，1.8 厘米 ×7.6 厘米（P1、P2）

1 个，3.1 厘米 ×7.6 厘米（Q）

1 个，3.8 厘米 ×26.7 厘米（R）

4 个，1.8 厘米 ×35.6 厘米，一端有一个尺寸为 1 厘米 ×7.6 厘米的切口（S1、S2、S3、S4）

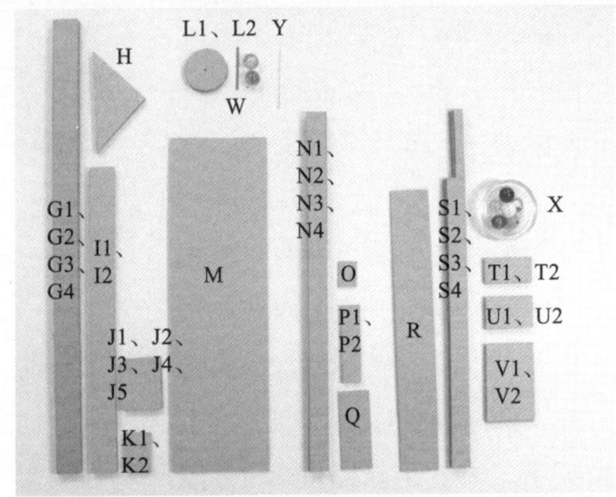

2 个，2.5 厘米 ×5 厘米（T1、T2）

2 个，3.1 厘米 ×5 厘米（U1、U2）

2 个，5 厘米 ×7.6 厘米（V1、V2）

其他：

一段长 5 厘米的电线（W）

若干弹球（X）

1 根牙签（Y）

主要工具

铅笔　　尺子　　美工刀

热熔胶枪和热熔胶

胶带　　锥子

制作发音器

制作发音器

1. 从D开始，在距长边的上边缘5厘米的位置画一条横线。然后每隔2.5厘米画一条横线，直到画满8条为止。在距左侧2.5厘米处画一条竖线，按照此方式一直至画满14条竖线。从左上角的单元格开始，在单元格的下半部分涂上1.3厘米高的阴影。它有助于标记，使你知道随后会剪掉哪些东西。沿着对角线继续涂上阴影，直至底部。然后回到顶部，向右数7个单元格，做同样的标记，但这次所画单元格的阴影高度为1.8厘米。沿着对角线一直画，直至涂到最后一行（见图a）。

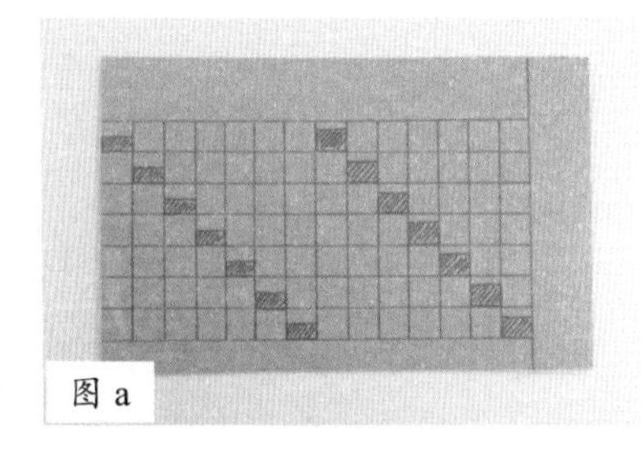
图 a

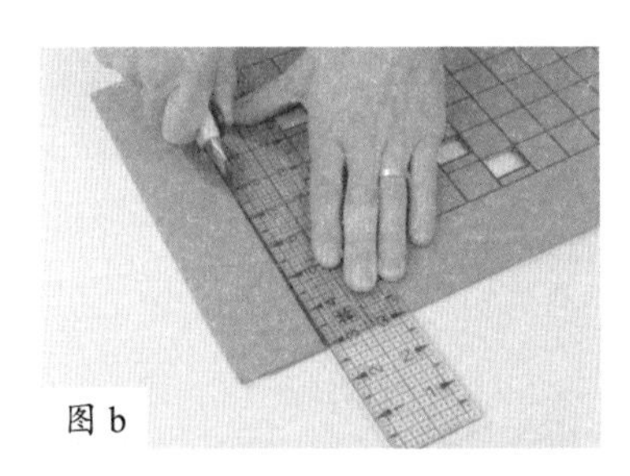
图 b

2. 用一把美工刀和尺子，沿着纸板边缘5厘米的线切割（见图b）。如果你不小心切割过度，后果也不严重。

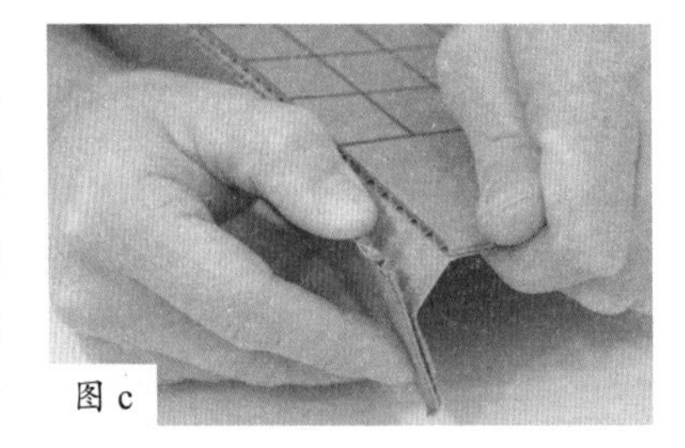
图 c

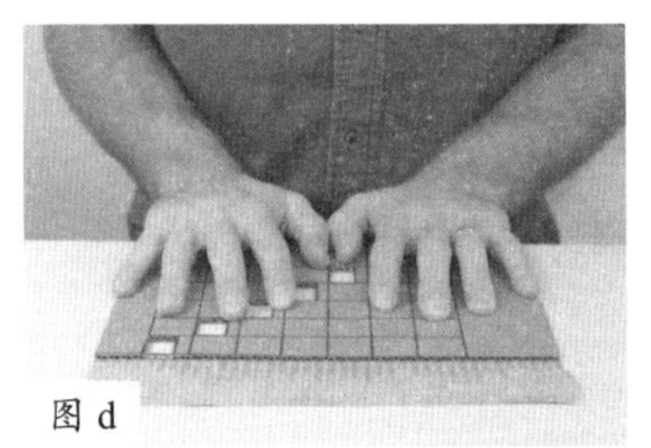
图 d

3. 仔细地剥离D的表层和瓦楞，小心保留底层（见图c和图d）。我们将把少量热熔胶涂在底层上。

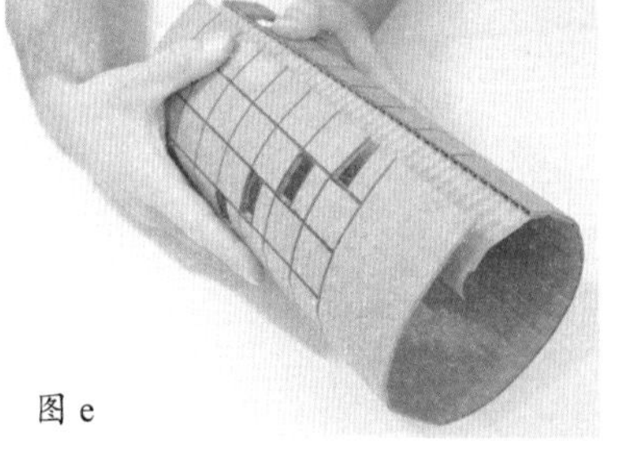
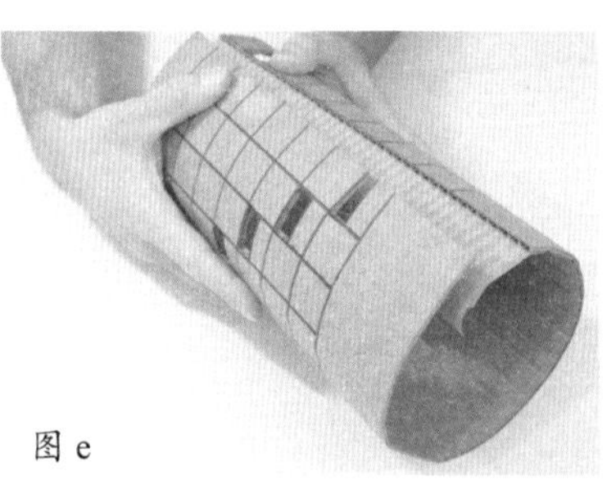
图 e

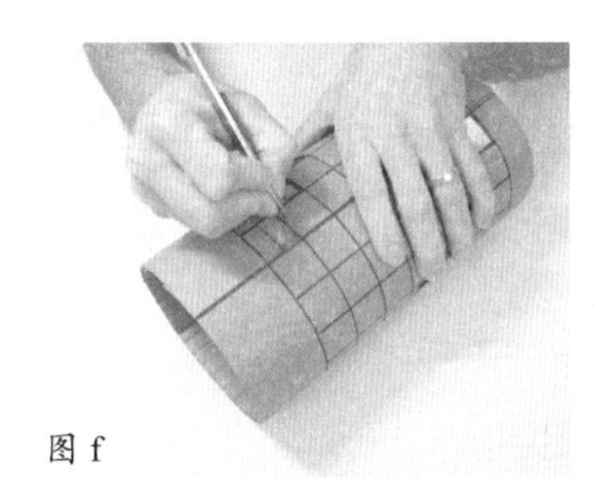
图 f

4. 现在我们只有一个扁平的纸板，我们需要把它做成一个圆柱体。从一边开始，小心地把纸板压在桌子上滚动。每隔1.3厘米就进行如上的操作，直到将整个纸板卷起。

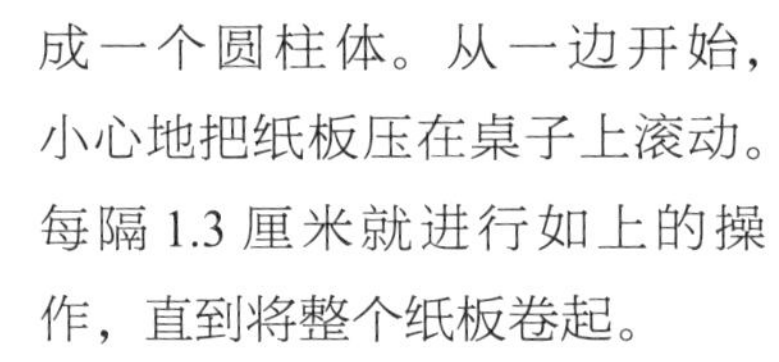

5. 现在你已经获得一个漂亮的圆柱体。将热熔胶涂在你撕下表层后的薄板上，使圆筒永久固定（见图e）。

6. 你会注意到两个切口现在被填补上了，重新切割开这些部分（见图f）。（接下页）

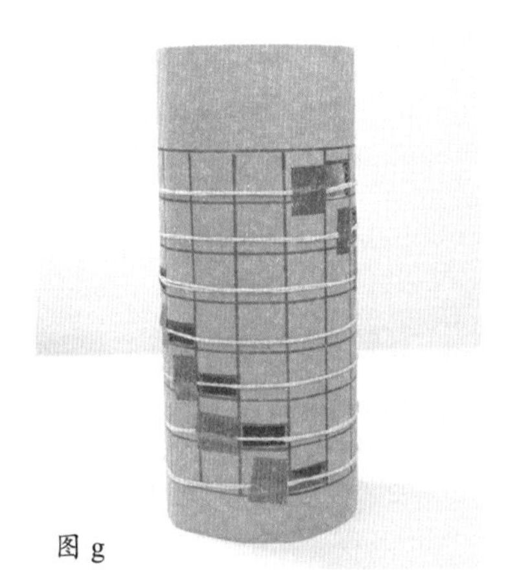
图 g

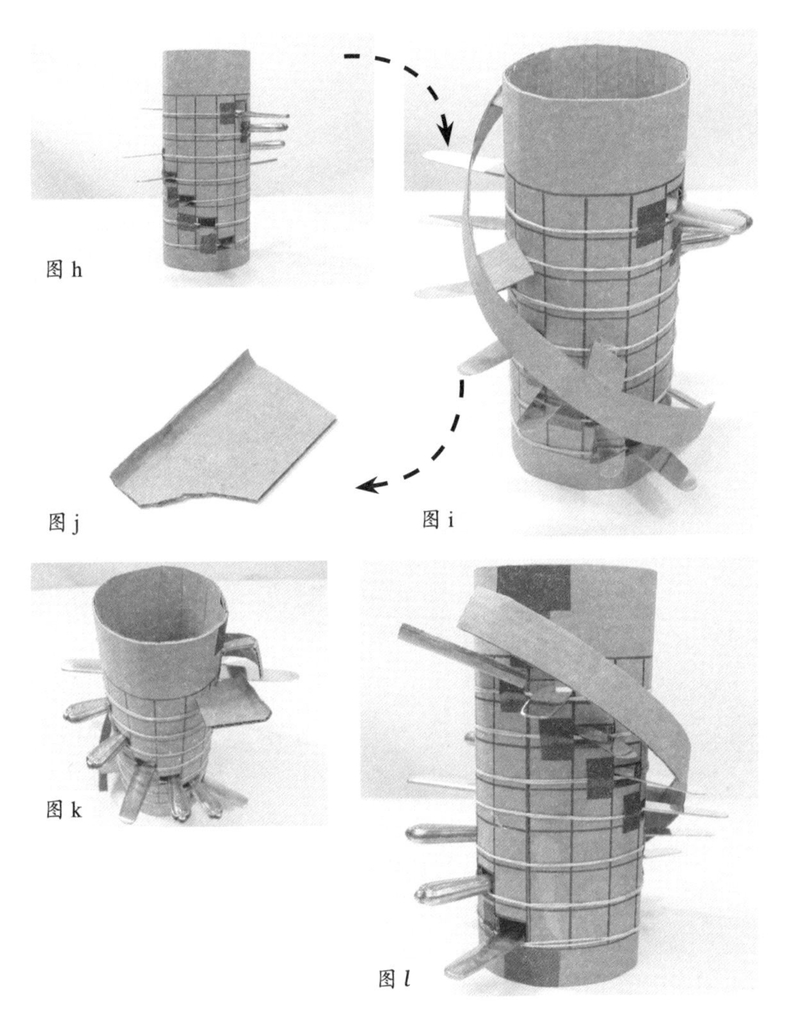
图 h

图 j

图 i

图 k

图 *l*

添加发出声音的刀具

1. 将所有刀具都插入切口(小心操作，注意安全)。1.3 厘米的切口部分用于放置刀刃，1.8 厘米的切口部分用于放置刀柄。我们的目标是让刀具只停留在橡皮筋上，不接触纸板。你可以调整橡皮筋的位置，调整好后再次用胶带固定橡皮筋（见图 h）。

2. 这些刀将作为弹球的"螺旋楼梯"。我们还需要设置一个栏杆，这样弹球就不会从边缘飞出。轻轻弯曲 C，使其具有一定的弧度，并用 B1、B2、B3、B4 将其连接到发音器圆筒上（见图 i）。小心别让纸板碰到刀，否则会削弱它们发出的声音。

3. 在 A 上剪出 1/4 圆形的部分，这样剩余部分就与发音器圆筒的弧度大致匹配了。将 A 剩余部分的外边缘弯曲（见图 j）。

4. 把 A 粘到发音器圆筒上，注意置于第一把刀之上。这将作为斜坡，让弹球从此处滚动到刀上（见图 k 和图 *l*）。

（接上页）7. 在每一行的两个切口处放置两根橡皮筋，共 14 根橡皮筋。试着把橡皮筋放置在 1.3 厘米切口的中间位置和 1.8 厘米切口靠近底端的位置，用一小段胶带固定住橡皮筋，但如果需要，稍后我们可以随时进行调整（见图 g）。

制作弹球杠杆机构

1. 将 G1、G2、G3、G4 两两粘在一起，作为两个立柱（见图 m）。

2. 将立柱粘在底座（M）的边缘，两立柱间加入垫片 J1 和 J2。添加 H 提供额外的支撑（见图 n）。

3. 将 I1 和 I2 添加到立柱顶部，使其具有一定的厚度（见图 o）。

4. 把 N1、N2、N3、N4 粘在一起作为弹球杠杆（见图 p）。

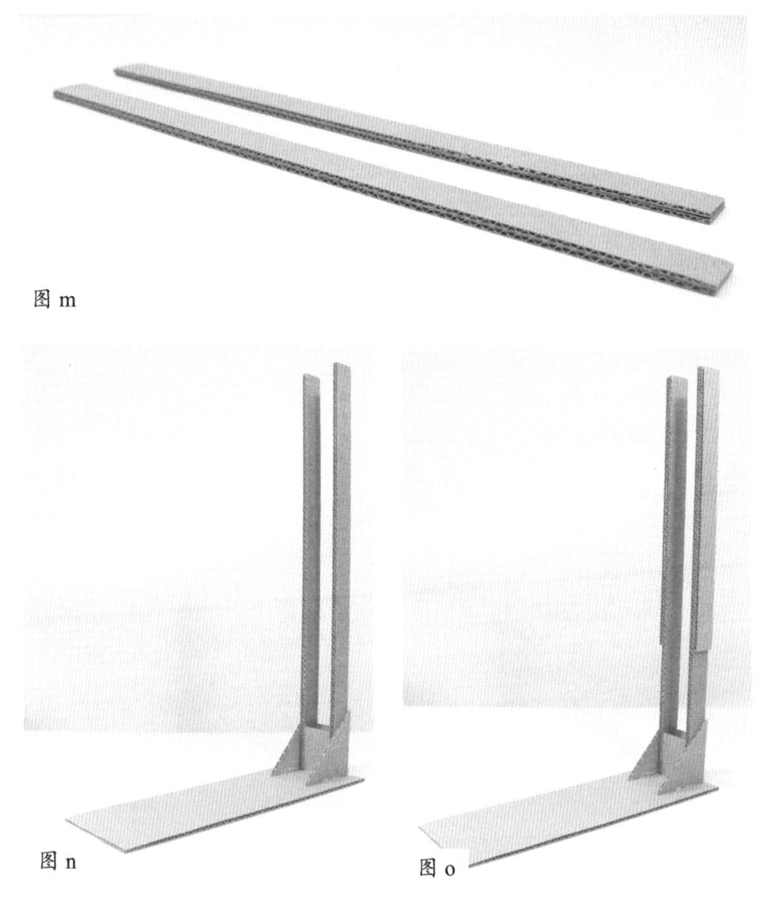

图 m

图 n

图 o

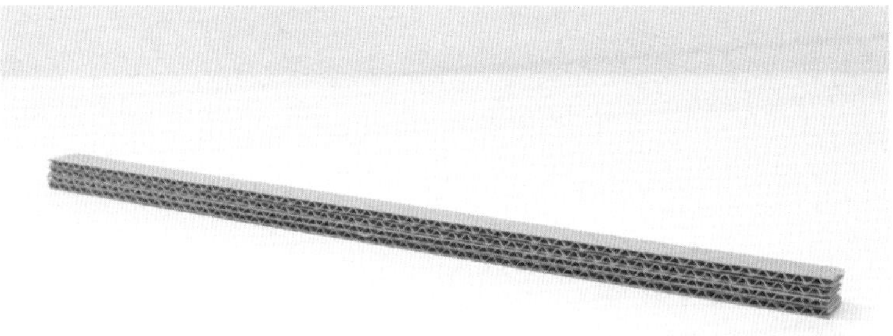

图 p

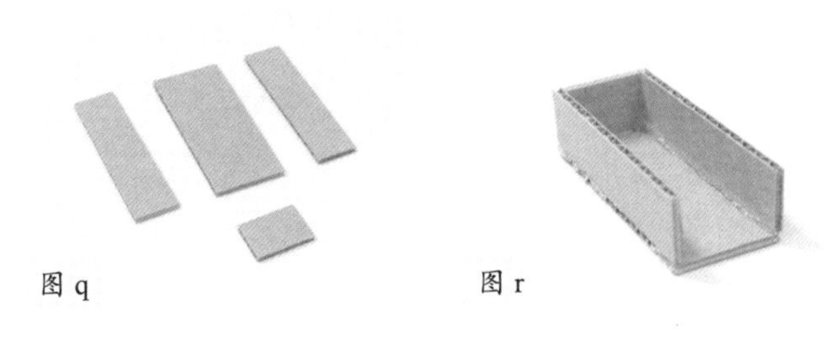

图 q　　图 r

图 s

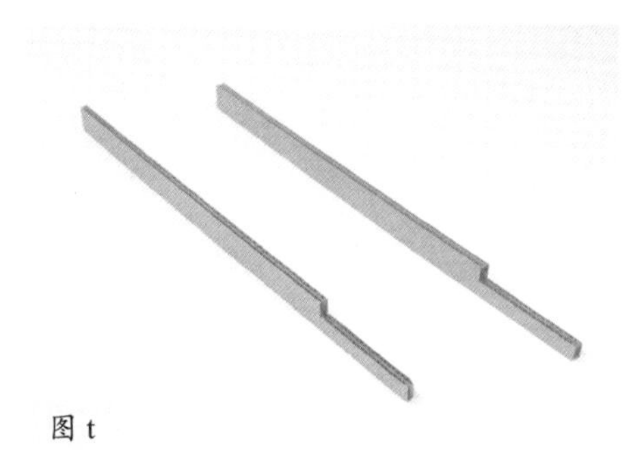

图 t

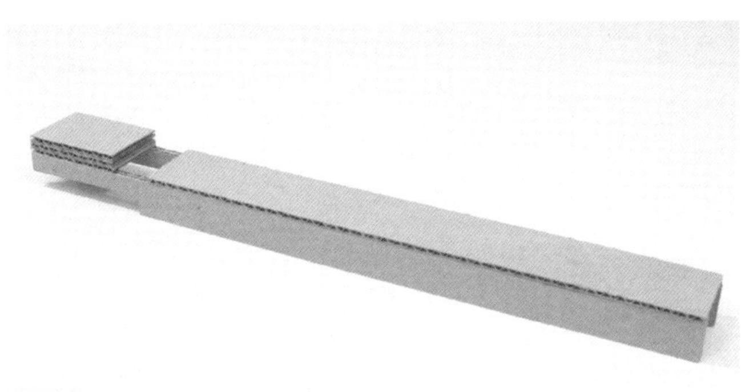

图 u

制作弹球槽和轨道

1. 将 O、P1、P2、Q 如图 q 所示摆放好，用来制作一个弹球槽（见图 r）。

2. 这个弹球槽将连接到弹球杠杆上，并使弹球落到发音器圆筒上。

3. 把弹球槽前面的角切下来，然后将其固定在弹球杠杆的一端。不要把它粘平，把弹球槽前端底部的边缘粘到弹球杠杆的边缘上就行了。在弹球槽后端边缘和杠杆之间留一个 1.3 厘米左右的空隙。用锥子在距杠杆另一端 12.7 厘米处打一个孔（见图 s）。

4. 将 S1 粘到 S2 上，将 S3 粘到 S4 上，形成一对轨道（见图 t）。

5. 把 R 粘在轨道的底部。要注意的是，轨道上的切口在另一侧。将 J3、J4 和 J5 粘在一起，并将其粘到轨道上（见图 u）。试着把热熔胶涂在 R 的长边上。在短边附近打一个孔，用于后面插入导线，如果这些层之间有热熔胶，将很难使导线自由移动。故要等热熔胶干了后，在距最接近轨道开口的边缘 3 毫米处打一个孔。

制作弹球释放机制

1. 取出圆纸板 L1 并将其置于轨道的短端。轨道底面与侧面形成的豁口和 L1 之间的距离应小于弹球的直径，接近弹球直径的一半。在 L1 圆心处打孔。孔应该足够大，可以使导线平稳地上下移动（见图 v）。对 L2 重复同样的操作。

2. 把 L1 和 L2 两个圆纸板粘在一起，确保两孔对齐。将其与 5 厘米长的导线 W 粘在一起，确保导线垂直于圆平面（见图 w）。否则，以后可能会出现问题。

3. 把导线另一端插入轨道上的孔，把两个弹球粘在导线的底部（见图 x）。如果热熔胶不足以将弹球粘牢，可以再添加胶带。确保你不会把弹球粘在轨道上。因为弹球需要能够上下自由移动，但是在热熔胶冷却前不要上下活动弹球。

4. 将轨道粘在立柱的顶部，使其形成一个小角度，确保轨道方向与图 y 和图 z 一致。

5. 在距轨道顶端 17.8 厘米处的立柱上打一个孔。这个孔应足够大，以便牙签可以在里面自由旋转。（接下页）

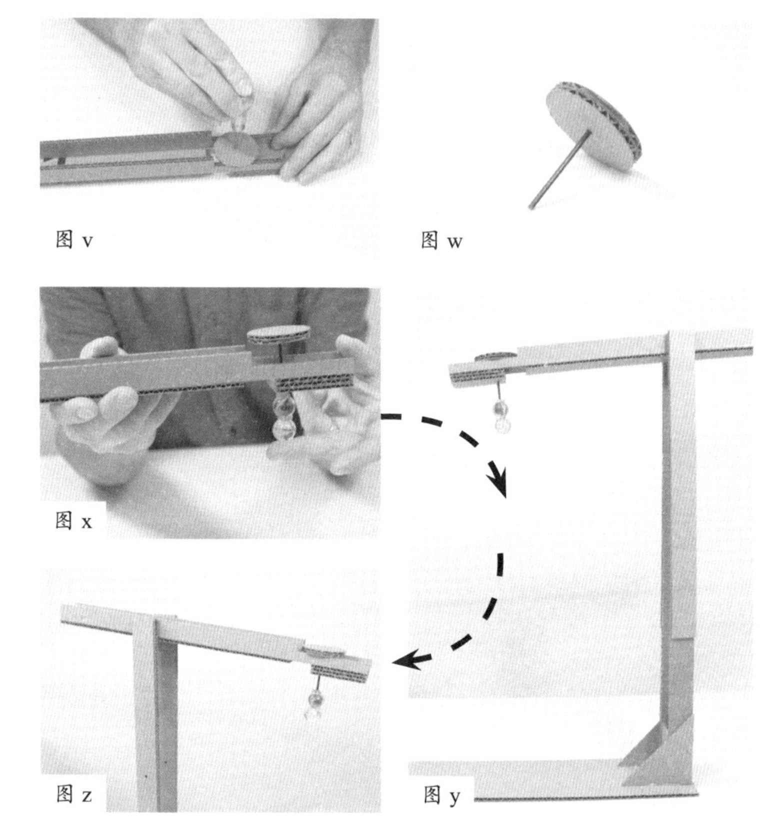

图 v　图 w　图 x　图 z　图 y

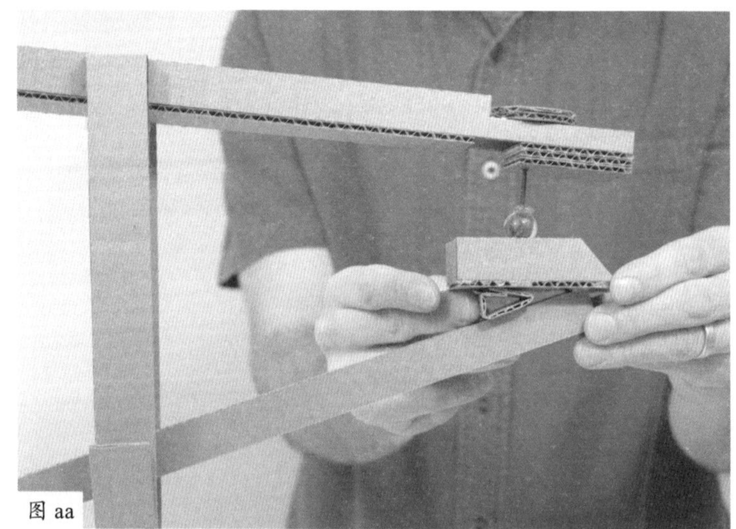

图 aa

图 bb

图 cc

图 dd

制作弹球秤砣

1. 按图 bb 所示摆放好 T1、T2、U1、U2、V1、V2，用来制作弹球秤砣（见图 bb）。先用胶带将它们粘在一起，然后折叠起来。

2. 一旦将上述结构折叠完成，用更多胶带将其粘牢（见图 cc）。

3. 如果没有重物，秤砣就没法使用，所以往里面加一些弹球来增加质量。我加了 6 颗弹球，但你的情况可能与我的有些差别（见图 dd）。

4. 秤砣应该能够滑动到弹球杠杆的末端，但与杠杆应该是紧密连接的（见图 ee）。

5. 如果感觉秤砣很容易滑动，你可以用热熔胶在杠杆上粘一个垫片（见图 ff）。

图 ee

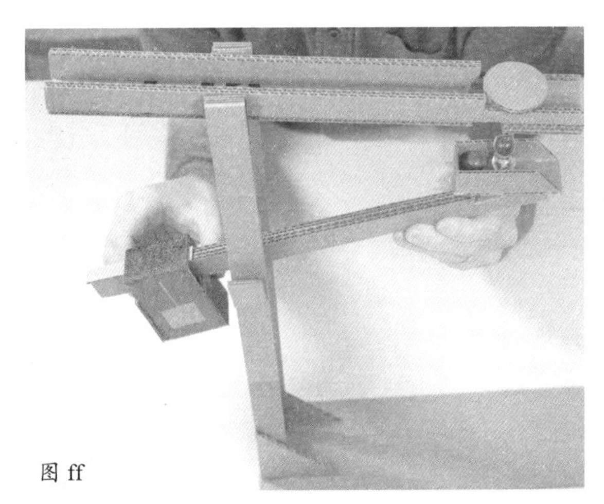

图 ff

（接上页）6. 用牙签将弹球杠杆固定在立柱上，在弹球杠杆和牙签上涂一点热熔胶，但不要将热熔胶涂到立柱上。用 K1 和 K2 覆盖牙签的两端，这样牙签仍然可以自由旋转，但不会滑出。把弹球槽提起来，直到刚好碰到弹球杠杆的底部。用纸板碎片垫在弹球槽下面，使其水平，并用热熔胶粘牢（见图 aa）。

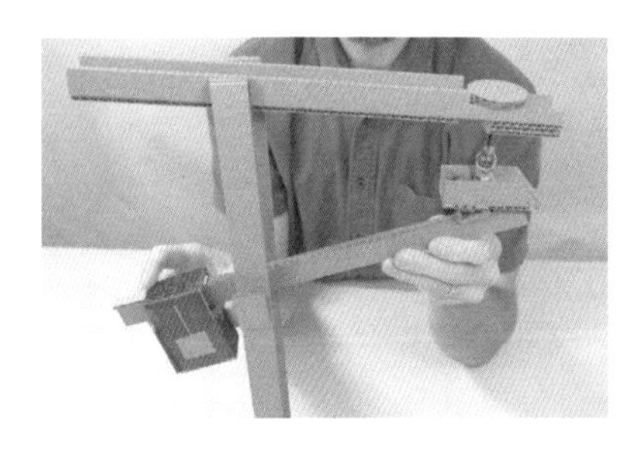

开始链式反应

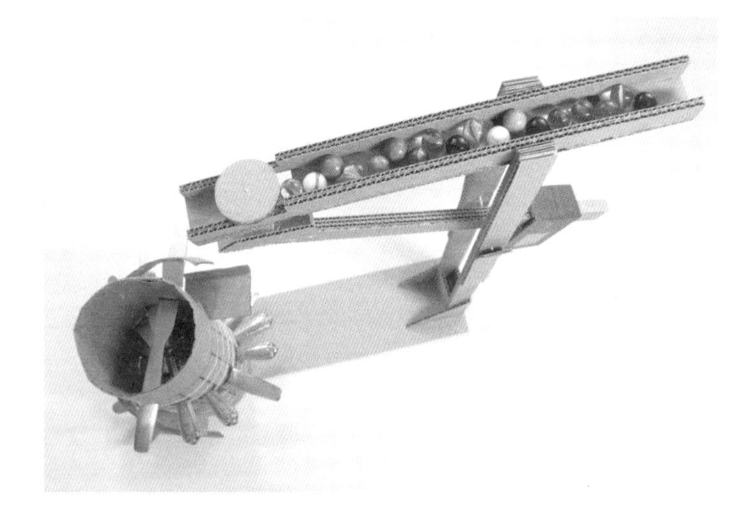

安装

1. 将弹球放入弹球槽中，将秤砣向中心移动，直到弹球槽端下降。

2. 把发音器圆筒加进来，把轨道和弹球槽排成一列。我们的目标是让弹球从弹球槽平稳地掉到圆筒的坡道上。

开始运行

用弹球把弹球轨道填满。重要的是所有弹球的大小和质量必须一致，这样装置才能顺利工作。抬起带有秤砣的杠杆的一端，再轻轻松开。弹球槽应该撞击导线上的两个弹球和圆纸板。弹球掉进弹球槽，沿弹球槽落到圆筒的坡道上，撞击黄油刀发出声响，而弹球槽则升起，碰撞装置，再次开始整个过程。在弹球用尽之前，装置将持续运行。

故障排除

如果有太多的弹球同时从豁口处落下来，或者弹球被卡住了，你可能需要调整圆纸板和豁口边缘之间的距离。如果距离太大，你可以在圆纸板周围添加材料，让距离变小，或者你可以直接做一个更好的圆纸板。如果距离太小，你可以小心地切掉圆纸板的一小部分，直到距离刚好合适（见图 a）。

图 a

你也可能遇到这样的问题：导线被卡住，而不是平稳地上升和下降。如果是这样，你首先应确保没有任何东西粘在导线上。如果你在粘贴该部件时使用了过多的热熔胶，可能需要把它取下，用一个新的部件代替。如果还是不行，你可能需要增加或减少秤砣中的弹球，或者移动秤砣至正确的位置。但即使找到了合适的位置，秤砣也可能移动，所以一旦秤砣位置确定，就可以用胶带将其固定（见图 b）。

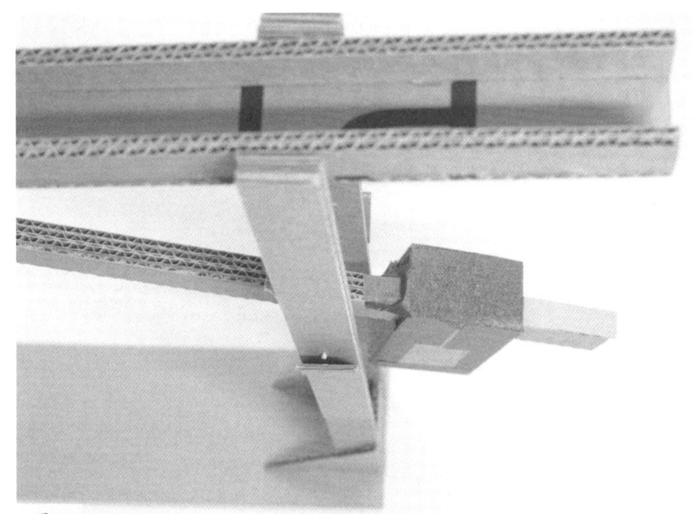

图 b

工程诀窍

弹球装置的运作需要秤砣配合。只有质量足够的秤砣才可以让杠杆上升。当弹球落下时，杠杆的重心会转移到枢轴点的另一边，导致杠杆下降，让弹球滚到发音器圆筒的轨道上。弹球从杠杆上滚下来的那一刻，重心就会回到枢轴点的另一边，导致杠杆回到原来的位置。

扎气球器

如果你像我一样，当知道气球快要爆炸的时候就会感到焦虑，那么，制造一个能扎气球的装置来减轻这种焦虑怎么样呢？

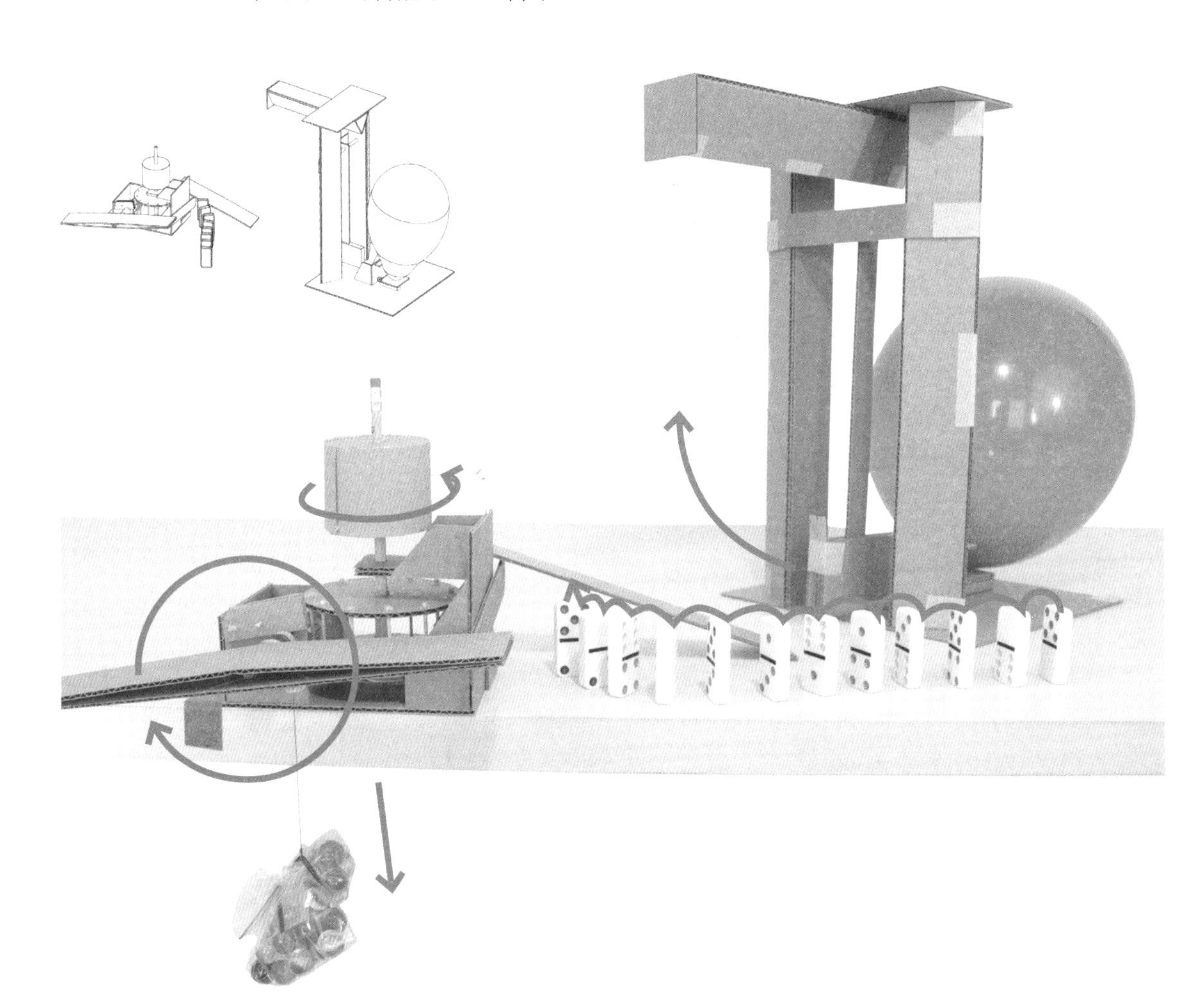

制作材料及工具

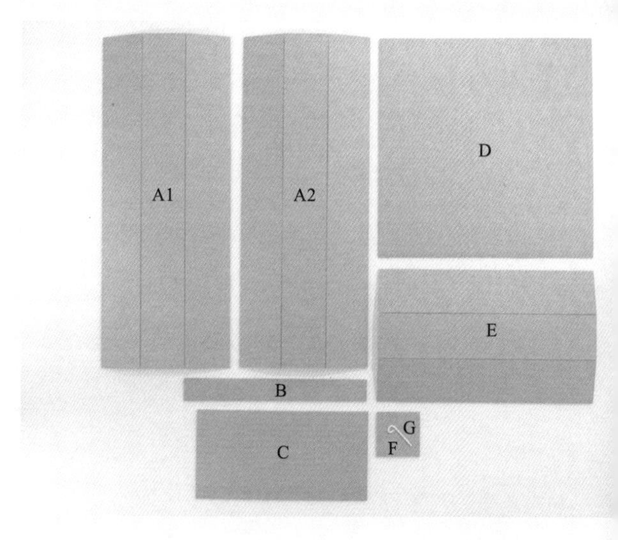

主结构

纸板：

2 个，15.2 厘米 ×38 厘米，瓦楞割痕长度分别为 5 厘米和 10.2 厘米（A1、A2）

1 个，2.5 厘米 ×20.3 厘米（B）

1 个，10.2 厘米 ×20.3 厘米（C）

1 个，25.4 厘米 ×25.4 厘米（D）

1 个，15.2 厘米 ×25.4 厘米，瓦楞割痕长度分别为 5 厘米和 10.2 厘米（E）

1 个，5 厘米 ×5 厘米（F）

其他：

1 根长度为 3.8 厘米的导线，一端弯曲成环状（G）

气球支架和弹针

纸板：

1 个，5 厘米 ×5 厘米，每隔 1.3 厘米做一个割痕（H）

1 个，5 厘米 ×5 厘米（I）

1 个，1.2 厘米 ×7.6 厘米（J）

（注：J 实际应为“针齿轮和调节器等”中的材料）

1 个，1.8 厘米 ×3.8 厘米，有缺口的纸板或薄纸板，顶部有狭缝（K）

2 个，5 厘米 ×5 厘米，切去尺寸为 2.5 厘米 ×5 厘米的三角形部分（L1、L2）

2 个，3.8 厘米 ×5 厘米（M1、M2）

1 个，2.5 厘米 ×30.5 厘米（N）

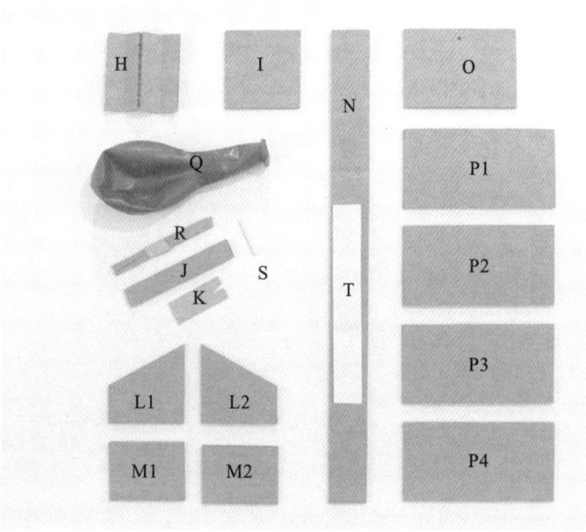

1 个，5 厘米 ×7.6 厘米，在距离顶端 1.3 厘米的中间部位打一个孔（O）

4 个，10.2 厘米 ×5 厘米（P1、P2、P3、P4）

其他：

气球（Q）　　　针（R）

（注：R 实际应为“针齿轮和调节器”中的材料）

1 根牙签，切割成 2.5 厘米长（S）

1 张 1.8 厘米 ×12.7 厘米的纸（T）

针齿轮和调节器等

纸板：

2 个，直径为 6.4 厘米的圆（U1、U2）

1 个，5 厘米 ×10.2 厘米（V）

1 个，2.5 厘米 ×12.7 厘米（W）

1 个，2.5 厘米 ×15.2 厘米，切去一角（X）

1 个，1.3 厘米 ×5 厘米（Y）

1 个，1.3 厘米 ×7.6 厘米（Z）

（注：Z 实际应为“汽球支架和弹针”中的材料）

2 个，1.8 厘米 ×5 厘米（AA1、AA2）

2 个，5 厘米 ×5 厘米，在距离边 1.3 厘米的中间部位打一个孔（BB1、BB2）

2 个，3.8 厘米 ×8.3 厘米，末端切下一个长三角形（CC1、CC2）

1 个，5 厘米 ×5 厘米，在边缘切下一个 1.3 厘米长的狭缝（DD）

2 个，3.8 厘米 ×7.6 厘米，在距离短边 1.3 厘米的中间部位打一个孔（EE1、EE2）

1 个，10.2 厘米 ×10.2 厘米（FF）

2 个，3.8 厘米 ×10 厘米，在末端切下一个长三角形（GG1、GG2）

1 个，10.2 厘米 ×17.8 厘米（HH）

2 个，直径为 10.2 厘米的圆，在边缘每隔 1.3 厘米打一个孔（II1、II2）

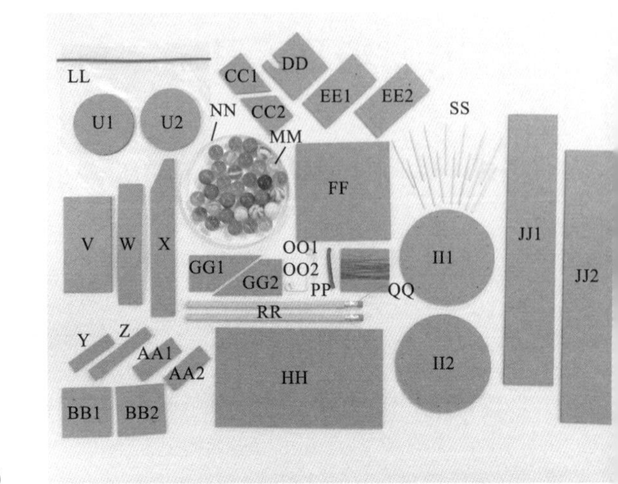

2 个，5 厘米 ×28 厘米（JJ1、JJ2）

1 个，5.1 厘米 ×22.9 厘米（KK）

塑料袋，用于装重物，如弹球（LL）

20~25 颗弹球作为重物（MM）

1 个薄塑料盖，如酸奶盖（NN）

2 根 3.8 厘米长的导线，末端弯成环（OO1、OO2）

1 根小橡皮筋（PP）

2 米长的韧性强的线（QQ）

2 支铅笔（RR）

14 根牙签（SS）

未展示的材料

若干多米诺骨牌　大头针

主要工具

锥子　尺子　2 支削尖的铅笔

胶带　剪刀　美工刀

热熔胶枪和热熔胶　胶水　封口胶带

制作扎气球器

制作主结构和气球支架

1. 用锥子在距离A1和A2上边缘7.6厘米处打一个孔（见图a）。如果你做了打孔垫，请继续使用它。使用一支削尖的铅笔，小心地扩大孔径。

2. 将A1和A2折成三棱柱并用胶带固定（见图b），这就是塔式结构。

3. 要制作锤子，从N开始。在距离N顶端边缘（1.3厘米）处的中间位置打一个孔（见图c）。用削尖的铅笔把孔扩大，使铅笔在其中可以自由旋转。

4. 把P1和P2粘在一起，加入手柄（N），将M1和M2粘在两边，再粘上P3和P4，完成制作（见图d）。

5. 把铅笔插入手柄上的孔。在两端各放一个塔式结构，确保铅笔末端与塔式结构上的孔相对应（见图e）。

6. 在手柄两侧加胶带，使手柄处于塔式结构之间（见图f）。

7. 用热熔胶把塔式结构粘在底座（D）的边缘。两个塔式结构的距离不是特别重要，但如果你用的是新铅笔，二者的距离应约为11.4厘米。注意让塔式结构保持笔直且垂直于底座（见图g）。

8. 将E折成三棱柱，如第2步所示，用热熔胶将F粘在三棱柱末端（见图h）。

9. 将三棱柱粘在C的中间部位（见图i）。

10. 将三棱柱粘在塔式结构的顶部，确保它远离底座；在F上加一圈导线（G），作为线的导引装置（见图j）。

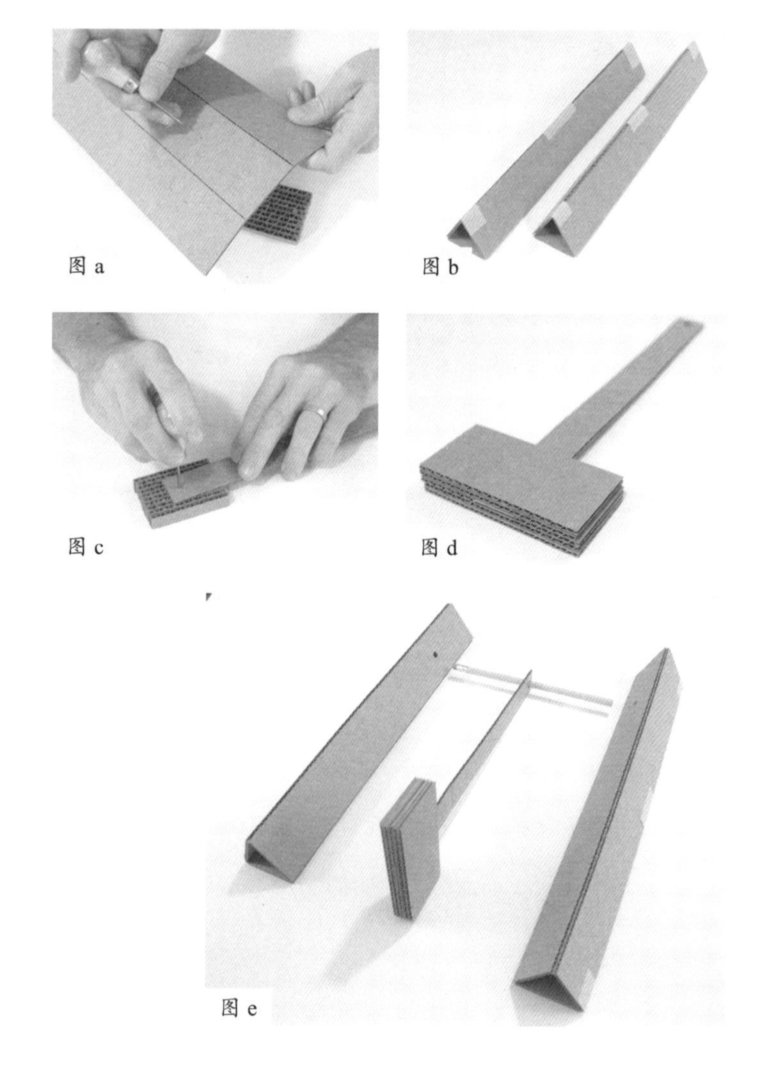
图a 图b 图c 图d 图e

11. 用胶带将 B 固定在距离塔顶约 9 厘米的地方。不要使用热熔胶，因为 B 的位置可能需要调整（见图 k）。

12. 把 K 固定在锤头远离底座的一端（见图 *l*）。这将作为线的支撑抬高锤子。你可以用热熔胶或胶带把针粘在锤子上，但可能有两种情况发生。第一种，你很容易不小心戳到自己。第二种，在运行装置之前，你可能会不小心把气球弄破。用 K 就消除了这两种可能。这也是一个巧妙的机制，可使用一张纸（T）作为弹簧。

制作针齿轮

将 II1 分成 12 等份。在圆等分线上距圆边缘 6 毫米处打孔。用这个圆作为模板在 II2 上打孔。用削尖的铅笔扩大圆心位置的孔，把 12 根牙签插进圆周围的孔中，仔细而有条理地将牙签的另一端插入另一个圆的相应孔中。将铅笔插入圆心的孔中，然后移动和扭转圆圈，直到所有的牙签都被均匀地推入 II2 中，并垂直于圆圈（见图 m）。一旦你对制作满意了，就可以加热熔胶了。

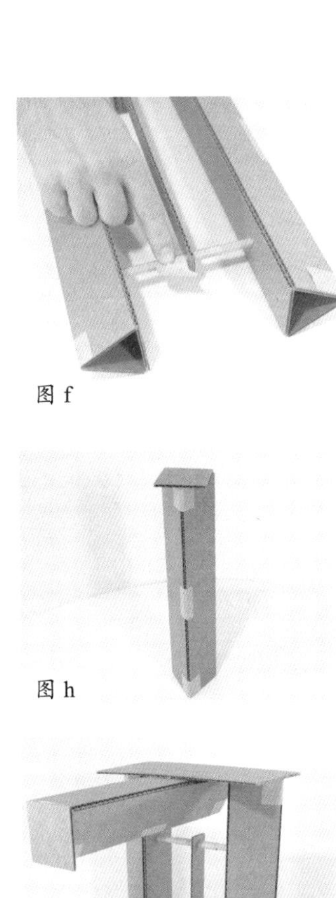

图 f

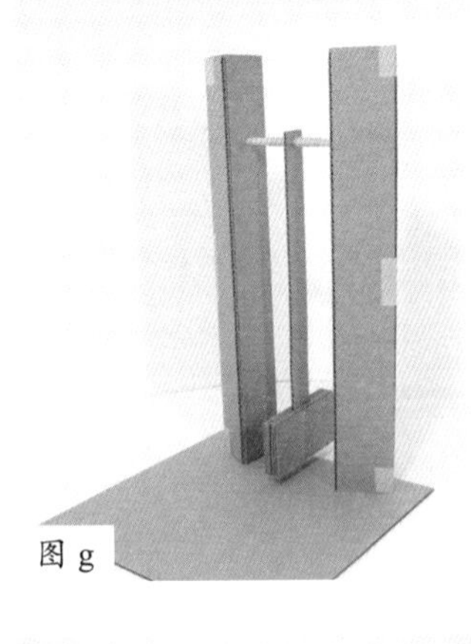

图 g

图 h

图 i

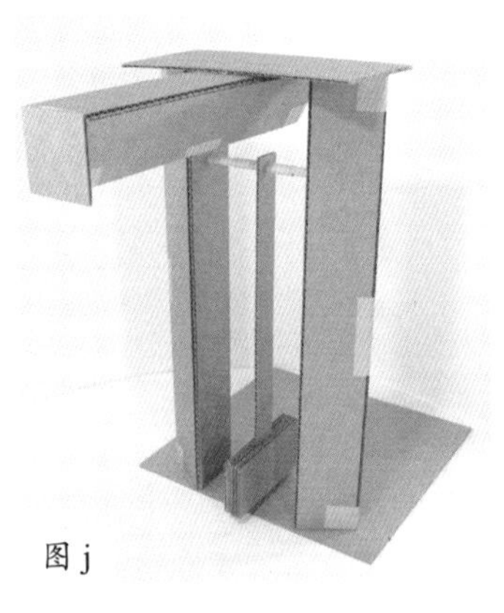

图 j

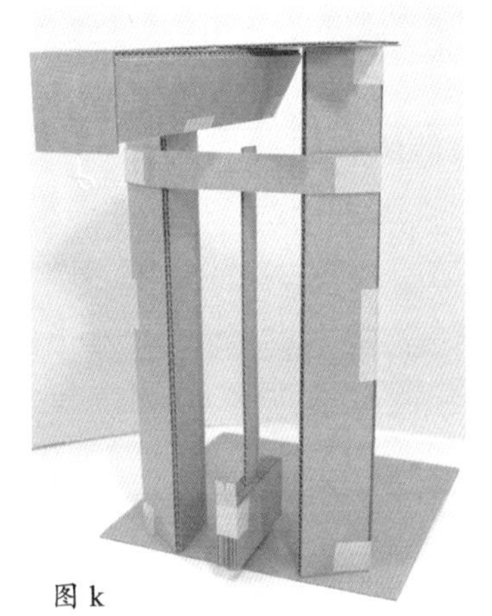

图 k

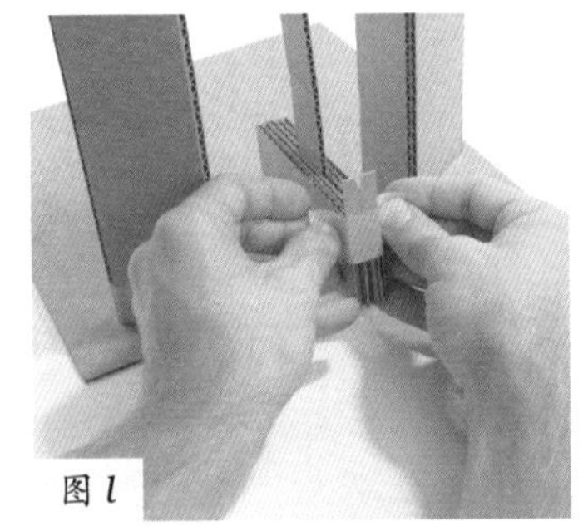

图 *l*

图 m

制作针齿轮支架

1. 将 FF 垂直粘贴于 HH 边缘的位置，添加 GG1 和 GG2 提供侧支撑（见图 n）。

2. 在距 EE1 和 EE2 上边缘 1.3 厘米处打一个孔（若已打好可忽略此操作）。用削尖的铅笔扩大孔径，将铅笔插入，确保铅笔可以自由旋转。铅笔插入时应尽量垂直，在针齿轮顶部做个记号。轻轻推动铅笔，使用锥子或锋利的针在针齿轮上打一个孔，针齿轮会绕这一点转动。用热熔胶固定铅笔。现在把 EE 粘到 L 形结构上。在上面添加 CC1 和 CC2 提供支撑，使其更加牢固（见图 o）。

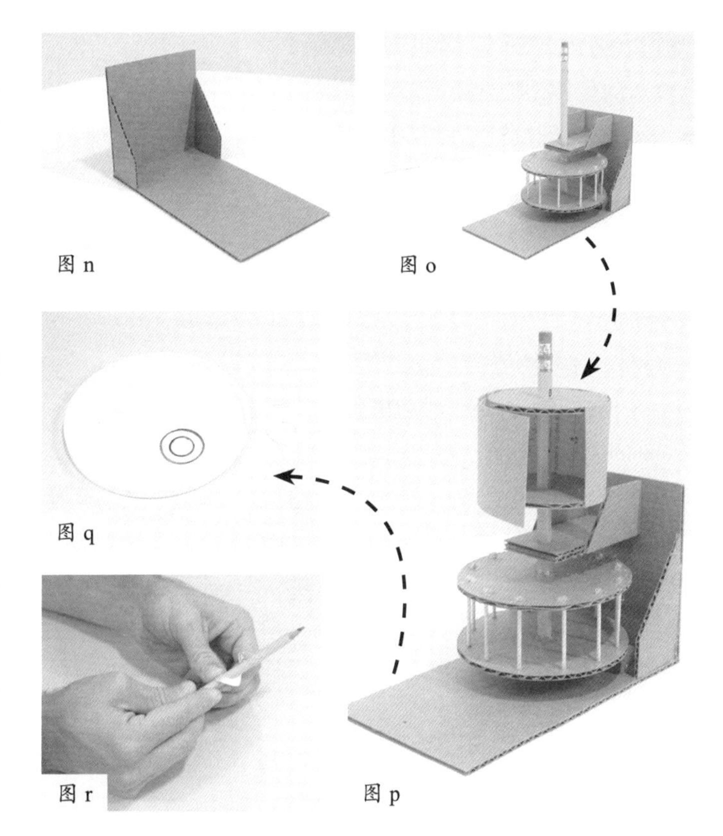
图 n

图 o

图 q

图 r

图 p

3. 找出 U1 和 U2 的圆心，在圆心处打一个孔，用削尖的铅笔扩大孔径。用 KK 围成一个 5 厘米高的筒，圆筒的上、下面分别为 U1 和 U2。将 KK、U1 和 U2 用热熔胶固定，确保其没有碰到你刚刚添加的支架（见图 p）。

4. 做一个圆规，在塑料盖（NN）上画一个直径为 2.5 厘米的圆，在该圆里面再画一个直径为 1.3 厘米的圆。如图 q 所示，切下一个环形结构。它将作为螺纹和用于转动针齿轮。

5. 用另一支削尖的铅笔，小心地把塑料螺纹粘在铅笔上，位置为铅笔顶端向下约 3.8 厘米处。如果你把铅笔削尖的那一端朝上拿着，铅笔的顶端是起点，铅笔上的螺纹就会向左移动。试着把塑料螺纹紧紧地贴在铅笔上，确保末端固定在铅笔上。一旦你对位置满意，可以用热熔胶或胶带将其固定（见图 r）。

6. 把 BB1 和 BB2 上的孔对准并将二者粘在一起。把粘有塑料螺纹的铅笔的末端插入 BB 双层板上的孔中。移动铅笔，使铅笔与针齿轮相切，并与底座的前缘平行（见图 s）。顺时针旋转铅笔几次，感受一下它是否平滑地转动齿轮，或者是否有太多的摆动空间。一旦你找到了最佳的地方，用热熔胶将 BB 双层板粘贴到位。

7. 将一根牙签穿过 DD、AA1 和 AA2 的末端组装轴架，形成铰链。这样可保持螺纹杆（图 s 中的铅笔）在适当的位置，允许你轻松地更换它，以做出任何调整。一旦组装到位，打一个孔，穿过这 3 个纸板，这样你就可以加一个大头针，把所有东西都锁定并粘到底座上。（见图 t）。

8. 附加 V 到 DD 和 BB 上作为支撑（见图 u 和图 v）。

9. 除非有防止螺纹杆摆动的垫片，否则螺纹杆就不会被固定住。用两个薄纸板把螺纹杆包起来：里面是 J，外面是 W。可将线缠绕在 W 上，以转动螺纹杆。用胶带固定（见图 w）。

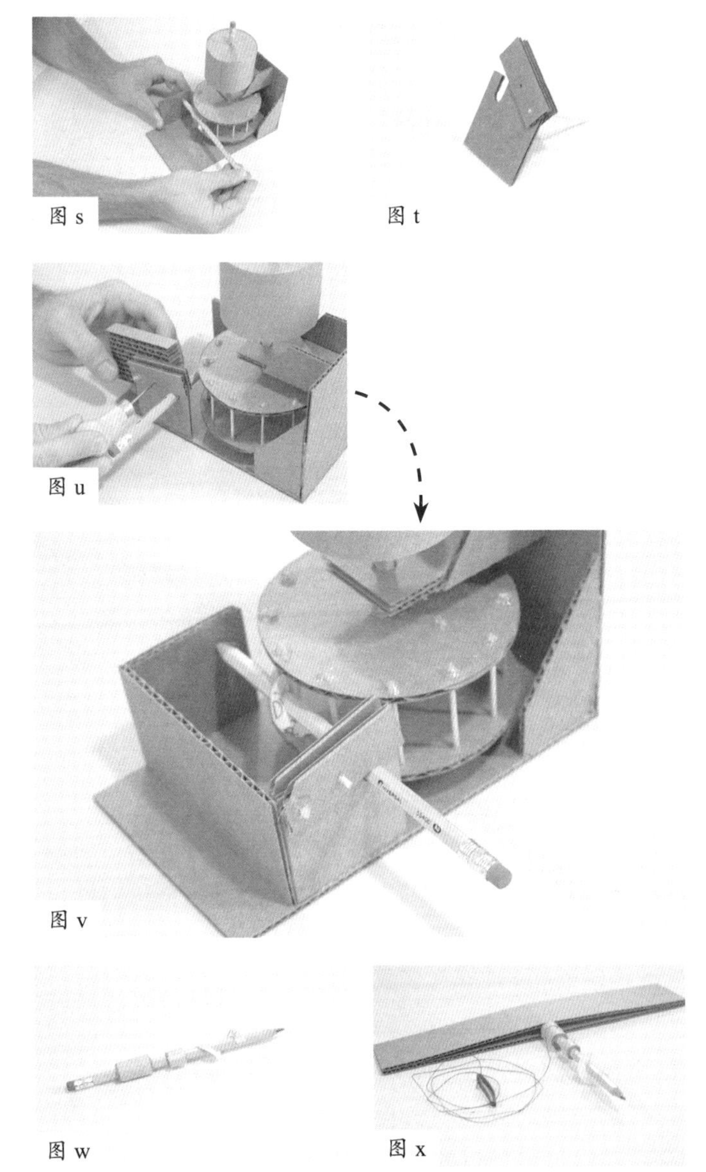

图 s

图 t

图 u

图 v

图 w

图 x

制作调节器

1. 如果我们给螺纹杆上加一个垂着的重物，它就会旋转得很快。有时这是件好事，但对于这个装置而言，我们希望看到所有的部件都在慢慢工作。为了使它慢下来，我们要在螺纹杆上加一个“桨”。这种“桨”被称为调节器，因为它可以调节螺纹杆旋转的速度。调节器旋转时会受到空气阻力。如果你曾经用一张纸扇过风，你就会熟悉这种情况。基本上，纸板越大，所受的空气阻力就越大。

2. 将 JJ1 和 JJ2 夹在螺纹杆的末端，确保螺纹杆置于其正中间。剪下一段 1 米长的线，系在 W 上，在线的末端系上橡皮筋（见图 x）。橡皮筋是用来固定重物的。这里的重物我将使用一袋弹球。

3. 在螺纹杆穿过的纸板边缘加一环形导线作为线的引导（见图 y）。

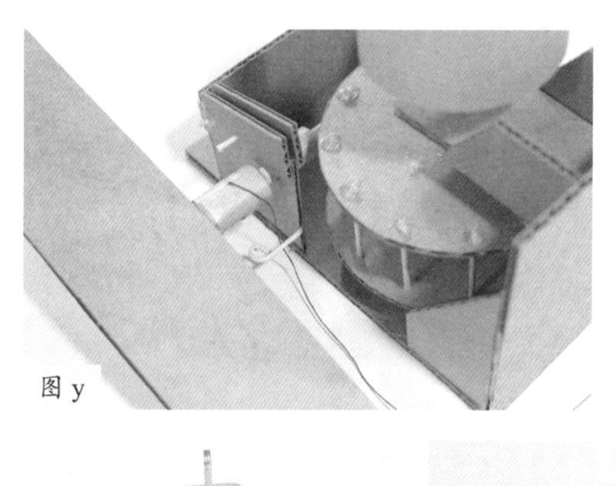

图 y

4. 接下来我们将添加 X 作为杠杆，使调节器在我们希望它旋转之前不会旋转。将杠杆添加在装置的另一侧。我们希望杠杆右侧更长，以便可以添加一个轻的重物，例如一个纸板，所以直到纸板被击打掉，它也不会让调节器旋转。为了防止杠杆在右侧落下太多，在杠杆下面加 Y 作为止动器。

5. 现在把剩下的线粘到圆筒上。添加另一根环形导线，以引导线的运动（见图 z）。

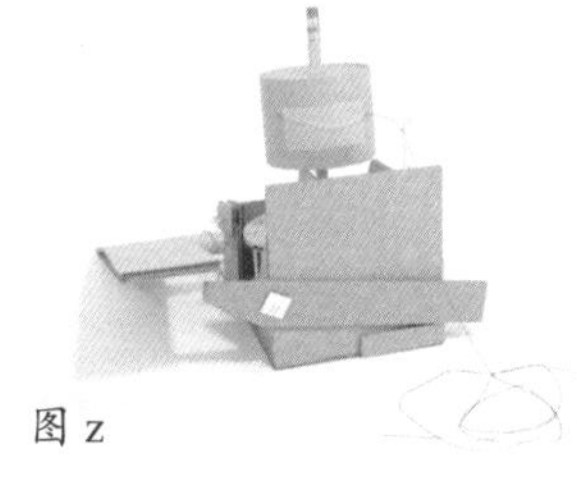

图 z

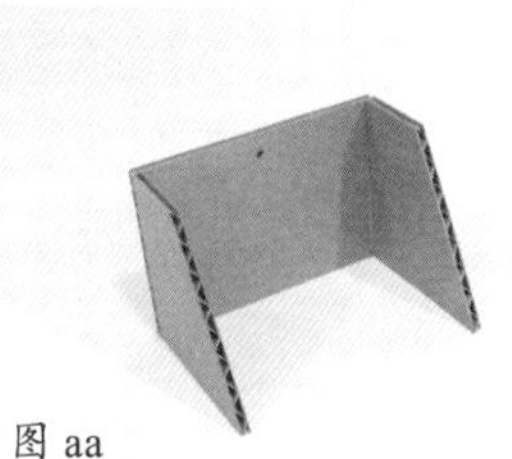

图 aa

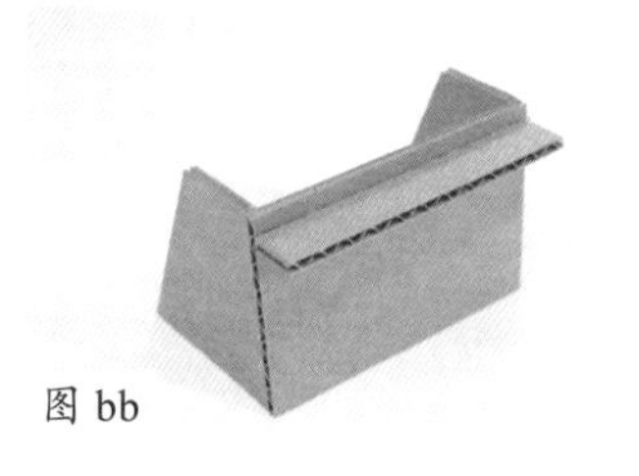

图 bb

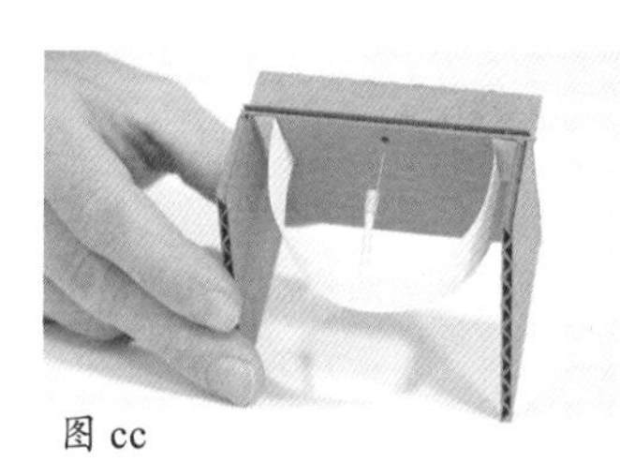

图 cc

安装弹针

1. 我们可以把一根针插在锤子的一端，但这样的装置并不美观。因此，我们将创建一个装置来隐藏针，直到需要的时候再拔出针。这样我们既不会不小心戳到自己，也不会不小心把气球弄破。

2. 将 L1 和 L2 粘在 O 上。将 Z 粘在 O 的另一面，试着将 Z 本身瓦楞中的一个孔与 O 上早已打好的孔对齐（见图 aa 和图 bb）。

3. 把剩下的最后一根牙签修剪成 3.8 厘米长。用胶带将其固定在针的末端。将剪好的牙签的一端粘在 T 的中心。将两端稍微折起来一部分，这样就有了一个可以涂胶的表面，将针与 O 上的孔对齐，然后用热熔胶将两端粘在 O 上。这将创建一个弹簧，使针在被按压前一直处于隐藏状态（见图 cc）。

4. 将弹针结构和锤子一起粘在底座上。把弹针结构固定在其静止位置离锤子 1.3 厘米的地方。试着将牙签与锤子的中间对齐（见图 dd）。

5. 现在我们需要一种方法来使气球保持在适当的位置，这样我们就可以扎破它。要做到这一点，用一把美工刀在 I 上切一个槽，折叠 H 并将其粘贴在一起，形成一个 4 层厚的纸板。把其粘到 I 上槽的另一边。将它连接到弹针结构的底部，这样 I 的中心就与弹针结构对齐了。把它粘在弹针结构底部，这样 I 上槽的走向为从左往右。这将更容易插入气球的打结部分，同时也可使其固定在合适的位置（见图 ee 和图 ff）。

组装

1. 现在装置的所有部件都已经制作完成！但是我们还有一些事情要做。首先，我们需要把主要部件用胶带固定在桌面或工作台上。将螺纹装置的边缘与桌子边缘对齐，并确保调节器能够在不撞到工作台的情况下旋转。将锤子装置固定在距离桌角约 30.5 厘米的地方（见图 gg）。

2. 接下来，我们可以用重物来转动螺纹装置了。我用了一个塑料袋弹球。用弹球的好处在于，你可以随意增减其数量，以得到最佳的质量。在我的这个装置中，最佳弹球数量是 19。把线末端的橡皮筋绕在弹球袋上。你可以逆时针旋转调节器来给螺旋齿上紧发条。线应该保持弹球袋处于你包裹铅笔周围的纸板中央。如果你放开调节器，弹球袋就会向下掉，螺纹杆就会转动。要使它的位置固定，移动调节器末端的杠杆，然后把一个轻的重物粘贴在杠杆末端顶部。我只是用了一个纸板。你需要保证它的质量，既能防止杠杆移动和螺纹杆转动，又能被多米诺骨牌击倒。

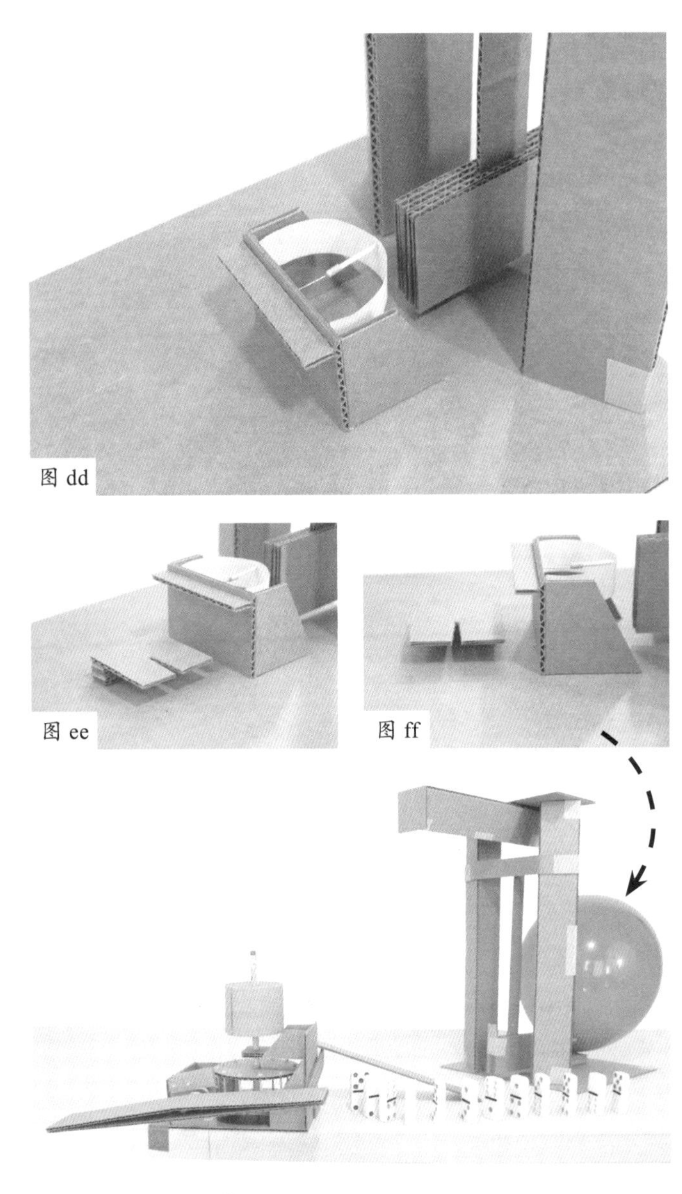
图 dd

图 ee

图 ff

图 gg

开始链式反应

安装

1. 给气球充气，把线穿过塔式结构底面。确保气球的表面紧靠纸板边缘的弹针结构（针将会出来的边缘）。

2. 找到连接到筒上的线，把它穿过两根方向引导导线，然后拉到锤子上包裹的薄纸板上的狭缝处，把线推到缝里，就像用牙线剔牙一样。修剪线，使其只有大约 2.5 厘米露出来。

3. 放一排多米诺骨牌，这样最后一个多米诺骨牌就会敲掉杠杆末端的纸板。

4. 除非你有很多气球，否则你需要在第一次尝试前把气球拿开。

你不能指望第一次尝试就能使如此复杂的装置运行成功。大约尝试 5 次后，我才能使整个装置顺利运行。你的尝试次数可能比我多，也可能比我少。

图 a

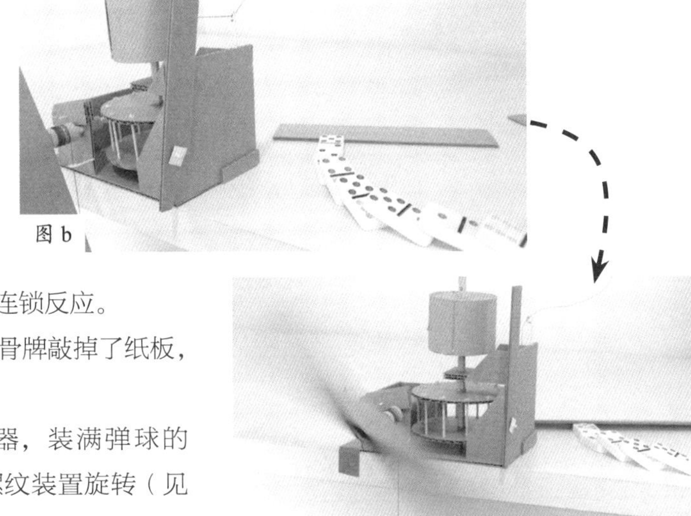
图 b

开始运行

1. 推倒第一个多米诺骨牌（见图 a），触发整列多米诺骨牌的连锁反应。

2. 最后一个多米诺骨牌敲掉了纸板，释放了杠杆（见图 b）。

3. 杠杆释放调节器，装满弹球的袋子掉了下来，导致螺纹装置旋转（见图 c）。

图 c

4. 螺纹装置的转动带动针齿轮转动。连接到针齿轮上的铅笔使圆筒旋转。圆筒将拴在锤子上的线卷起来（见图 d）。

5. 锤子被举起，直到其与纸板阻挡器接触（见图 e）。

6. 线继续缠绕，并从狭缝中抽出。

7. 锤子现在被释放了，砸向弹针结构。这迫使针穿过纸板上的洞，与气球接触，从而刺破气球（见图 f）。

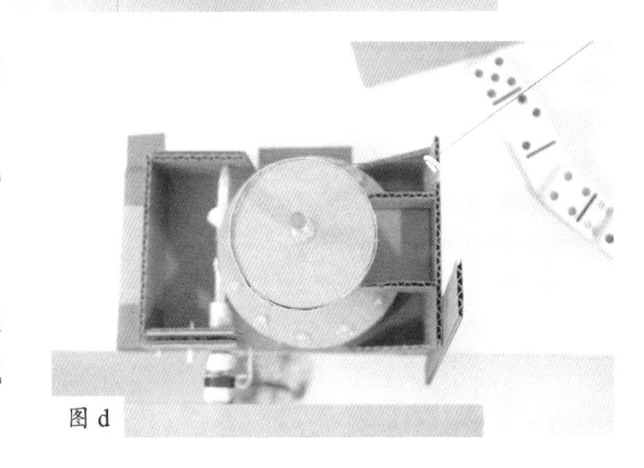
图 d

图 e

> **工程诀窍**
>
> 调节器可以防止重物下降过快，它会受到空气阻力。调节器的表面积越大，旋转的速度就越慢。

图 f

故障排除

针齿轮的装配可能有点棘手，我甚至有过笔尖断裂的经历。你可以用一层封口胶带覆盖住削尖的铅笔头，让它有一定的缓冲。其他种类的胶带可能会过于黏，会产生摩擦。

对于你使用的塑料螺纹杆，你可能会因为它的末端松动而感到沮丧。如果胶粘不住，你可以在它的两端打一个孔，把线穿过去（用缝衣针就可以了）。然后你就可以把它的两端绑在铅笔上。一定要把孔打在最末端，否则它可能还是会松动。

第5章

与零食有关的小物件

虽然你也可以自己动手泡饼干，但这没有什么乐趣，也没有什么工程学原理。本章中的小物件与食物相关，但如果你手头没有糖果，你也可以用小饰品和弹球代替。

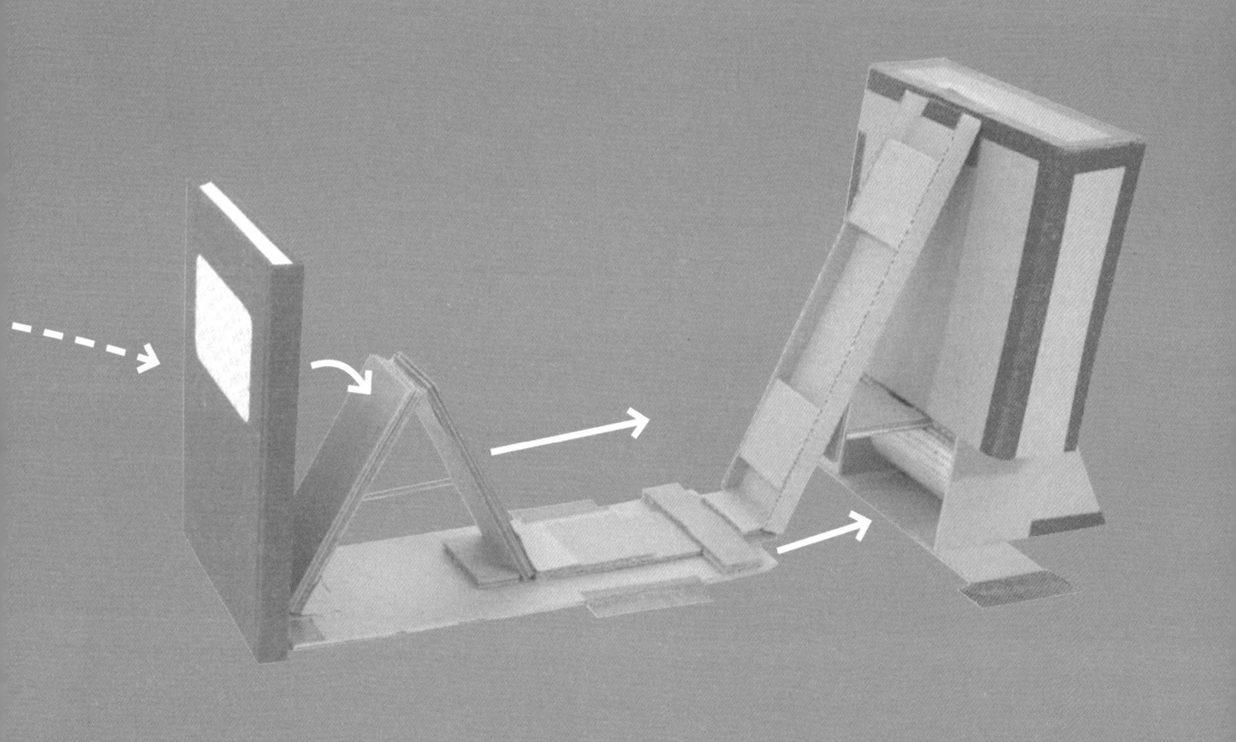

你可以使用糖果分发器分发糖果、小木块或螺栓。

自动售卖机

谁能想到用衣架和一个小纸板就能做出像自动售卖机一样又酷又方便的东西呢？做一个像这样的东西，然后把你想扔掉的小物品或零食放在里面。开始营业啦！

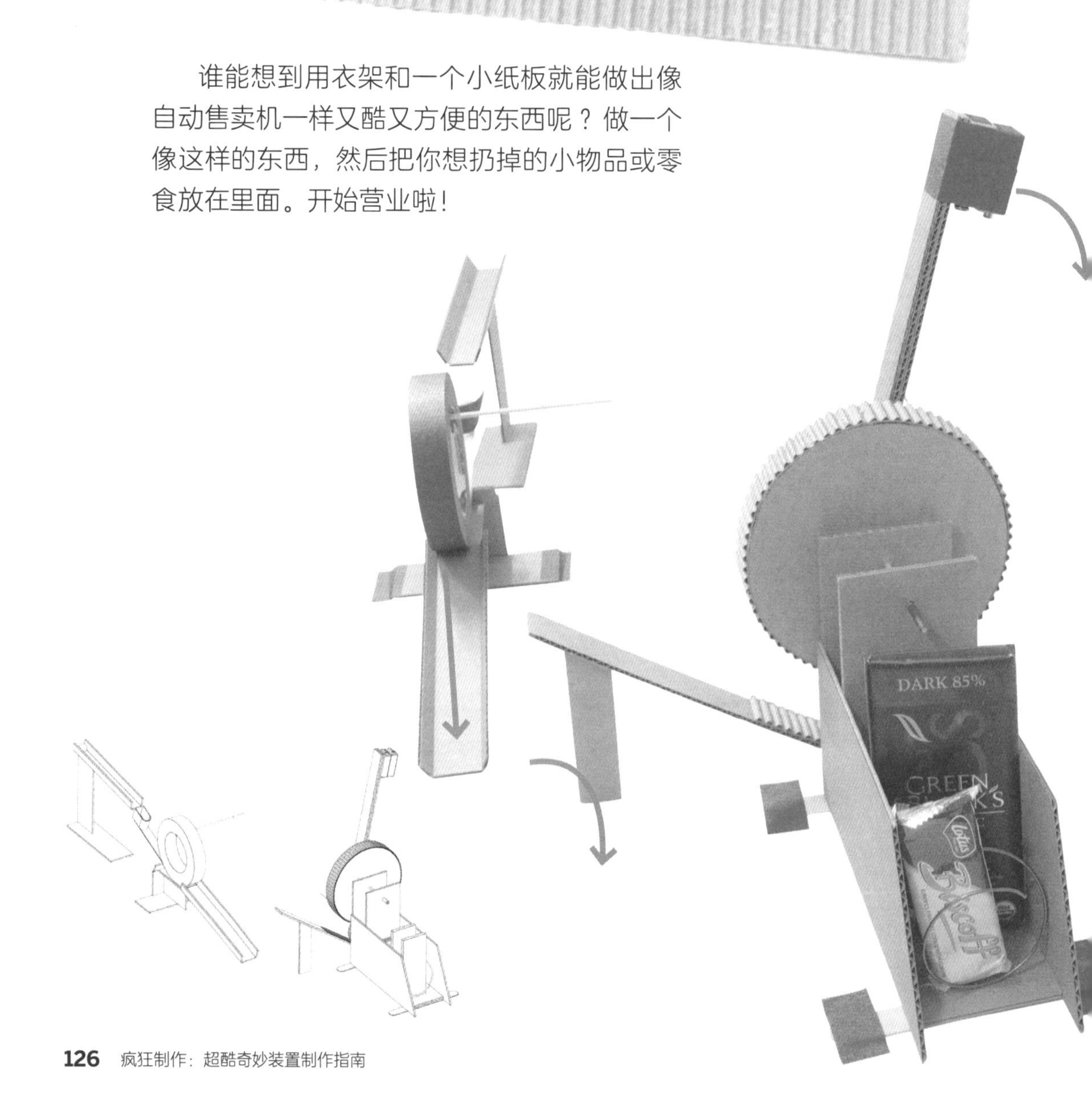

制作材料及工具

主结构和螺旋结构

纸板：

4 个，2.5 厘米 ×2.5 厘米（A1、A2、A3、A4）

4 个，3.8 厘米 ×3.8 厘米（B1、B2、B3、B4）

4 个，7.6 厘米 ×16.5 厘米（C1、C2、C3、C4）

1 个，7.6 厘米 ×20.3 厘米（D）

2 个，10.2 厘米 ×22.8 厘米（E1、E2）

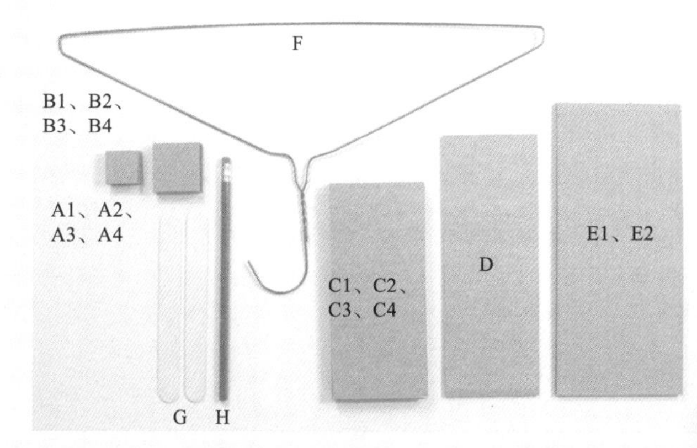

其他：

1 个钢丝衣架（F）

2 根 15 厘米长的工艺棒（G）

（注：G 实际为“大 / 小齿轮”中的材料）

1 支新铅笔（H）

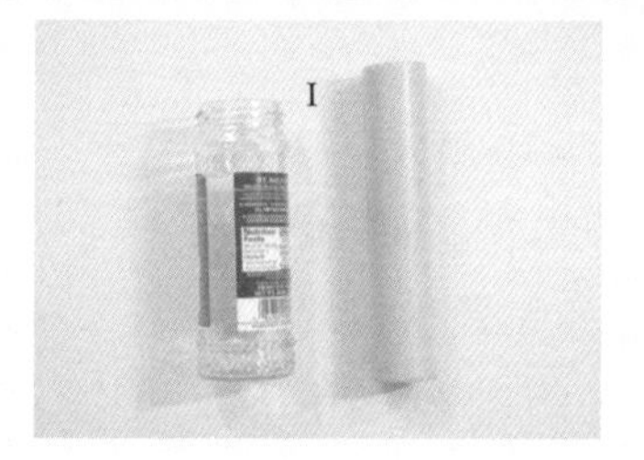

硬圆筒芯轴

直径小于 5 厘米的坚固硬圆筒，如薄玻璃瓶、木棒或厚而坚固的纸板管（I）。它将用于包裹衣架周围的自动售卖机螺丝，所以需要非常坚固和圆滑。

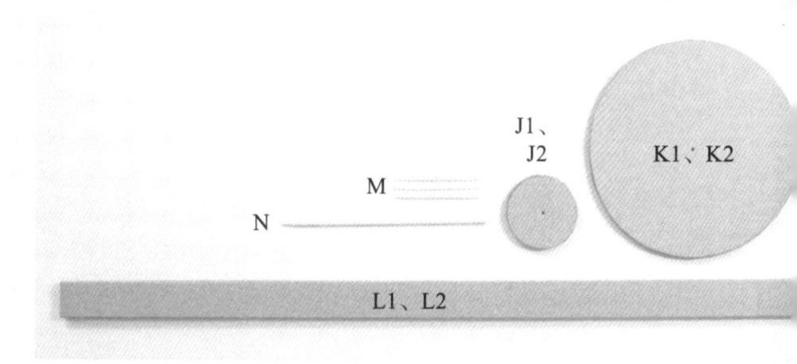

大 / 小齿轮

纸板：

2 个，直径为 5 厘米的圆，在中心打孔（J1、J2）

2 个，直径为 15.2 厘米的圆（K1、K2）

2 个，2.5 厘米 ×50.8 厘米，用于制作齿轮齿（L1、L2）

其他：

3 根牙签（M）

15 厘米长的竹签（N）

配重杠杆和胶带斜坡

纸板：

3 个，2.5 厘米 ×25.4 厘米（O1、O2、O3）

2 个，2.5 厘米 ×10 厘米（P1 、P2）

1 个，5 厘米 ×12.7 厘米（Q）

1 个，5 厘米 ×7.6 厘米（R）

1 个，5 厘米 ×5 厘米（S）

1 个，6.4 厘米 ×30.5 厘米（T）

其他：

2 节电池（U）

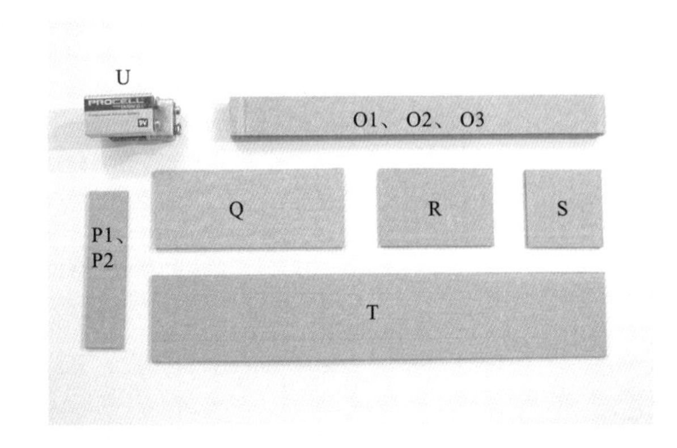

弹球坡道

纸板：

1 个，2.5 厘米 ×10 厘米，薄纸板（V）

1 个，5 厘米 ×20.3 厘米（W）

1 个，1.6 厘米 ×5 厘米（X）

2 个，5 厘米 ×15.2 厘米（Y1、Y2）

其他：

1 根 15 厘米长的工艺棒（Z）

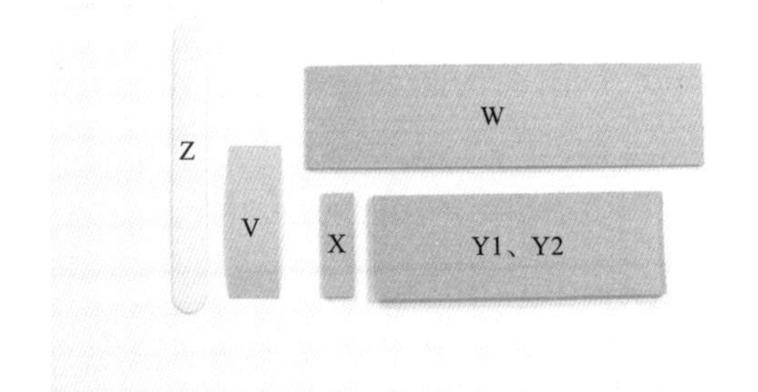

未展示的材料

扁平糖果（像糖果棒）或其他扁平物体

1 根竹签

1 卷胶带

弹球

主要工具

尺子

削尖的铅笔

剪刀

锥子

热熔胶枪和热熔胶

钢丝钳或螺栓钳

瓶子

遮光胶带或电工胶带

皮手套或橡胶手套（可选）

护眼用具

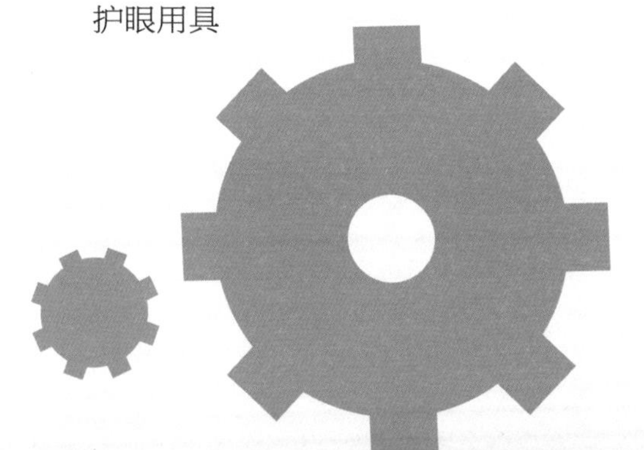

制作自动售卖机

制作主结构

1. 测量、标记并从 E1 和 E2 上剪下一个直角边分别为 5 厘米、10.2 厘米的三角形。它们是自动售卖机主结构的侧壁（见图 a）。

2. 将 C1、C2、C3、C4 两两堆叠起来。在其中一组纸板上画一个 7.6 厘米 × 7.6 厘米的正方形，然后画出正方形的对角线。用锥子在线交叉的地方打一个孔。在打孔之前，确保所有的边缘都对齐，每个纸板的打孔位置必须准确一致。另一组纸板也同样操作。用热熔胶把它们两两粘在一起做成两套纸板。用削尖的铅笔把孔径扩大（见图 b）。

3. 取出 D，这将是底座。同时取出所有你在步骤 1~3 中制作的主结构部件。把侧壁粘在底座上，然后把打孔的纸板粘在底座上。粘贴时将其中一套纸板与底座边缘粘在一起，然后将另一套纸板粘在其前面（见图 c 和图 d）。注意打孔的一端应该靠近底座。

4. 撕下 L1 的表层，露出瓦楞面，使用 J1、J2 和 L1 瓦楞条制作一个直径为 5 厘米的小齿轮。把一支新铅笔插入

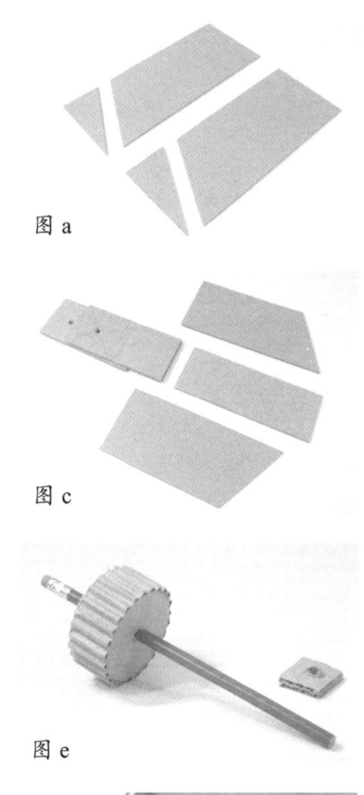
图 a　图 c　图 e

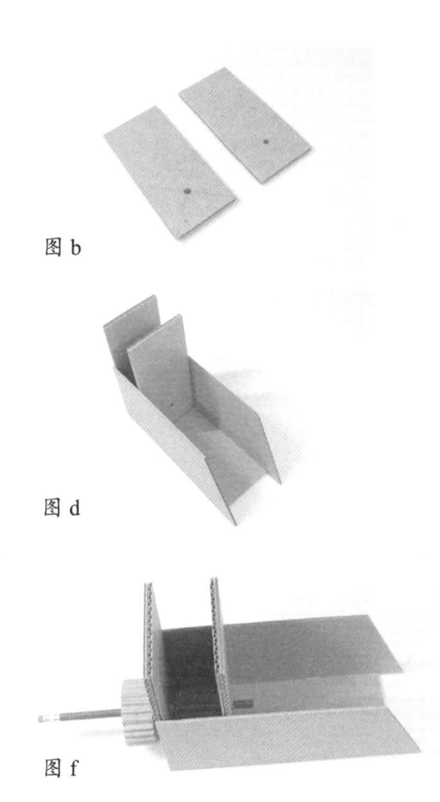
图 b　图 d　图 f

图 g

J1、J2 圆心处的孔中。将 A1 和 A2 打孔（见图 e）。

5. 用 A1 和 A2 作为齿轮两侧的垫片，并将其插入第 3 步做好的主结构的孔中。将铅笔向内推，直至有大约长度为 1.3 厘米的铅笔暴露在主结构内部。用热熔胶把齿轮固定在铅笔上，但要确保主结构上没有热熔胶（见图 f）。

6. 在 4 个 B 纸板的中央分别打孔。将 B1 穿到铅笔上，直到铅笔紧紧地垂直贴在其上。把 B2、B3 和 B4 粘在一起，然后把它们也穿到铅笔上（见图 g）。把 B2、B3、B4 穿上去之前，最好在铅笔上加一点热熔胶。我们的目标是让 B1 充当垫片，让 B2、B3、B4 附在铅笔上。这样如果你旋转齿轮，铅笔和 B2、B3、B4 都应该旋转。

制作自动售卖机螺旋结构

1. 用钢丝钳或螺栓钳把衣架上的挂钩部分剪下来，把它拉直。如果你用的是玻璃瓶，用胶带把它缠起来，构造一些纹理来保护它。如果你有厚纸板或厚木板，就不需要使用胶带来包裹了。在从衣架上剪下来的钢丝末端粘上遮光胶带或电工胶带，这样尖锐的边缘就不会划伤你（见图 h）。

2. 把钢丝的一端牢牢地固定在玻璃瓶上。操作时最好佩戴皮手套或橡胶手套。慢慢地小心地将钢丝绕在玻璃瓶上。（注意：接近终点时，如果你松开手，钢丝会反弹；建议你戴上护目用具；如果太难操作，试着找一根更细的钢丝；以我的经验，有白色涂层的钢丝要比其他钢丝更细。）

注意：我是按照顺时针方向将钢丝缠绕在玻璃瓶上的（见图 i）。如果采用逆时针方向，也无妨。它只会改变你以后附加配重杠杆的方式。

3. 根据玻璃瓶的大小，你使用的钢丝长度应足以缠绕玻璃瓶 3 ~ 4 圈，形成弹簧（见图 j）。从玻璃瓶上取下钢丝弹簧，小心地弯曲并挤压，直到其间距均匀。

4. 用钳子在钢丝的末端做出两个弯，其中一个弯的位置正好在圆心处（见图 k）。

5. 将钢丝末端中心弯折处与主结构中的铅笔对齐。仔细检查钢丝是否安装在结构内部，并且能够自由旋转而不被侧壁卡住。如果钢丝末端弯曲处伸出结构并被卡住了，轻轻地弯曲或挤压它，直到位置合适为止。一旦位置正确，用热熔胶把它粘上，再用胶带覆盖，以固定其位置（见图 *l*）。

图 h

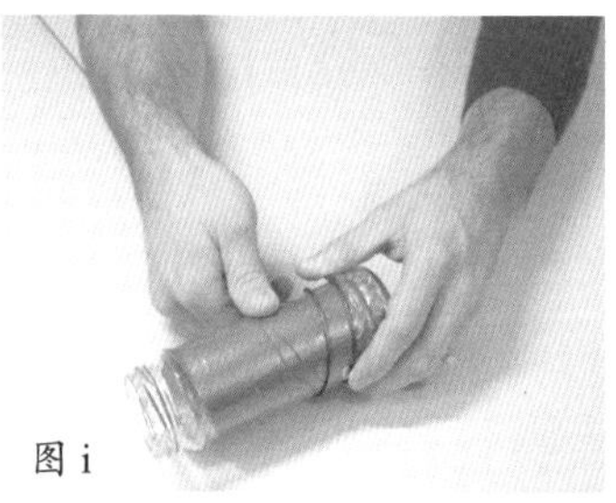
图 i

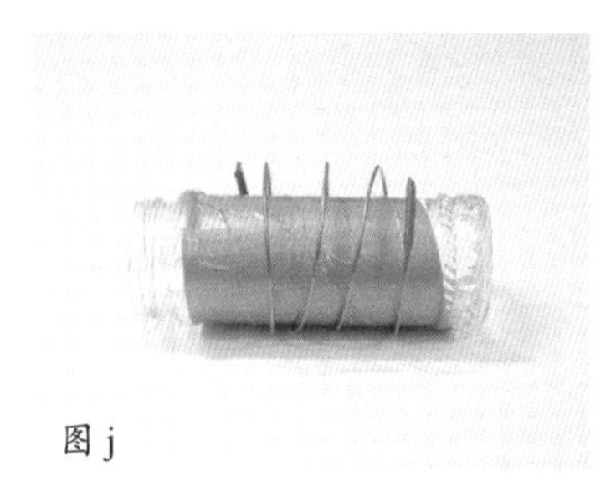
图 j

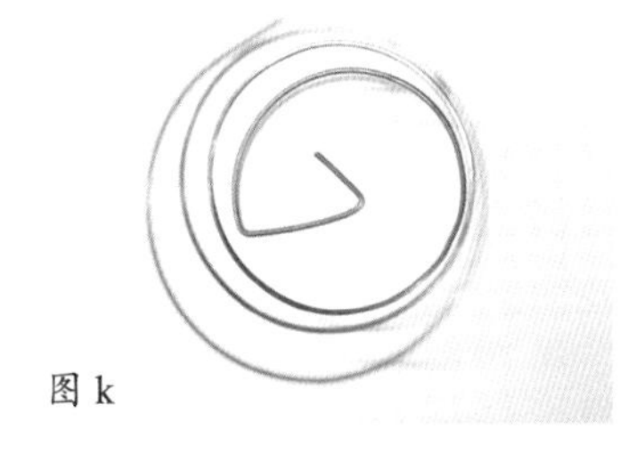
图 k

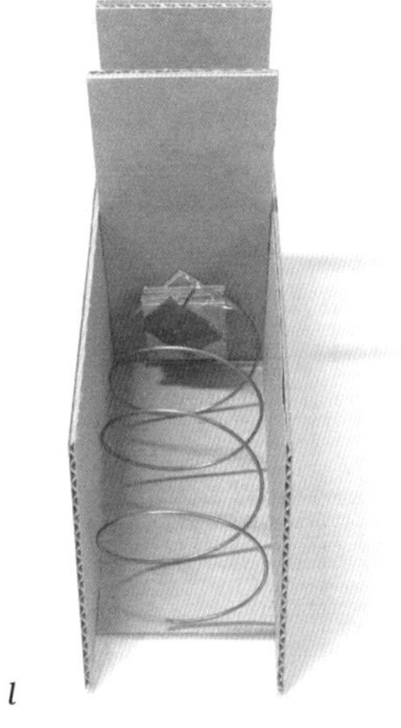
图 *l*

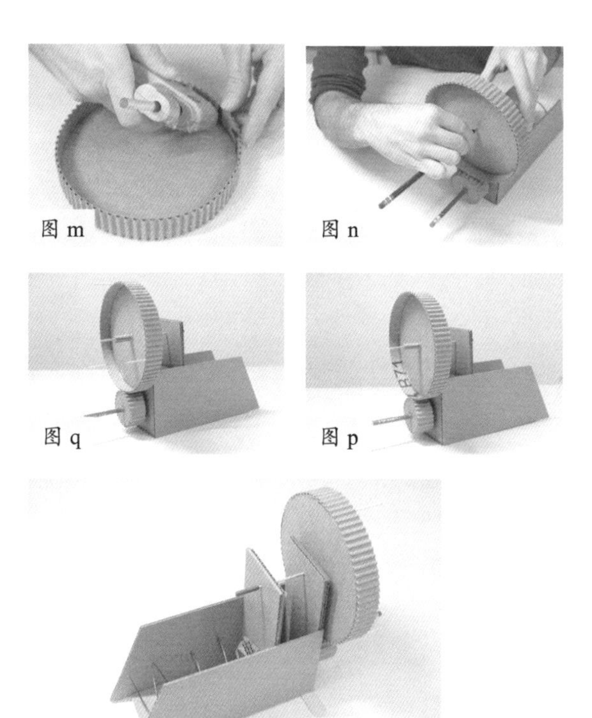

图 m　图 n　图 q　图 p　图 r

制作大齿轮

1. 将 L2 的表层撕下，从而露出瓦楞面。定位 K1 和 K2 的圆心，并在其圆心处打一个孔。在 K1 和 K2 之间，添加露出瓦楞的条带（L2）做成一个直径为 15.2 厘米的齿轮。对于这个齿轮，我们可以把外圆去掉，在其内边缘加一圈热熔胶，以获得额外的黏性（见图 m）。

2. 将直径为 15.2 厘米的齿轮（K）安装在直径为 5 厘米的齿轮（J）的上方，并将其置于主结构上。确保大、小齿轮啮合正确，然后将铅笔插入齿轮的圆心孔，并在齿轮后面的纸板上做一个标记。取下齿轮，在标记处打一个小孔（见图 n）。

图 o

3. 用竹签穿过这个孔并伸到另一个纸板上。在给另一个纸板打孔前，确保竹签是水平的（见图 o）。在竹签的内侧加胶带，将 A3 和 A4 加到竹签外侧作为垫圈。

4. 将大齿轮安装到位后，用一层薄薄的纸片（可用从 L1 和 L2 上取下的表层纸）缠绕竹签。添加热熔胶或胶带，防止竹签上的纸片展开，并推动竹签上的纸片使其紧靠大齿轮（见图 p）。确保竹签垂直于齿轮，然后加入适量的热熔胶。关键是保证它在齿轮转动时不会有任何摆动。

5. 把所有的齿轮齿数加起来，然后除以 3。很幸运，我的齿轮齿数为 75，但你的可能有所不同。因为 75/3 = 25，所以我每隔 25 个齿就把一根牙签插进齿轮里（见图 q）。暂时不要用热熔胶把它们粘在一起。

如果你的齿数是 76，你可以以间隔 25、25、26 的方式插入牙签，如果是 74，则以 24、25、25 的方式插入牙签。我们的目标是尽可能均匀地把它分成 3 个部分（见第 135 页）。

6. 将两根工艺棒粘在底座底部（见图 r）。这样我们就可以用胶带把装置固定在坚固的表面上了。

制作配重杠杆

1. 取下 P1 上的表层纸片，露出瓦楞面，并将其放在配重杠杆的其他制作材料 O1、O2、O3、U 旁（见图 s）。

2. 将 P1 的瓦楞面和 O 粘到一起（见图 t）。

3. 把 O1、O2、O3 粘到一起，使粘有 P1 的一面朝上。然后把电池绑到末端（见图 u）。

4. 从 P2 上切下一个小三角形（见图 v）。

制作胶带斜坡

1. 在距离 T 边缘 1.3 厘米处做一个割痕。在距离末端 9 厘米处做一个折痕，然后从边角处剪去 9 厘米 ×1.3 厘米的部分（见图 w 和图 x）。

2. 将 S 竖立粘在胶带斜坡（第 1 步成品）末端底部，然后在底部添加 R 将其锁定，再粘在底座（Q）上（见图 y）。

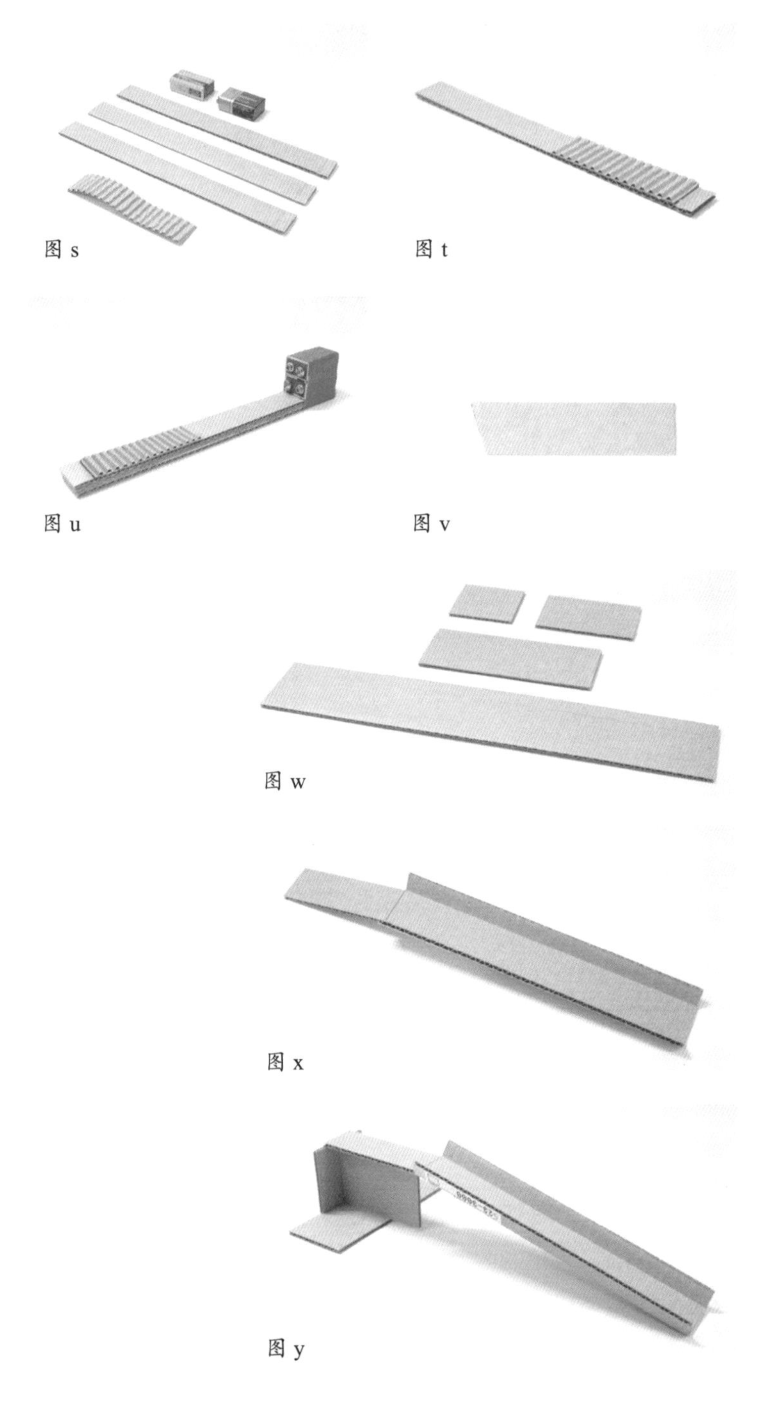

图 s

图 t

图 u

图 v

图 w

图 x

图 y

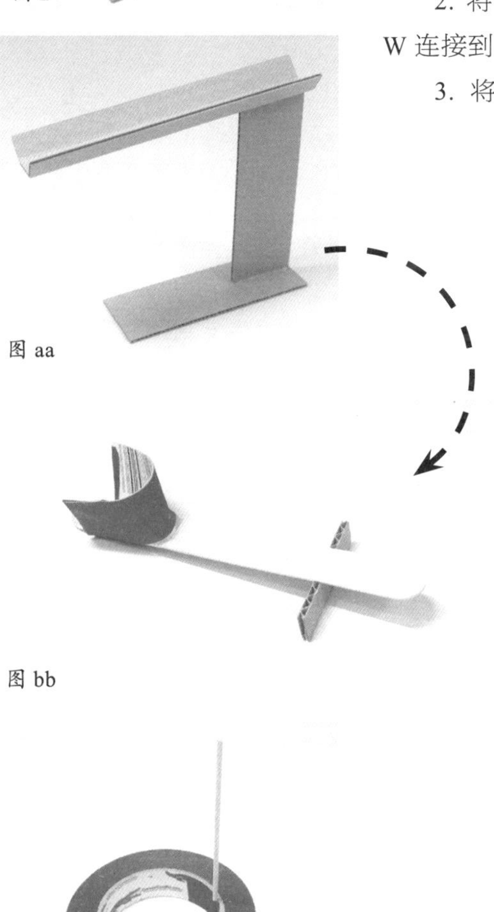

图 z

图 aa

图 bb

图 cc

制作弹球坡道

1. 在距离 W 两长边的边缘 1.6 厘米处做一个折痕。在 Y1 上切一个小切口，将 Y2 短边一侧垂直粘上去（见图 z）。

2. 将有折痕的弹球坡道 W 连接到 Y1 上（见图 aa）。

3. 将 X 竖立粘在工艺棒底部，位置为距离工艺棒一端末端 3.8 厘米。用 V 制作一个 U 形包上胶带，将它粘在工艺棒的另一端（见图 bb）。

4. 用胶带在一卷 2.5 厘米宽的胶带卷的内侧粘一根竹签（见图 cc）。

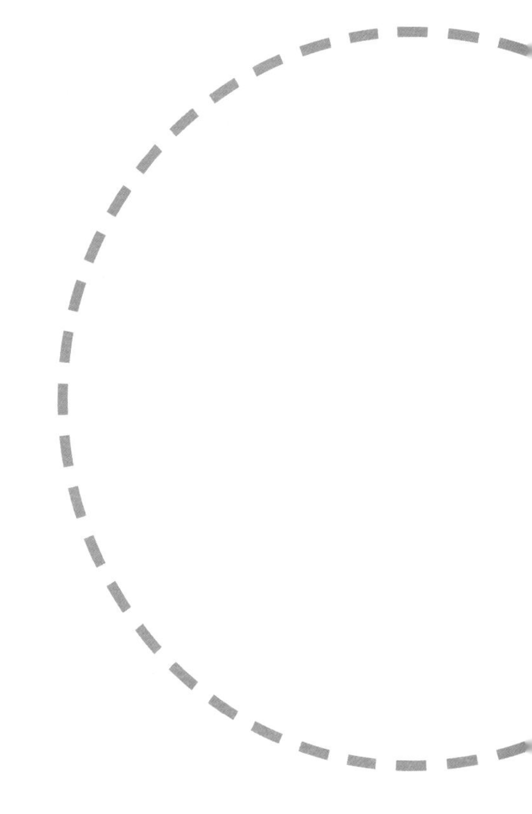

开始链式反应

安装

1. 用胶带把自动售卖机装置固定在桌面上。找一些糖果或者可以放进自动售卖机的东西。我用了一个糖果棒和一包饼干（见图 a）。

2. 定位直径为 15.2 厘米的齿轮，其中一根牙签放置在大约 11 点钟的位置（如果你逆时针方向缠绕钢丝，那么牙签就应转至 1 点钟位置左右）。握住大齿轮时，让配重杠杆靠在这根牙签上（见图 b）。取纸末端粘有瓦楞的纸板，将其楔入直径为 5 厘米齿轮的底面右侧（同样，如果你逆时针旋转，就把它放在左侧）。大小齿轮应该啮合在一起，这样可以防止齿轮转动。将切掉一角的 10.2 厘米的纸片放在楔入纸板的末端底部，以实现定位的目的。

3. 调整胶带坡道位置，以便在胶带卷经过时，胶带内侧的竹签可撞在上述 10.2 厘米纸片的斜角部分。用胶带把坡道固定在桌子上。小心地调整坡道上的胶带卷的位置。如果胶带卷有滚下来的趋势，在它前面放一个薄纸板。将工艺棒杠杆设置在背面。当弹球落入 U 形结构时，胶带卷可使弹球继续向前滚动。

4 . 把弹球坡道排成一行，让弹球坡道的尽头正好在 U 形结构的正上方（见图 c）。

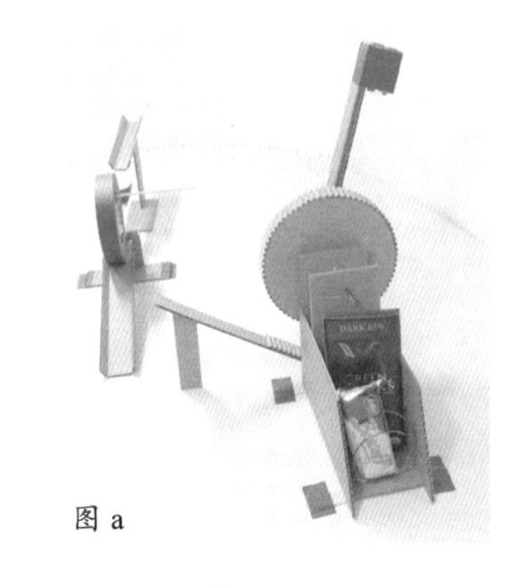

图 a

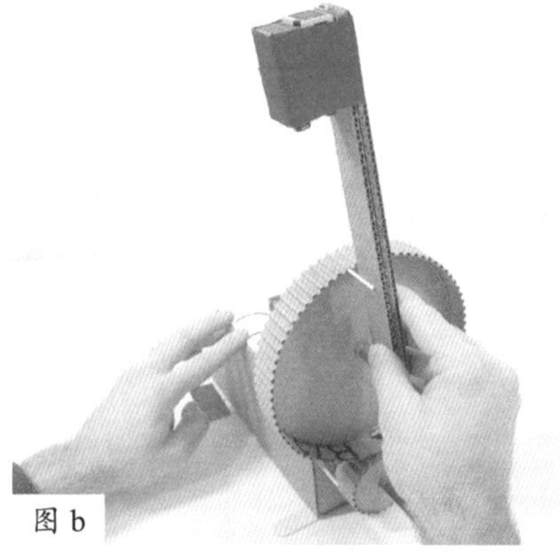

图 b

开始运行

为了引起链式反应，让弹球滚下第一个斜坡。当它落在工艺棒杠杆的 U 形结构中时，应继续向前滚动并带动胶带卷向前滚动。如果 X 在工艺棒的中间，你需要一个更重的物品来启动装置。然而，由于它偏离中心，离胶带卷更近，我们可以用一个轻的物品，如弹

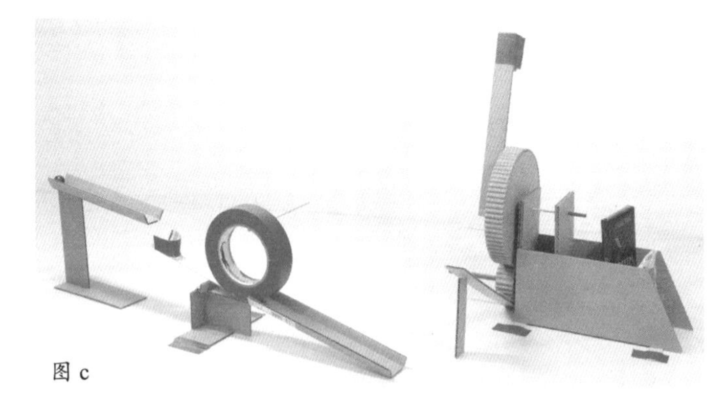

图 c

球，来提供足够的力量使胶带卷滚动。从U形结构到轴心点的距离越长，带动胶带卷滚动所需的重物就越轻。

当胶带卷滚下坡道时，伸出来的竹签会撞到固定住配重杠杆的有角度的部分。当配重杠杆下降时，直径为5厘米的小齿轮转动。已经稍微向左倾斜的配重杠杆现在会下降，使直径为15.2厘米的大齿轮旋转1/3圈。这会致使直径为5厘米的小齿轮旋转一整圈。因为自动售卖机的钢丝是通过铅笔连接到直径为5厘米的齿轮上的，所以它也会旋转一圈，导致物品（在这种情况下，是一个小包装的饼干）从前面掉出来。

要重置装置，你不需要旋转自动售卖机的钢丝。只需下降配重杠杆，旋转它，然后把它放回原位，让它靠在第二根牙签上（现在应该是11点钟的位置）。

故障排除

任何时候你自己制作齿轮都可能会遇到一些问题，因为齿轮正确工作的前提是非常精确的制作。如果你制作的圆不是完美的圆形，或者瓦楞齿有点破损，你就会遇到问题。如果齿轮啮合的地方粘上了胶水，会产生太大的摩擦力，这可能会阻碍齿轮平稳地旋转。

如果自动售卖机的钢丝剐到侧壁的边缘，或者不在铅笔的中心位置，也可能会有问题。耐心点，轻轻弯曲、挤压、测试、再测试。这根钢丝的延展性很强，最终你应该可以解决问题。

工程诀窍

早些时候，我们把直径为15.2厘米的齿轮分成3个部分。我们为什么要这么做？这个“3”不是任意选的。大齿轮的直径（15.2厘米）是小齿轮的直径（5厘米）的3倍。这意味着直径为15.2厘米齿轮的齿数是直径为5厘米的齿轮齿数的3倍。因此，当直径为5厘米的齿轮旋转一整圈时，直径为15.2厘米的齿轮只旋转1/3圈。如果我们用一个直径为20.3厘米和一个直径为5厘米的齿轮，我们会把较大的齿轮分成4个部分，因为直径为20.3厘米的齿轮每转1/4圈，直径为5厘米的齿轮就转一整圈。如果我们用的是直径为10.2厘米的齿轮，其需要旋转半圈，才能使直径为5厘米的齿轮转一整圈。问题是，桌子会挡住下降的配重杠杆，它不能旋转半圈。我们需要把它挂在桌子的边缘，这样它就可以旋转我们需要的半圈。使用直径较大的齿轮，如直径为15.2厘米或甚至直径为20.3厘米齿轮的唯一障碍是，我们需要在杠杆的末端增加重物，以提供足够的力量来旋转直径为5厘米的齿轮。

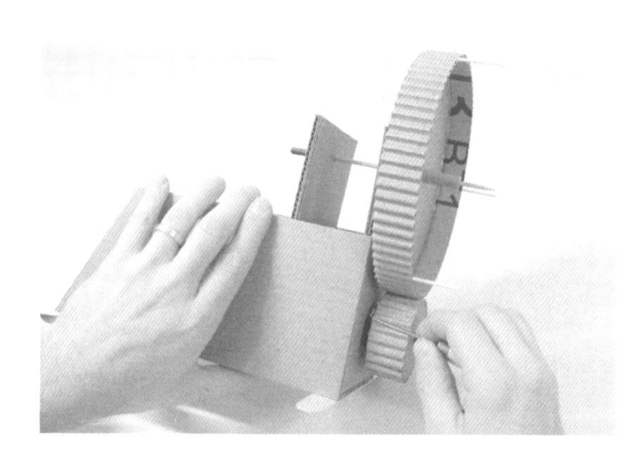

糖果分发器

虽然它的名字叫作糖果分发器，但是也可以用于分配弹球、坚果或螺丝。坚果也好，糖果也罢，纯属个人喜好。

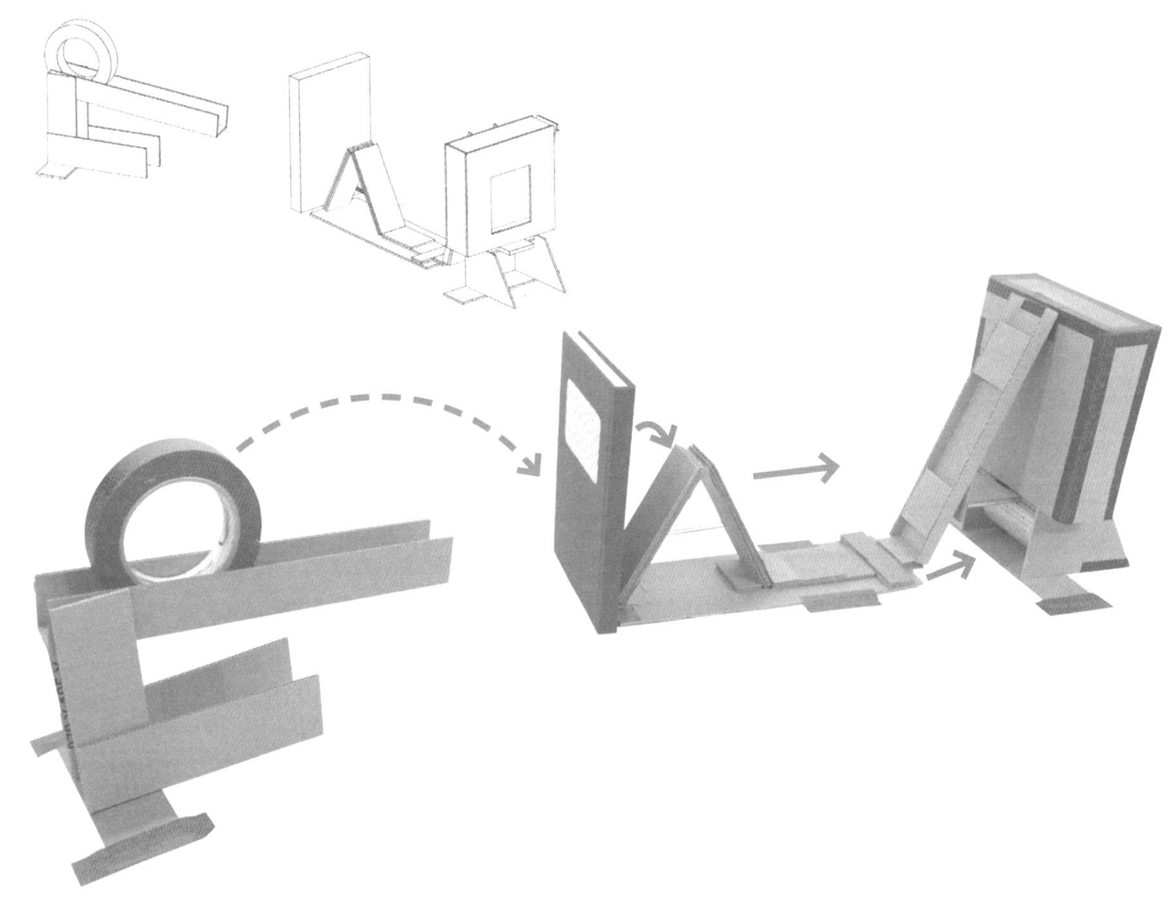

制作材料及工具

斜坡

纸板：

3 个，5 厘米 ×15.2 厘米（A1、A2、A3）

2 个，5 厘米 ×17.8 厘米（B1、B2）

1 个，3.2 厘米 ×30.5 厘米（C）

2 个，3.8 厘米 ×30.5 厘米（D1、D2）

其他：

15.2 厘米 ×22.8 厘米大的书或木块，作为一张大多米诺骨牌（E）

三角滑块

纸板：

1 个，2.5 厘米 ×10.2 厘米（F）

1 个，5 厘米 × 7.6 厘米（G）

1 个，5 厘米 ×16.5 厘米（H）

2 个，2.5 厘米 ×2.5 厘米（I1、I2）

4 个，2.5 厘米 ×5 厘米（J1、J2、J3、J4）

6 个，5厘米 ×11.4 厘米（K1、K2、K3、K4、K5、K6）

1 个，10 厘米 ×30.5 厘米（L）

其他：

1 根橡皮筋（M）

2 根牙签（N）

糖果分发器主体和杠杆

纸板：

2 个，5 厘米 ×12.7 厘米（O1、O2）

2 个，5 厘米 ×5 厘米（P1、P2）

5 个，5 厘米 ×17.8 厘米（Q1、Q2、Q3、Q4、Q5）

1 个，3.8 厘米 ×5 厘米（R）

1 个，7.6 厘米 ×25.4 厘米（S）

2 个，17.8 厘米 ×17.8 厘米（T1、T2）

1 个，5 厘米 ×10.2 厘米（U）

1 个，5 厘米 ×20.3 厘米（V）

2 个,1.8 厘米 ×3.8 厘米，薄纸板条（W1、W2）

4 个，2.5 厘米 ×5 厘米（X1、X2、X3、X4）

2 个，7.6 厘米 ×12.7 厘米，切下尺寸为 5 厘米 ×7.6 厘米的三角形，（Y1、Y2）

1 个，10.2 厘米 ×17.8 厘米，薄纸板（Z）

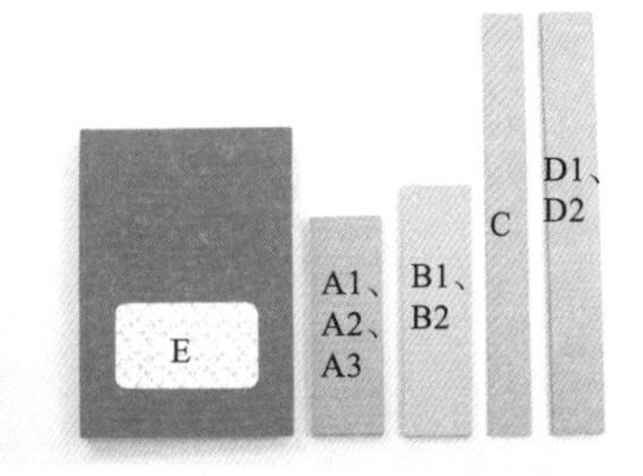

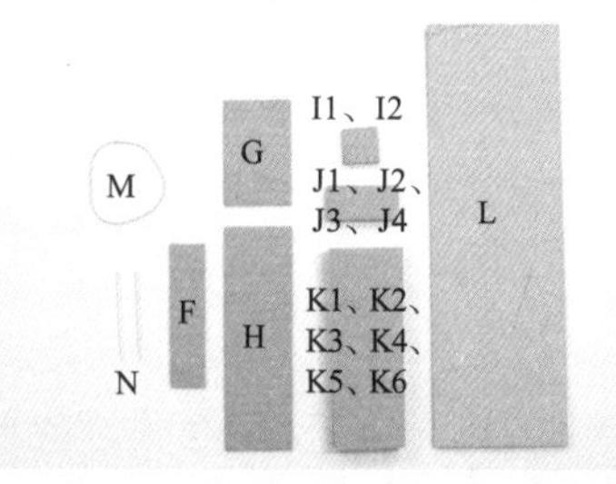

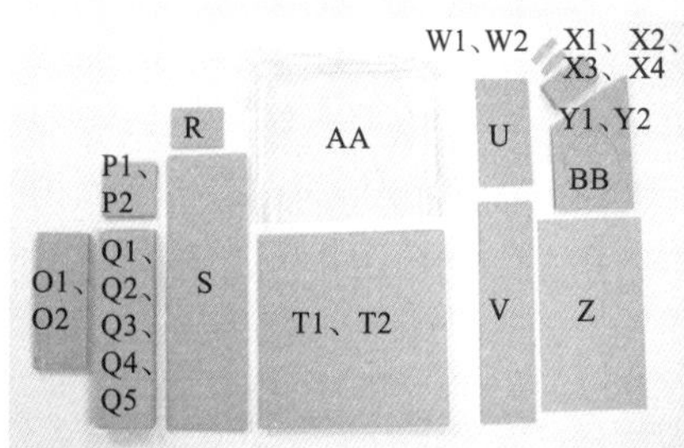

其他：

10.2厘米×12.7 厘米，薄透明塑料（AA）

1 根橡皮筋（BB）

未展示的材料

像 M&M 巧克力豆这样的小糖果

1 卷胶带

主要工具

热熔胶枪和热熔胶

美工刀　　尺子　　胶带

锥子　　　削尖的铅笔

制作糖果分发器

制作斜坡

1. 取出 C、D1、D2，将 D1 和 D2 粘在 C 上，创建一个通道（见图 a）。

2. 将 A1 和 A2 以稍微倾斜的角度添加到两端，创建一个稍微倾斜的斜坡（见图 b）。

3. 添加 B1 和 B2 来创建底座，然后将 A3 粘在下面以保持平衡（见图 c 和图 d）。

图 a

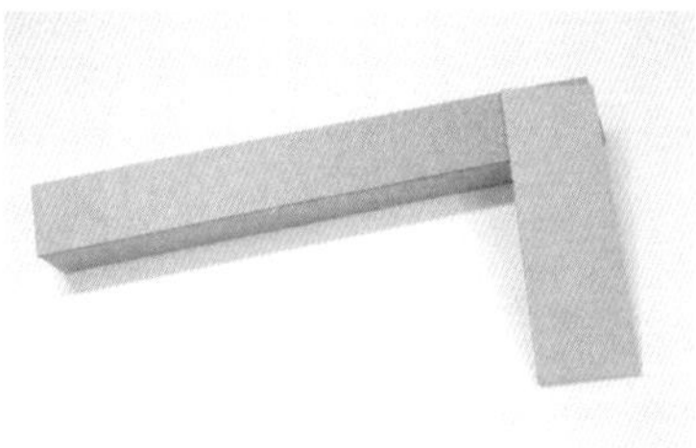

图 b

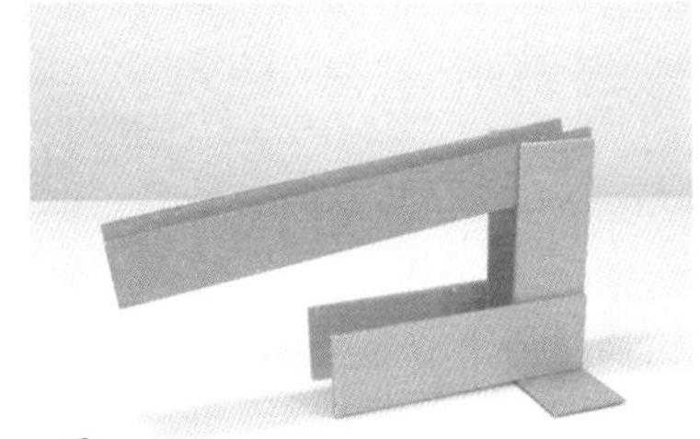

图 c

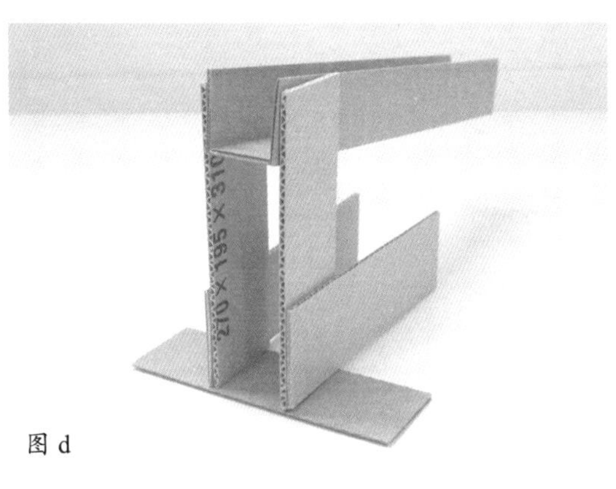

图 d

制作三角滑块

1. 用热熔胶把两组 K 纸板粘在一起，每组 3 层纸板厚（见图 e）。

2. 将 J1、J2、J3、J4、G 粘到 H 上（见图 f）。

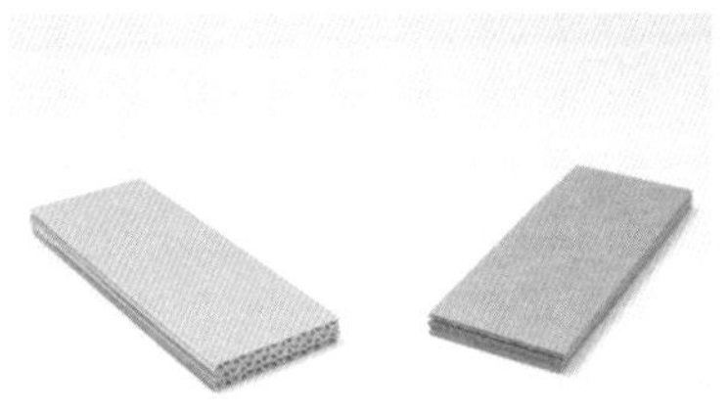

图 e

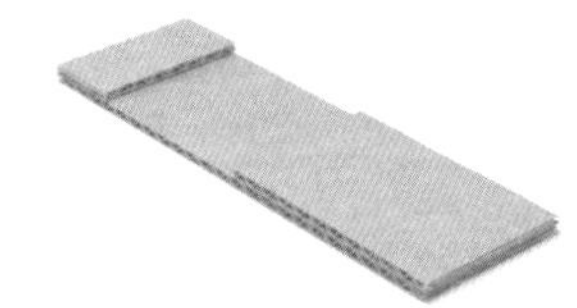

图 f

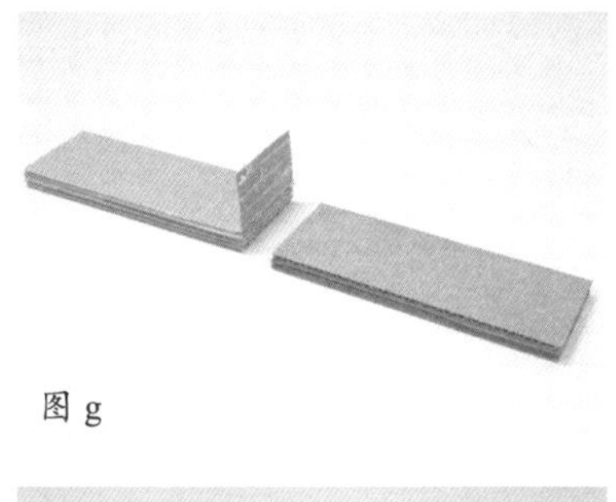
图 g

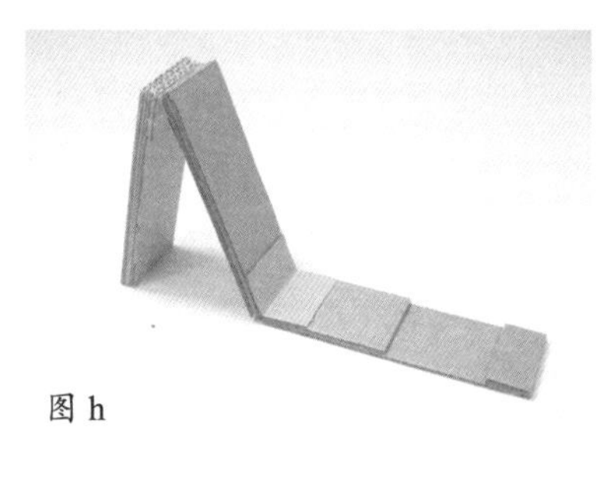
图 h

3. 在两组 K 叠片之间创建铰链。使用胶带可能会造成强度不够，所以最好用纸板表层来连接，再将铰链和图 f 中的部件粘在一起。（见图 g 和图 h）。

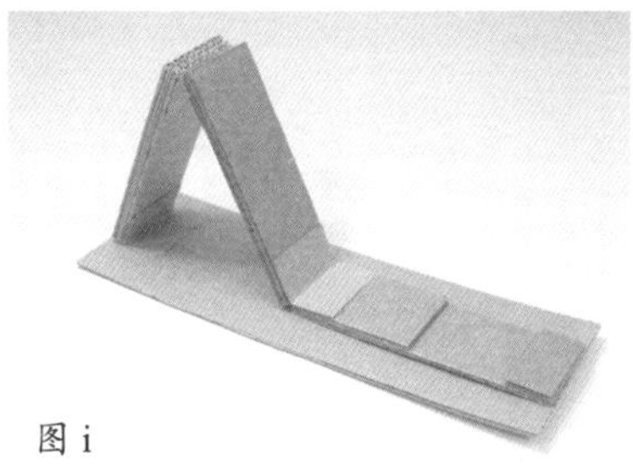
图 i

图 j

4. 将整个部件粘到底座（L）上，靠近底座边缘的 K 叠片末端与底座之间使用铰链（见图 i）。

5. 将垫片（I1 和 I2）粘在 F 上。将垫片放在底座上平放的单层片上（见图 j 和图 k）。确保平放的单层片可以前后滑动。这个结构是为了保持滑块不左右滑动，但仍然允许它向前和向后滑动。如果不能自由滑动，你可以在 I 上加一个薄垫片，让它有一点额外的高度。一旦你确定它可以自由移动，就把它粘在底座上，注意不要把滑块粘上。

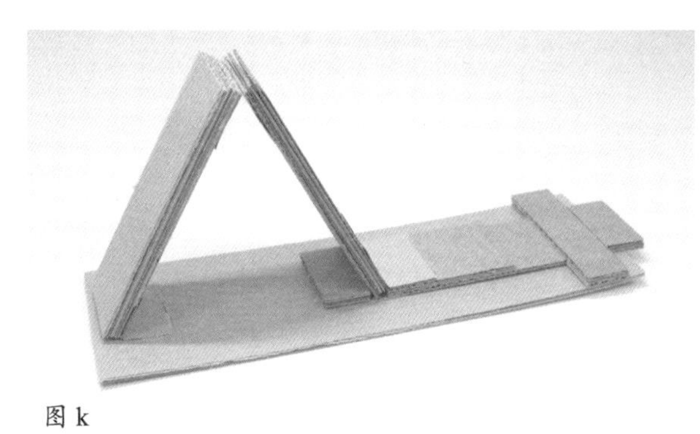
图 k

6. 将两根牙签按图 *l* 所示插入三角形立柱底部附近。如果它们的位置不固定，加一点热熔胶，用橡皮筋把它们连接起来。轻轻地推一下三角形顶端，它应该会下塌一些，滑块则向前移动。当你放手的时候，它会弹回原位。

图 *l*

制作糖果分发器主体

1. 用美工刀和尺子从T1中间切出一个方形区域，该方形区域距离底部2.5厘米，距离其他3边5厘米（见图m）。

2. 将薄透明塑料裁剪成边长为2.5厘米或大于上述纸板方形区域的尺寸，把薄透明塑料粘在该纸板上，用胶带将其边缘固定住（见图n）。

3. 糖果的大小和你每次想要被分配多少将决定从下一个纸板中切出多大的洞。对于M&M巧克力豆，上述方形区域的尺寸应该是完美的。对于任何更大的糖果，你都必须尝试扩大洞的尺寸。取出Q1和Q2，在中间画一个2.5厘米×2.5厘米的正方形（见图o）。把两个纸板粘在一起，把你做记号的地方剪下来。你也可以先剪下方形区域，再将Q1和Q2粘起来。这将是糖果分发器的底部。

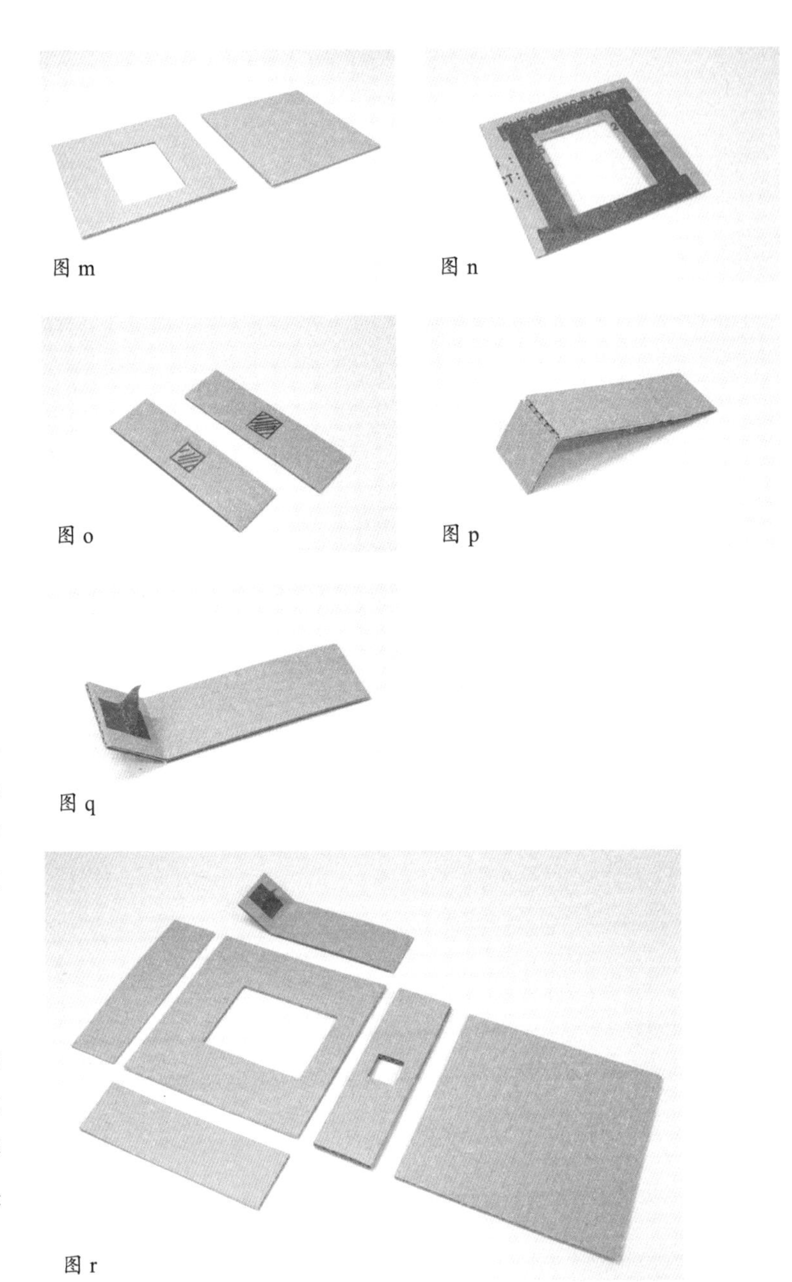

图m

图n

图o

图p

图q

图r

图 s

图 t

图 u

图 v

图 w

4. 在 Q3 上做一条 5 厘米的割痕，添加一个胶带把手帮助你打开和关闭它（见图 p 和图 q）。这是你加糖的地方。

5. 取出 T2、Q4、Q5 和步骤 1 ~ 4 中准备好的所有部件并摆放好（见图 r）。投放口在哪一边不重要，但是有开孔的双层部件应该在底部。

6. 将所有的部件用热熔胶粘在一起，并在接缝处添加胶带，以保持稳固（见图 s）。

7. 在 O1 和 O2 的中心各标记一个 2.5 厘米 ×2.5 厘米的正方形，把 O1 和 O2 粘在一起，然后剪下中间的正方形（见图 t）。

8. 把 X1、X2、X3、X4 粘成两组（见图 u）。

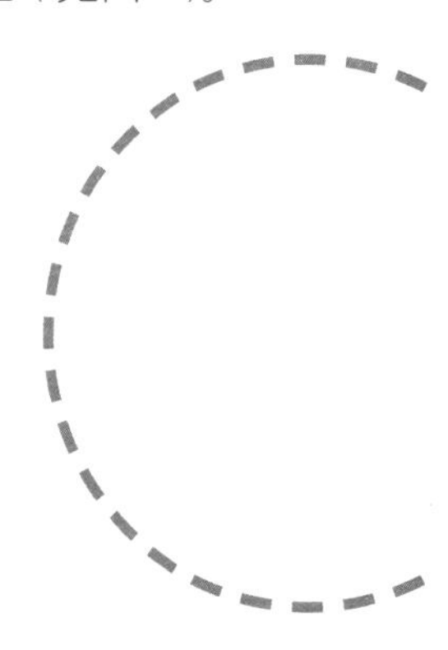

9. 翻转糖果分发器，使其底部朝上。将 Q 纸板与 O 纸板上的切口对齐，并将两组 X 纸板粘在两边，确保 O 纸板可以前后滑动（见图 v）。

10. 为了有一点额外的空间，添加一些薄纸板碎片作为垫片（见图 w）。

11. 从 U 的中心剪下一个 2.5 厘米 × 2.5 厘米的正方形，并把它粘在垫片上（见图 x）。

12. 加上 Y1 和 Y2。Y1、Y2 的一个直角边应与背面齐平（见图 y）。

13. 将 R 粘在三角滑块的背面（见图 z）。

14. 从两端向相反方向折叠 Z，折叠位置为距离两端 1.3 厘米（见图 aa）。

15. 把 Z 的一端粘在 U 的后边缘，把它向前弯曲并粘到前面（见图 bb 和图 cc）。这是收集糖果的地方。

16. 用热熔胶把 V 粘在底座的背面以保持稳定（见图 dd）。

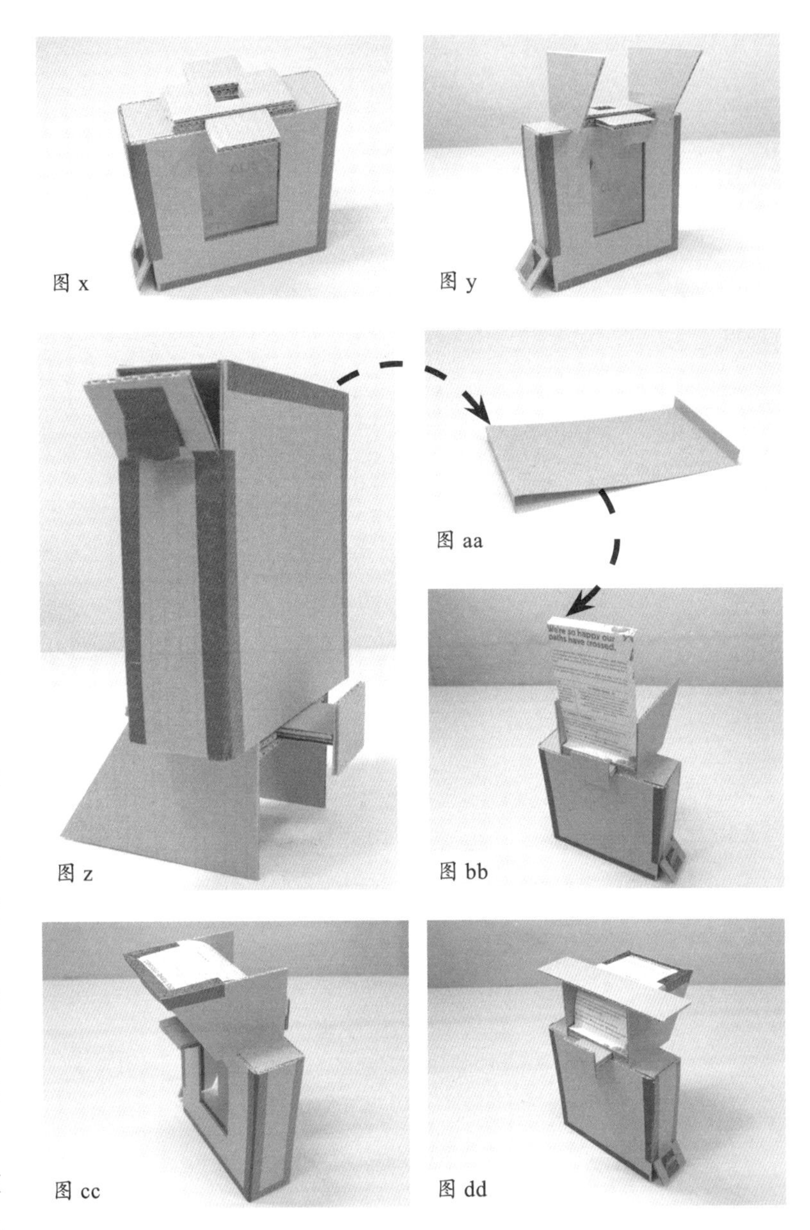

图 x 图 y 图 z 图 aa 图 bb 图 cc 图 dd

制作杠杆

1. 取出P1、P2和S。在S上距侧边1.3厘米处做两条割痕。折叠起来制作一个杠杆（见图ee）。

2. 将P1和P2分别粘在距S两端2.5厘米处（见图ff）。不要将P1和P2粘在末端，因为我们需要它们是开放的。

3. 将杠杆连接到糖果分发器主体的后中部。注意，它需与三角滑块上的R接触（见图gg）。

4. 用锥子在糖果分发器主体的两边打几个孔（见图hh），并用削尖的铅笔扩大孔径。如果你做了一个打孔垫，现在是使用它的好时机。

5. 把橡皮筋剪断，这样就成了一长条。在其末端打结并将它粘在W1和W2上，形成翻盖（见图ii）。

6. 将翻盖放入刚打的孔中，将橡皮筋粘在两侧边，确保橡皮筋紧度适中（见图jj）。

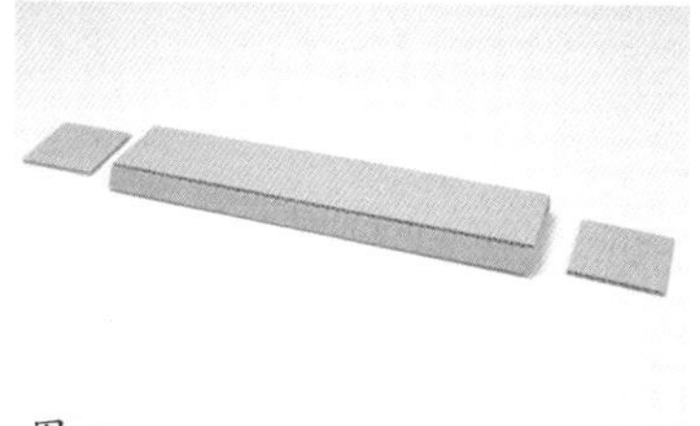

图 ee

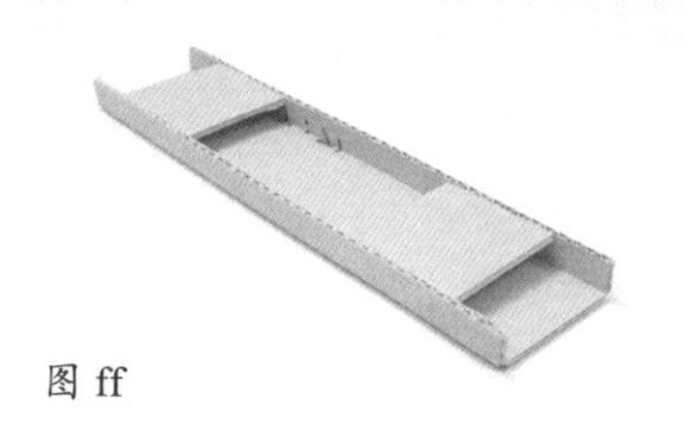

图 ff

图 gg

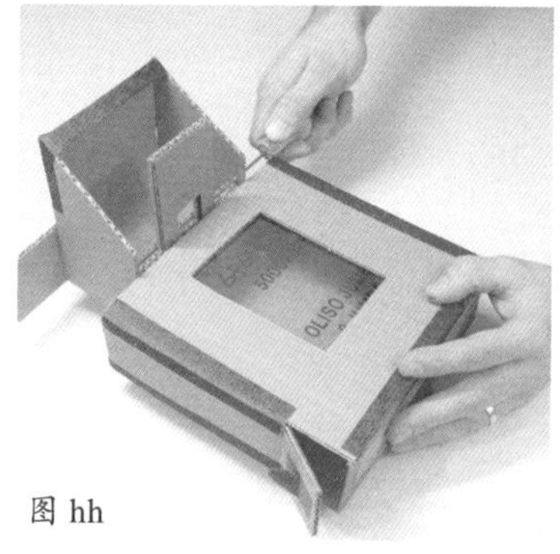

图 hh

图 ii

图 jj

图 a

图 b

开始链式反应

安装

1. 在装置里装满你选择的糖果。我用的是花生酱口味的M&M 巧克力豆（见图 a）。

2. 设置好三角滑块，使其接触杠杆（见图 b）。

3. 将书放在三角滑块后面，使书的右边缘与三角滑块的右边缘对齐。如果你把书放在中间，它就会落在三角滑块上，把它压下去。如果你把书放在一边，当它倒下时，它会向下推三角滑块，然后倒到一边，让三角滑块弹回到它的初始位置。这将打开和关闭糖果分发器内的糖果释放杆（见图 c）。

4. 把斜坡放在与书成一定角度的地方。如果它是正面朝上的，它可能会妨碍书向后滑动或从三角滑块上滑下来。在斜坡上放一卷胶带，并使其暂时固定在图 d 所示的位置。

图 c

图 d

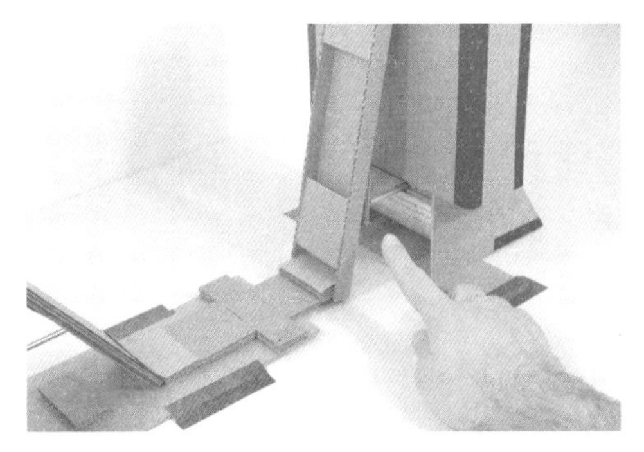

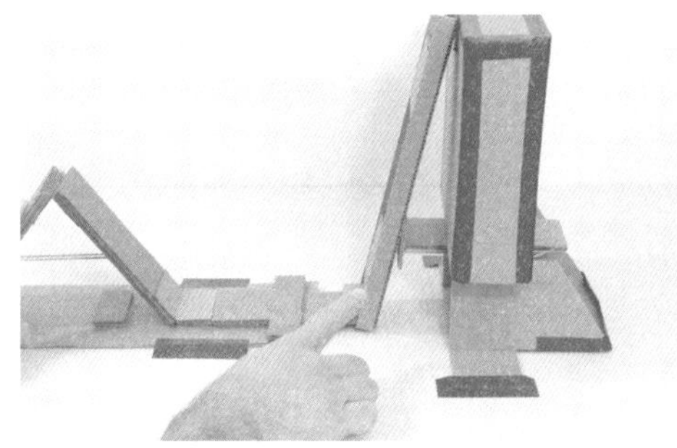

开始运行

要引发链式反应，先松开胶带卷。它会滚下来撞到书。书将落在三角滑块上，推动三角滑块向前移动，三角滑块又推动连接糖果分发器的杠杆。一旦杠杆前进了足够的距离，众多切口将会对齐，糖果就会掉下去。当书从三角滑块上滑下来或掉下来时，所有的东西都会回归原位，这将中断糖果的掉落。

故障排除

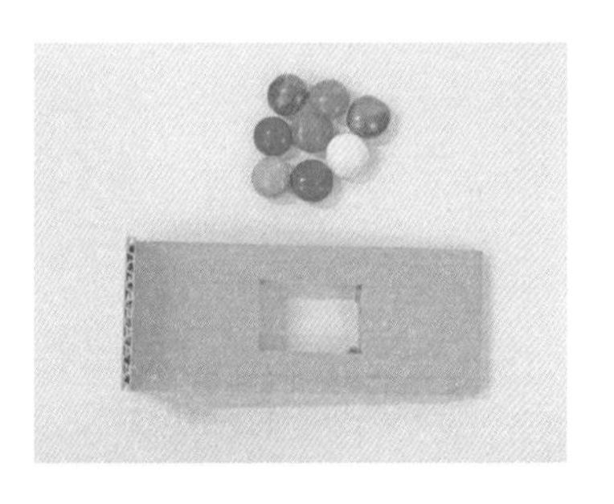

最常见的问题是糖果无法掉出。这很容易解决。你的第一个选择是找尺寸小一点的糖果。如果你选择的是尺寸大的糖果，那么可以扩大所有的 2.5 厘米 ×2.5 厘米的切口。我发现对于普通的 M&M 巧克力豆来说，这个尺寸很合适，但是这个尺寸对于花生酱口味的 M&M 巧克力豆来说太小了，以至于它们总是被卡住。你可以试着把滑块上的开孔扩大，如果这不起作用，需要把所有的孔都扩大。如果不能把底部的开孔扩大，这就有点麻烦了。你可以小心地把刀插进底部开孔，轻轻地锯开边缘，让孔更大。我做了一个 2.5 厘米 ×3.8 厘米的孔，看起来效果不错。

工程诀窍

落下的书做的是旋转运动，因为它的底部起着枢轴的作用。书围绕着那个枢轴旋转，有点像门上的铰链。当它撞到三角滑块时，旋转运动就变成了线性运动。底部的前后滑动是线性运动。线性运动推动长杠杆臂。当长杠杆臂推动糖果分发器时，其旋转运动就会被转换成线性运动。

饼干投掷器

这个装置是吃饼干的绝佳借口。你可以告诉你的父母你需要用饼干来辅助你学习机械工程。一定要对这个装置进行故障排除，这样你就可以在解决问题的同时多吃一些饼干。

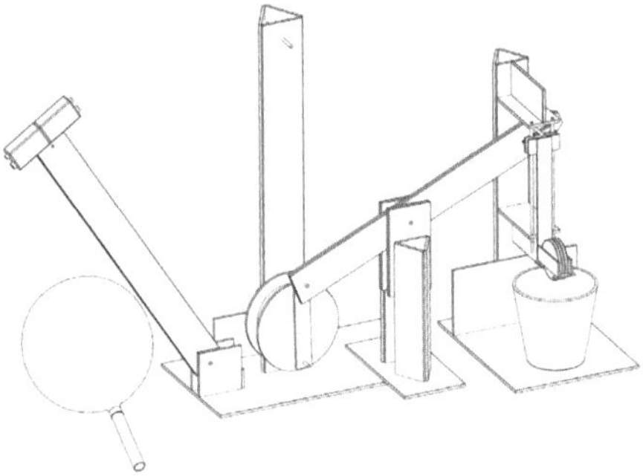

制作材料及工具

投掷装置

纸板：

2个，1.8厘米×10.2厘米，薄纸板（A1、A2）

4个，2.5厘米×2.5厘米（B1、B2、B3、B4）

（注：B1、B2、B3、B4实际为“杠杆、塔式结构和联动结构”中的材料）

2个，3.8厘米×5.7厘米（C1、C2）

2个，3.8厘米×9厘米（D1、D2）

1个，11.4厘米×30.5厘米（E）

1个，7.6厘米×15.2厘米（F）

1个，15.2厘米×20.3厘米（G）

其他：

2根15.2厘米长的竹签（H）

3根15.2厘米长的工艺棒（I）

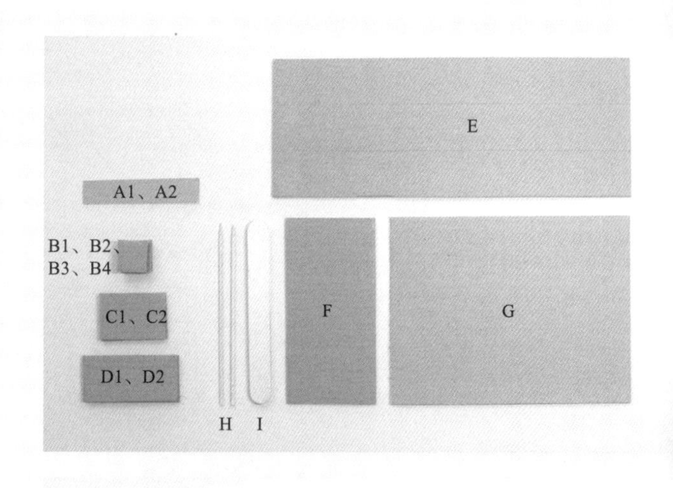

杠杆、塔式结构和联动结构

纸板：

1个，15.2厘米×40.6厘米（J）

1个，15.2厘米×28厘米（K）

1个，5厘米×12.7厘米（L）

1个，2.5厘米×30.5厘米（M）

2个，直径为10.2厘米的圆（N1、N2）

2个，直径为7.6厘米的圆（O1、O2）

2个，1.8厘米×10.8厘米（P1、P2）

2个，5厘米×5厘米（Q1、Q2）

1个，7.6厘米×12.7厘米，薄纸板（R）

3个，3.8厘米×35.6厘米（S1、S2、S3）

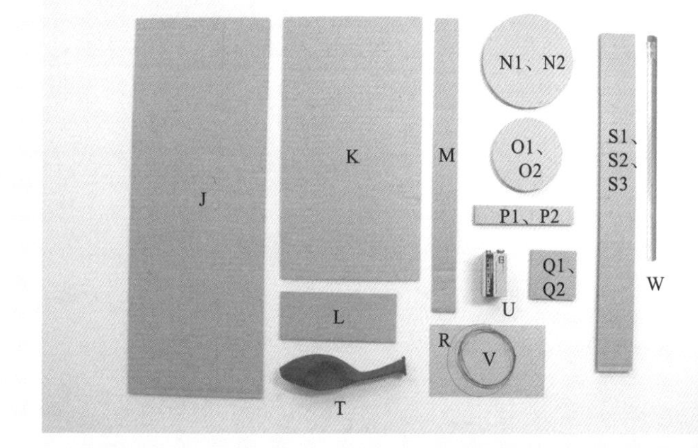

其他：

1个气球（T）

2节9伏的电池（U）

1米长的强韧的线（V）

（注：T、U和V实际为“塔式结构”中的材料）

1支全新的铅笔（W）

2根竹签（未展示）

塔杆结构

纸板：

2 个，11.4 厘米 ×15.2 厘米，在距两侧长边 3.8 厘米处做两条割痕（X1、X2）

4 个，5 厘米 ×10.2 厘米（Y1、Y2、Y3、Y4）

2 个，3.8 厘米 ×35.6 厘米（Z1、Z2）

1 个，6.4 厘米 ×14 厘米（AA）

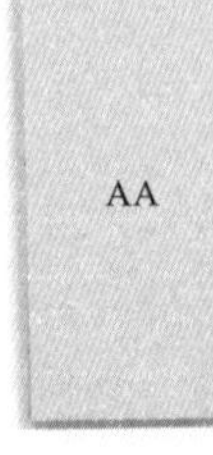

其他：

饼干（BB）

玻璃杯和牛奶（未展示）（CC）

2 根竹签（未展示）

主要工具

美工刀

热熔胶枪和热熔胶

胶带

锥子

削尖的铅笔

剪刀

尺子

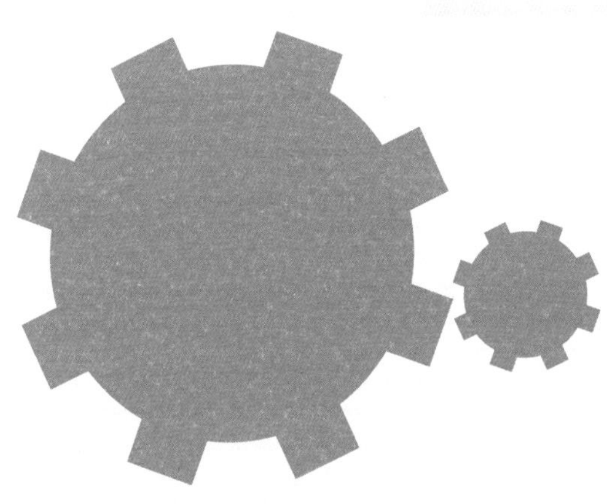

制作饼干投掷器

制作投掷装置

1. 准备好所需的材料 E、G 和 F（见图 a）。用一把美工刀，将 E 通过割痕分成 3 等份。沿着割痕折出一个三棱柱，用热熔胶和胶带固定。把这个三棱柱粘在底座（G）的中间，注意方向。添加 F 作为支撑（见图 b）。

2. 准备好所需的材料 A1、A2、D1、D2 和两根竹签（见图 c）。把 A1 和 A2 分别绕在一根竹签上，用胶带封好。我们的目标是制作两个滑块（此处为 A1 和 A2），它们可以在竹签上自由滑动。当 A1 和 A2 无法自由滑动时，将它们放松些。用锥子在 D1 和 D2 短边距离边缘 6 毫米处打两个孔，将两根竹签插入其中一个纸板，并用热熔胶固定（见图 d）。

3. 旋转竹签让 A1 和 A2 自由下落，以再次检查 A1 和 A2 是否能自由滑动（见图 e）。如果它们不能轻松地滑下来，那就证明 A1 和 A2 捆绑过紧。

4. 用剪刀从一根工艺棒上剪下来两段，两段的长度均为 3.8 厘米，然后把它们粘在卷好的 A1 和 A2 上，确保 A1 和 A2 仍然可以沿着竹签自由滑动（见图 f）。

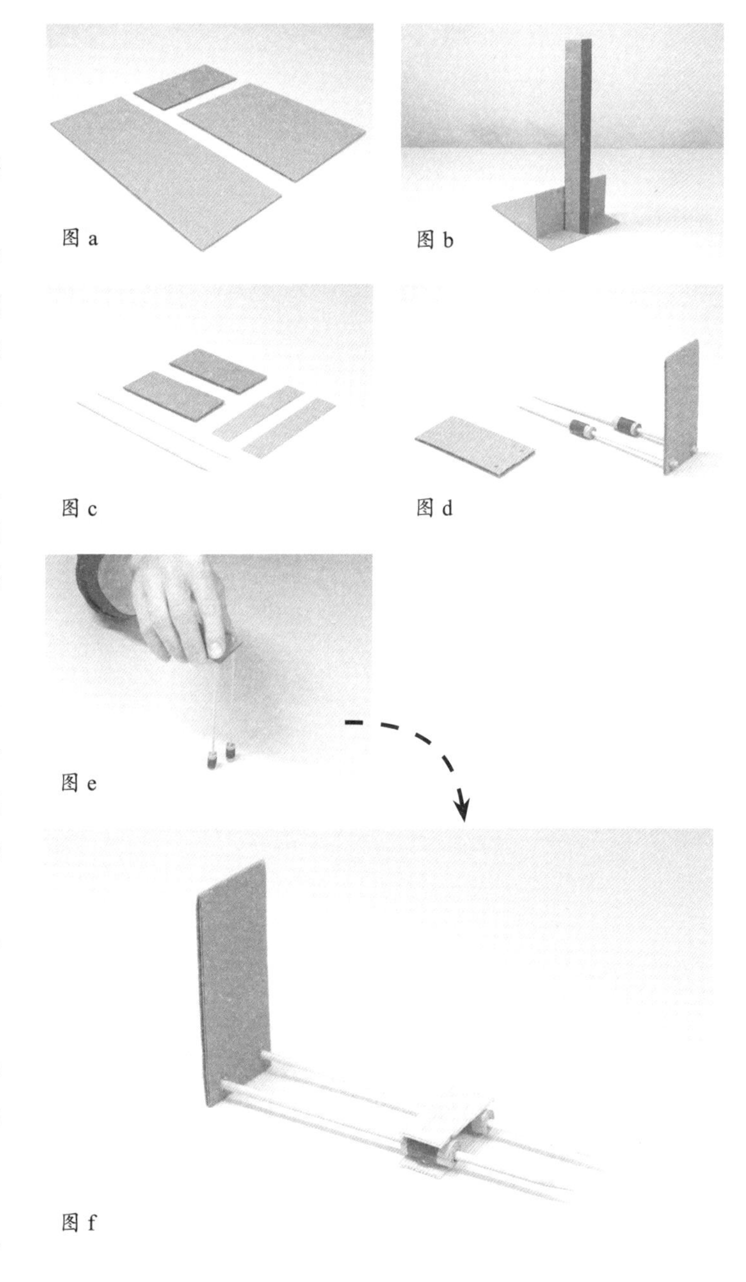

图 a

图 b

图 c

图 d

图 e

图 f

5. 将竹签结构粘到距离三棱柱顶端 3.8 厘米处，并添加 C1 作为支撑（见图 g）。

6. 将 A1、A2 结构滑入竹签结构中，添加 C2 与 C1 形成对应（见图 h）。

7. 将一根工艺棒的圆形末端剪掉，然后将其切成 3 段，长分别为 3.1 厘米、5 厘米和 5 厘米。将长为 3.1 厘米的薄片纵向分成 3 段（见图 i）。

8. 将其中的一些小块粘在一根完整的工艺棒上，如图 j 所示，这里是装饼干用的。

9. 将此部件粘在 A1、A2 结构上。你可能需要修剪用作支撑的纸板，这样它就不会在工艺棒上下滑动时产生干扰（见图 k）。

10. 将一根 2.5 厘米长的竹签粘在滑块的顶部（见图 *l*）。

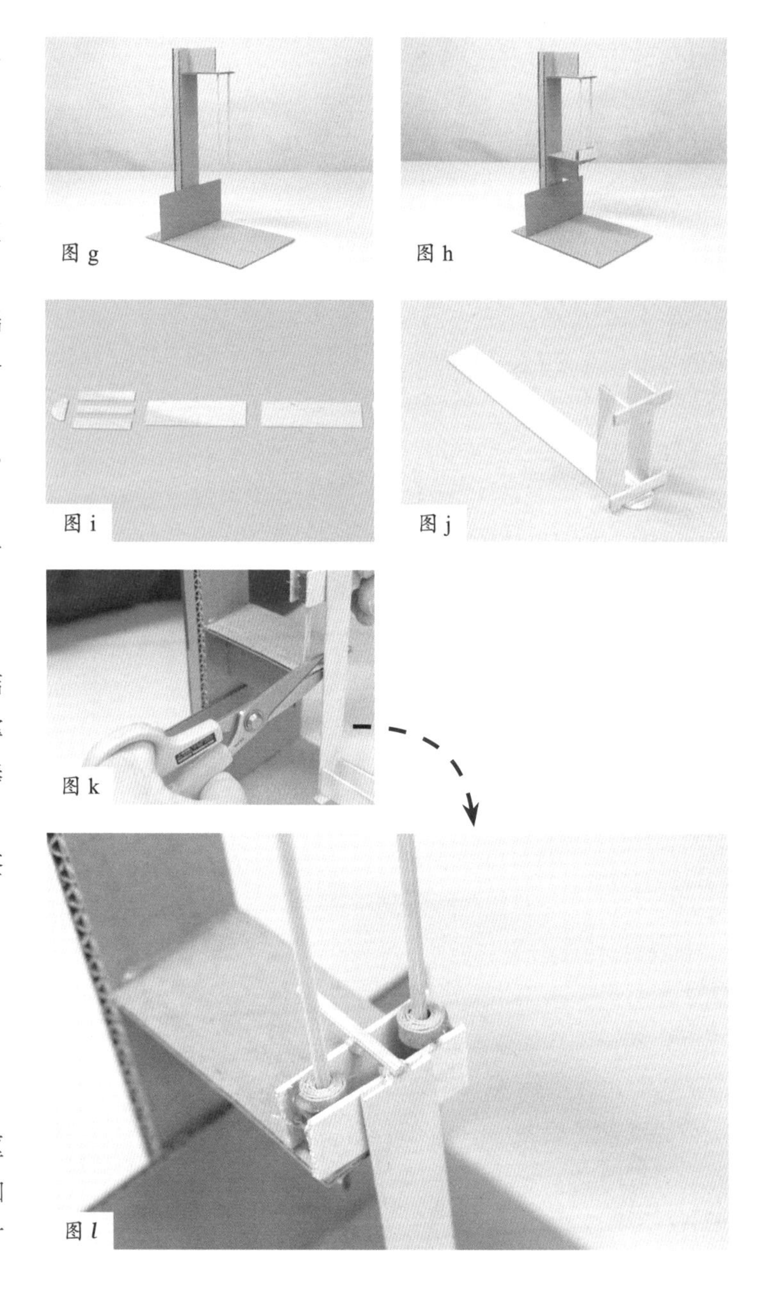

图 g

图 h

图 i

图 j

图 k

图 *l*

制作杠杆

1. 将 S1、S2 和 S3 堆叠起来，并用胶带固定。在距边缘 1.3 厘米的两端各打一个孔。在 Q1 和 Q2 的一角、B1 和 B2 的中心打孔（见图 m）。

2. 将一根2.5厘米长的竹签穿过S纸板一端的孔，在竹签两边分别插入B1和B2，然后在B1、B2两边分别插入Q1和Q2，最后粘到K上。在L的前面加上B3（见图n）。

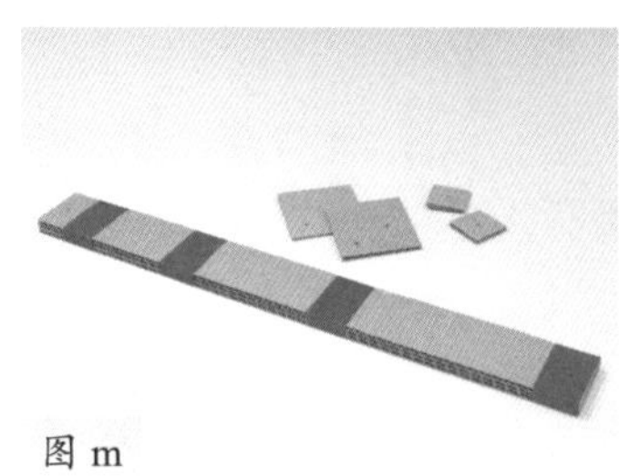

图 m

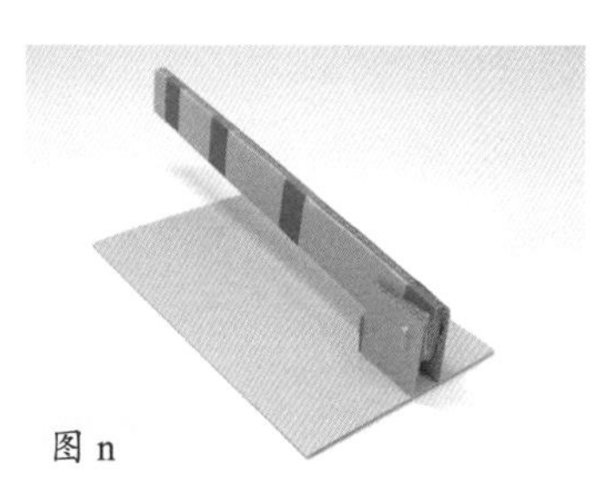

图 n

制作塔式结构和联动机构

1. 在J上每隔5厘米的距离做一条割痕，并按割痕折叠成一个三棱柱（见图o）。

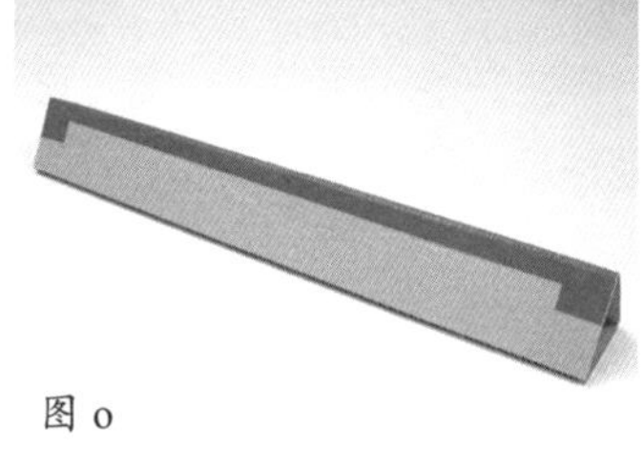

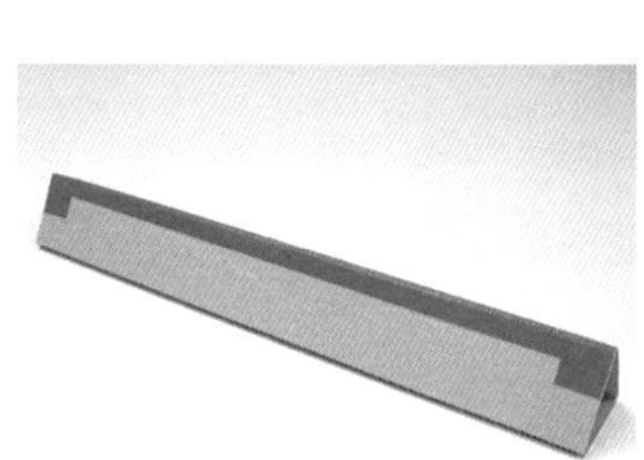

图 o

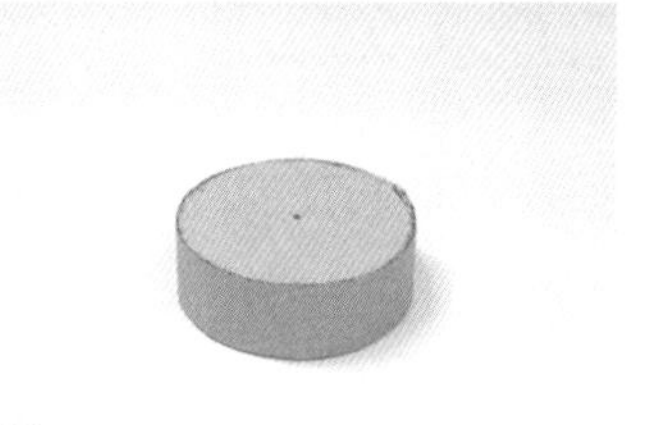

图 p

2. 找到O1和O2的圆心并打孔，使用O1、O2和M创建一个圆筒（见图p）。

3. 找到N1和N2的圆心并打孔。将N1和N2分别贴在O1和O2上，用削尖的铅笔仔细扩大孔径。然后把削尖的铅笔换成全新的铅笔，用热熔胶固定（见图q）。

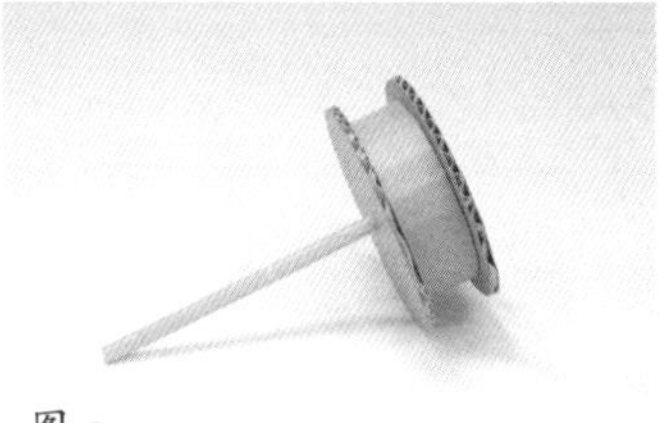

图 q

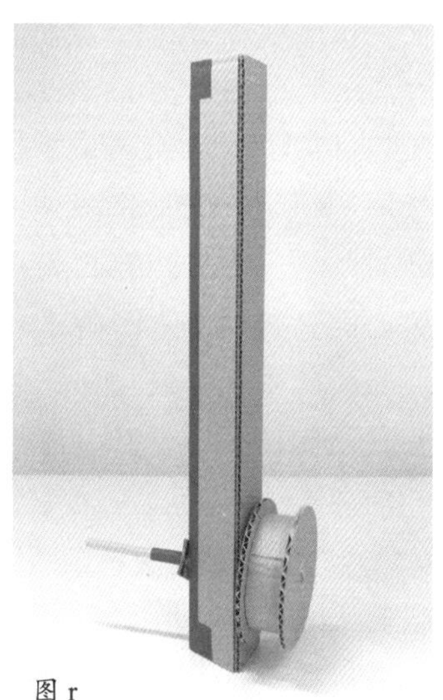

图 r

4. 在三棱柱底部向上6.4厘米高度处扎一个孔，然后用削尖的铅笔扩大。将上一步制成的部件穿过此孔，使用B4作为露出部分的铅笔的垫圈。在铅笔和外部垫圈上涂胶水，使其保持原位。你也可以用胶带把铅笔包起来，以固定垫圈（见图r），这就是塔式结构。

5. 将塔式结构粘在杠杆底座上，使三棱柱以杠杆为中心，距离Q1、Q2支架约1.8厘米。添加L作为支撑（见图s）。

6. 将P1和P2粘在一起，形成一个短臂。在两端距离边缘6毫米处各打一个孔，该孔应使竹签可以自由旋转。在距三棱柱边缘1.3厘米处打一个孔，插入一根3.8厘米长的竹签，用热熔胶将其固定。将短臂的一端放在竹签上，并在竹签上粘上胶带，使竹签保持在合适的位置（见图t）。三棱柱和短臂都应该可以自由旋转。

制作塔杆结构

1. 将 X1 和 X2 折叠并粘贴，以创建两个三棱柱。将 4 个 Y 纸板两个一组，每个三棱柱上粘一组，且超出三棱柱顶部 3.8 厘米。在两组 Y 纸板距离三棱柱顶部 1.8 厘米处各打一个孔（见图 u 和图 v）。

2. 将 Z1 和 Z2 粘在一起，但只在外边缘涂上热熔胶；如果把热熔胶涂在整个表面，可能会把要做的孔和缝粘起来，我们需要使竹签能在这些孔和缝中自由旋转和滑动。在距离 Z 短边 1.3 厘米、长边 15.2 厘米处打一个孔。在另一短边侧的中部剪出一条矩短边 1.3 厘米、长为 3.8 厘米的缝（见图 w）。

3. 将一根竹签穿过长杆 Z 的中心孔，将图 v 中的两个立柱放在长杆的外侧。在立柱的外壁和长杆之间留一点空隙，然后把它们粘在 AA 的中间。将竹签修剪成 6 毫米左右细长，使竹签两边伸出纸板（见图 x）。

4. 将一根 2.5 厘米长的竹签插入与圆筒相连的短臂中，并用热熔胶粘住。将竹签穿过长杆的中心孔，并用胶带固定。当长杆水平时，旋转圆筒直到短臂与其垂直。在小底座和大底座之间做一个记号，然后把两个底座粘在一起（见图 y）。

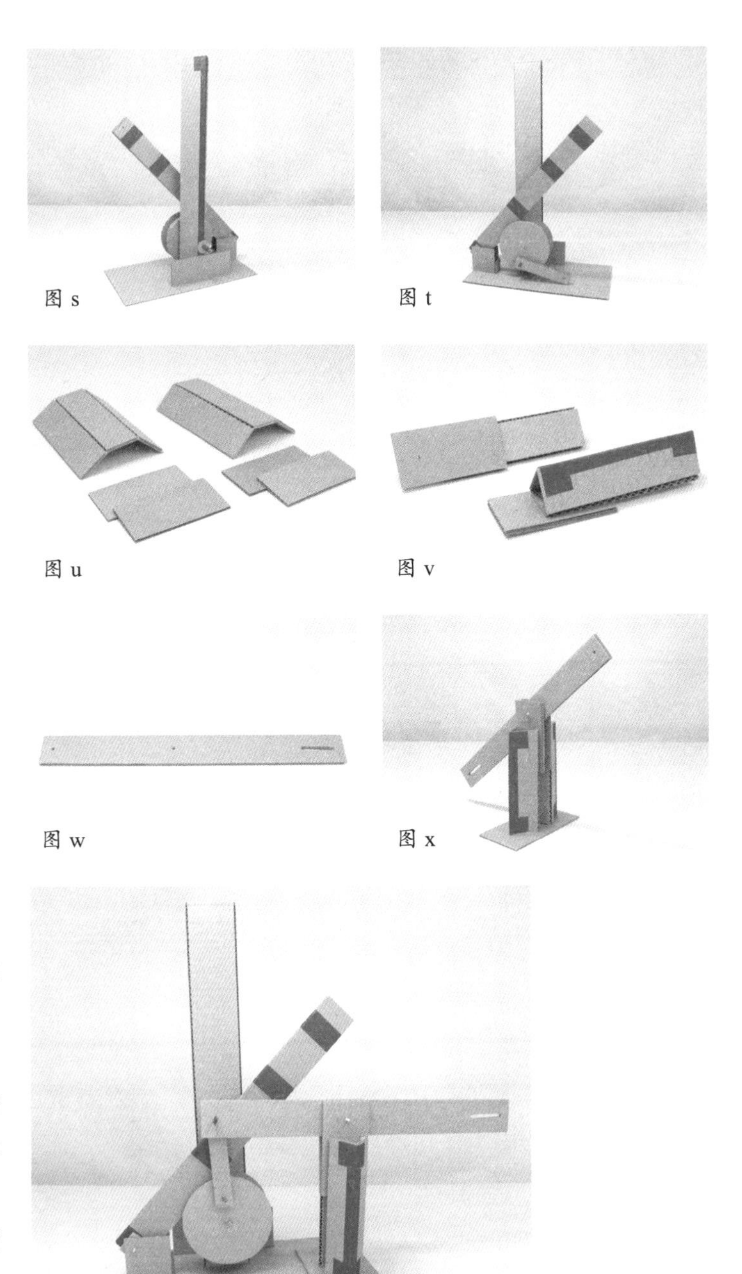

图 s

图 t

图 u

图 v

图 w

图 x

图 y

5. 把两节电池绑在长杆的末端。如果胶带将孔覆盖住了，重新打孔，并将线的一端固定于此（见图 z）。

6. 在距三棱柱顶部 1.3 厘米处打一个孔,并插入一根竹签（见图 aa）。把线套在竹签上，用热熔胶和胶带把它粘在圆筒上（见图 aa）。剪掉长杆末端的角，这样它就不会干扰支架。

7. 将投掷装置上的竹签插入长杆上的 3.8 厘米狭缝中。在竹签上加胶带，以保持长杆在适当的位置（见图 bb 和图 cc）。

8. 把 R 卷起来,用胶带粘住,做成一根大吸管，把气球吹气口与它对准（见图 dd）。

9. 检查一下投掷装置和饼干是否适合你选择的玻璃杯。用手旋转圆筒，它就会使饼干上升或下降。如果它卡住了或者太紧了,你可能需要一个更大的玻璃杯。一旦你做对了，在底座上标记玻璃杯的位置，这样你就知道在装满牛奶后应该把玻璃杯放在哪里（见图 ee）。

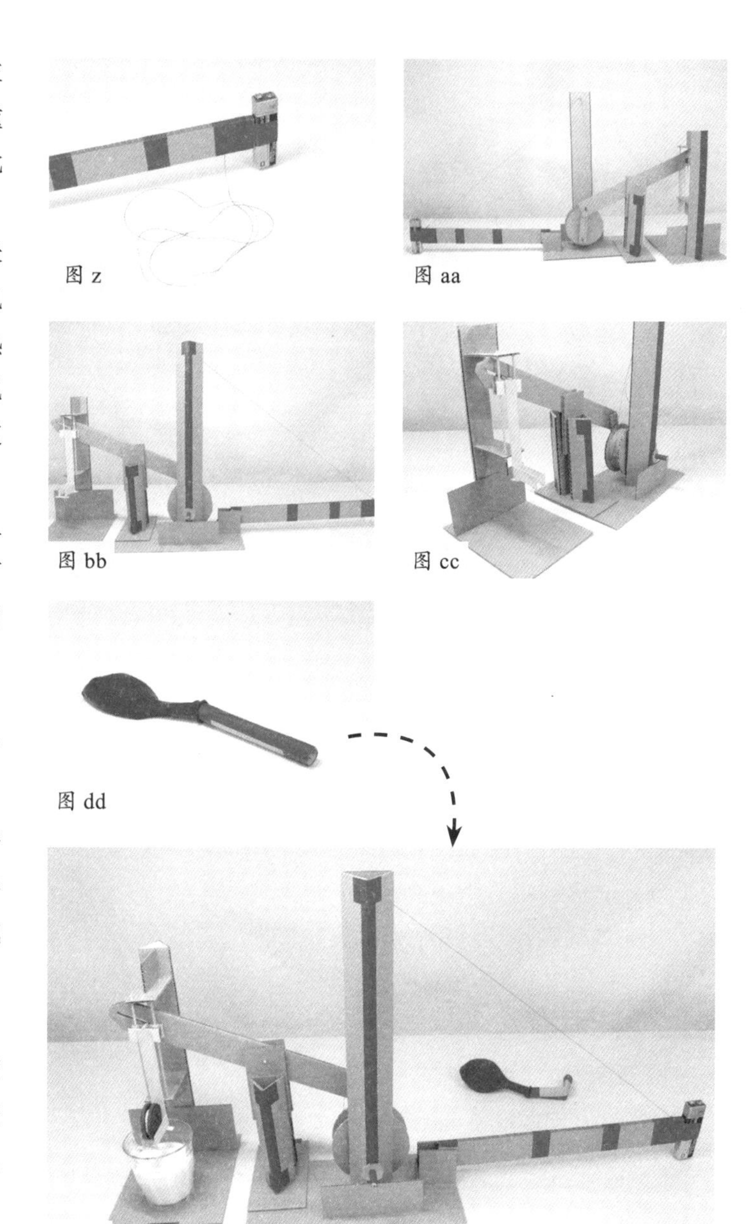

图 z

图 aa

图 bb

图 cc

图 dd

图 ee

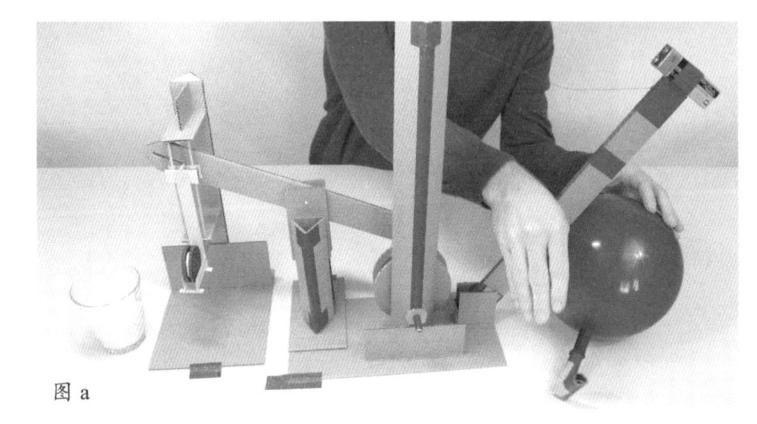
图 a

开始链式反应

安装

1. 用胶带把装置底部粘在桌面上，确保装置稳定。旋转圆筒，使线缠绕在上面，这将抬起末端连接电池的长杆。旋转圆筒一圈，使饼干位于“上”的位置。往纸吸管里吹气使气球膨胀。把纸吸管卷起来，这样空气就不会跑出来了。把气球放在长杆下，使它保持直立的位置（见图 a 和图 b）。

图 b

2. 在你把装满牛奶的玻璃杯放回原处之前，最好先做一次测试。我在实践时发现电池不够重，所以我加了一小袋硬币（见图 c）。一旦一切准备完毕，把装满牛奶的玻璃杯放到饼干下面。

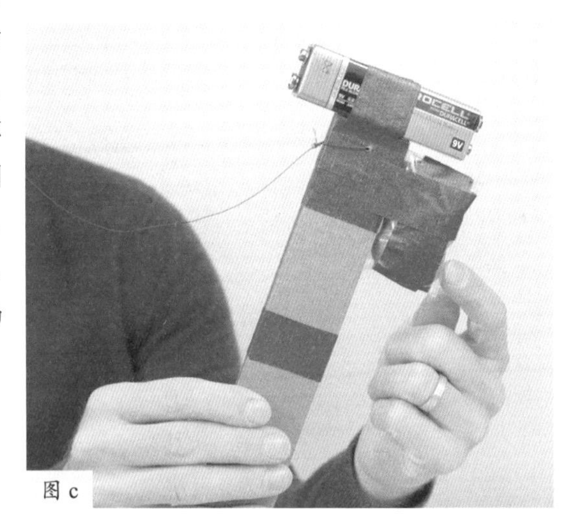

图 c

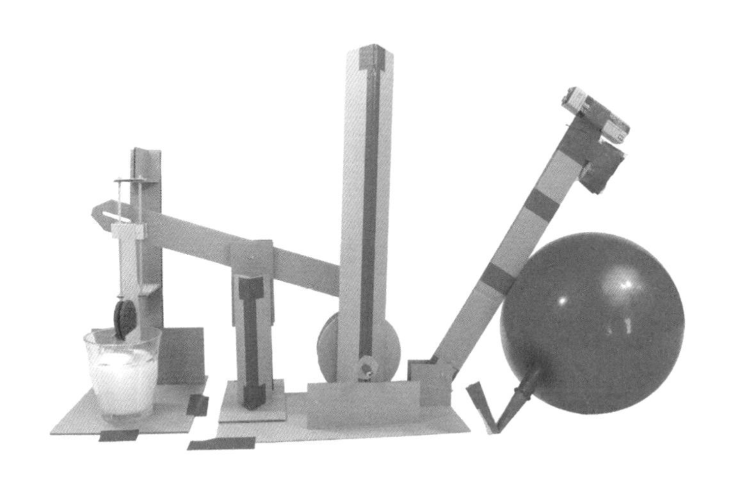

开始运行

要引发链式反应，轻轻地拉直纸吸管，使气球开始漏气。气球变小时，长杆开始下降。当它下降时，它会使圆筒旋转，导致另一个长杆下降。一旦气球中的气都跑光了，长杆就会一直向下，这样就会使圆筒旋转一圈，使饼干从牛奶中升起。

工程诀窍

这个装置把圆周运动转换成了直线运动，它通过在圆筒上附加一个耦合杆来实现这一点。圆筒旋转时，耦合杆在长杆的一侧上下移动。长杆的另一侧与一个在垂直方向上受约束的物体相连，这意味着它只能上下移动。

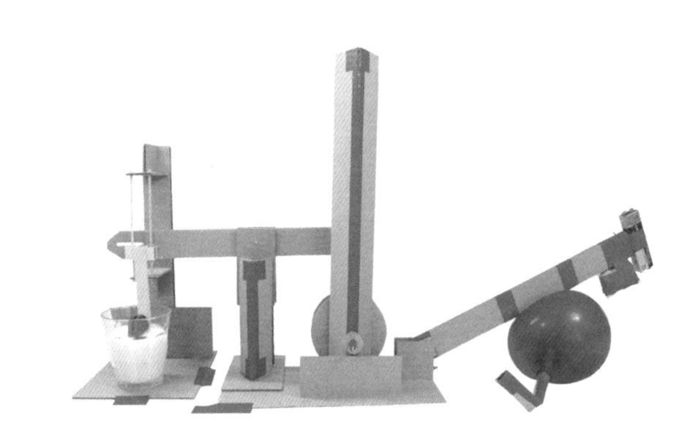

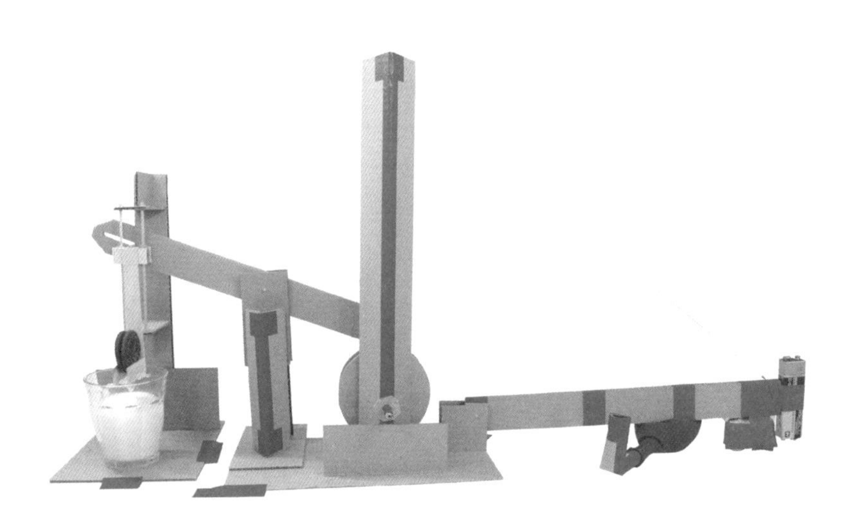

故障排除

如果圆筒不能自由旋转，可能是因为铅笔所在孔太紧了，或者你不小心把铅笔粘在了短杆上，也可能是长杆上的重物不够重，最后一个就是发生在我的装置上的问题。试着增加一些重物，看看是否能解决问题。

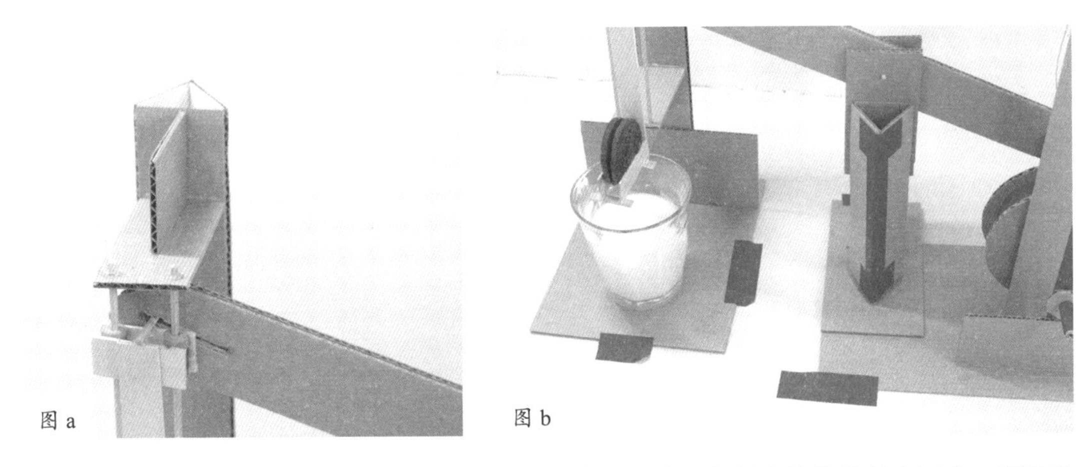

图 a　　图 b

我也遇到了另一个问题，我的投掷装置没有完全下降。长杆上的狭缝长度固定，所以我左右移动投掷装置来调整它的高低。最初，投掷装置的轴在狭缝的下端。如果撕开底部的胶带，把整个装置移到狭缝的顶端，饼干所处的位置较之前可增加 1.8 厘米左右（见图 a 和图 b）。

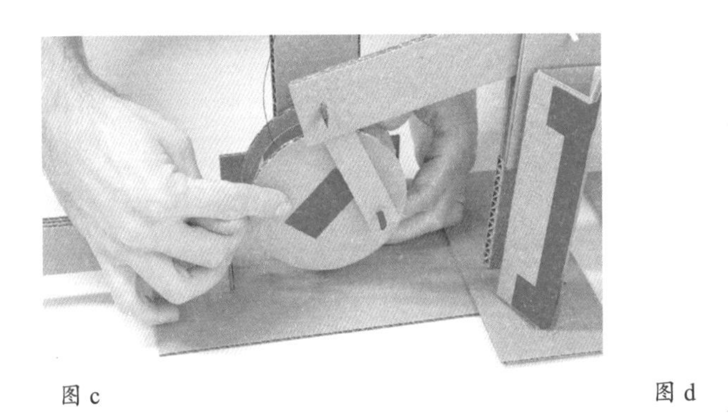

图 c

图 d

如果圆筒上的铅笔或热熔胶粘在了短杆上，你可以在铅笔上面粘一些胶带，或试着把短杆表面的胶处理干净（见图 c）。

如果部件靠得太近而互相接触，就会产生摩擦，这可能会使装置不能正常运转。要确保所有部件之间都有一定的小间隙（见图 d）。